中文版

AutoCAD 2018
室内装潢设计实例教程

麓山文化 编著

机械工业出版社
CHINA MACHINE PRESS

本书通过4大室内设计风格、8大综合设计案例、40多套室内设计工程图、184个实例、720min高清语音视频教学、2000多个家具图块赠送，系统、全面、详细、深入地讲解了使用AutoCAD 2018进行室内装潢设计的方法，包括设计构思和施工图绘制整个过程。

全本书第1章～第7章为设计基础篇，介绍了室内设计的基础知识和AutoCAD 2018基本功能的使用，以及室内绘图模板和常用家具图形的创建方法，使没有AutoCAD基础的读者能够快速熟悉和掌握AutoCAD 2018的使用方法和基本操作；第8章～第11章为家装设计篇，分别以小户型、现代风格两居室、错层和欧式风格别墅为例，按照家庭装潢设计的流程，依次讲解了平面布置、地面、顶棚、空间立面的设计和相应施工图的绘制方法；第12章～第15章为公装设计篇，介绍了办公空间、酒店大堂和客房、中式餐厅以及舞厅室内设计和施工图绘制方法；第16章~第18章为详图及打印篇，介绍了室内装潢中的电气、水管布置、剖面图和详图的绘制方法，以及施工图打印方法与技巧。

本书内容严谨，讲解透彻，内容与实例均紧密联系室内设计的职业需求，具有较强的专业性和实用性，既可作为大中专、培训学校等相关专业的教材，也特别适合于学习室内装潢设计知识的读者及相关行业从业人员自学及参考。

图书在版编目（CIP）数据

中文版AutoCAD 2018室内装潢设计实例教程/麓山文化编著.—8版.—北京：机械工业出版社，2018.8（2022.7重印）
ISBN 978-7-111-60765-6

Ⅰ．①中…　Ⅱ．①麓…　Ⅲ．①室内装饰设计—计算机辅助设计—AutoCAD软件—教材　Ⅳ．①TU238.2-39

中国版本图书馆CIP数据核字(2018)第195680号

机械工业出版社（北京市百万庄大街22号　邮政编码100037）
责任编辑：曲彩云　　　　责任印制：任维东
北京中兴印刷有限公司印刷
2022年7月第8版第3次印刷
184mm×260mm • 19.75印张 • 484千字
标准书号：ISBN 978-7-111-60765-6
定价：69.00元

关于 AutoCAD

AutoCAD 是美国 Autodesk 公司开发的专门用于计算机绘图和设计工作的软件。自 20 世纪 80 年代 AutoCAD 公司推出 AutoCAD R1.0 以来，由于其具有简便易学、精确高效等优点，一直深受广大工程设计人员的青睐。迄今为止，AutoCAD 历经了十余次的扩充与完善，新版 AutoCAD 2018 极大地提高了二维制图功能的易用性和三维建模功能。

本书内容

行业发展带来的是人才的巨大需求。室内装潢设计涉及到很多方面的知识，既要求熟悉室内环境设计原理，又要求能够灵活地使用辅助设计软件绘制相应的施工图。本书针对目前室内设计现状，以多个实际工程案例，详细介绍了使用 AutoCAD 进行家装和公装设计的方法，包括设计构思和施工图绘制整个流程。

全书共 4 篇 18 章，具体内容安排如下。

第 1 篇为设计基础篇，内容包括第 1 章～第 7 章。

第 1 章为 "AutoCAD 室内设计基础"，主要讲解室内设计的基础入门知识，让读者先对室内设计有一个基本的认识。

第 2 章为 "AutoCAD 2018 的基本操作"，主要介绍 AutoCAD 2018 的一些基本操作，使读者快速熟悉 AutoCAD 2018 的软件界面和常用的辅助工具。

第 3 章为 "AutoCAD 图形的绘制"，主要介绍 AutoCAD 2018 中的主要绘图工具，让读者初步掌握绘制室内设计图形的方法。

第 4 章为 "AutoCAD 图形的编辑"，主要介绍 AutoCAD 2018 中的一些图形编辑工具，让读者知道如何对已经绘制完成的图形进行修改。

第 5 章为 "图块及设计中心"，主要介绍图块的概念以及 AutoCAD 中图块的创建和使用方法。

第 6 章为 "创建室内绘图模板"，介绍了常用室内设计绘图模板的创建方法，也是后面绘图实例章节中必备的准备工作，熟练掌握模板操作对于室内设计绘图效率有极大的帮助。

第 7 章为"绘制常用家具图块"，主要介绍如何使用 AutoCAD 去绘制一些简单的室内设计图块，是对前面几章的具体总结与提高，也是后面各设计篇的预热。

第 2 篇为家装设计篇，内容包括第 8 章～第 11 章。

第 8 章为"小户型室内设计"，以小户型为例，按照家庭装潢设计的流程，依次讲解了平面布置、地面、顶棚、空间立面的设计和相应施工图的绘制方法。

第 9 章为"现代风格两居室室内设计"，主要以现代风格两居室为例，按照家庭装潢设计的流程，依次讲解了平面布置、地面、顶棚、空间立面的设计和相应施工图的绘制方法。

第 10 章为"错层四居室室内设计"，主要以室内错层为例，按照家庭装潢设计的流程，依次讲解了平面布置、地面、顶棚、空间立面的设计和相应施工图的绘制方法。

第 11 章为"欧式风格别墅室内设计"，主要以欧式风格的别墅为例，按照家庭装潢设计的流程，依次讲解了平面布置、地面、顶棚、空间立面的设计和相应施工图的绘制方法。

第 3 篇为公装设计篇，内容包括第 12 章～第 15 章。

第 12 章为"办公空间室内设计"，以办公室为例，介绍了现代办公空间的室内设计和施工图绘制方法。

第 13 章为"酒店大堂和客房室内设计"，以酒店大堂和客房为例，介绍了酒店等公共经营场所的设计和施工图绘制方法。

第 14 章为"舞厅室内设计"，以舞厅为例，介绍了娱乐休闲场所的设计和施工图绘制方法。

第 15 章为"中式餐厅室内设计"，以中式餐厅为例，介绍了餐馆等消费场所的设计和施工图绘制方法。

第 4 篇为详图及打印篇，内容包括第 16 章～第 18 章。

第 16 章为"绘制电气图与冷热水管走向图"，主要介绍室内装潢中的电气、水管布置绘制方法．

第 17 章为"绘制室内装潢剖面图和详图"，主要介绍室内装潢中剖面图和详图的绘制方法。

第 18 章为"施工图打印方法与技巧"，主要介绍施工图打印输出的方法和技巧。

本书配套资源

本书物超所值，除了书本之外，还附赠以下资源，扫描"资源下载"二维码即可获得下载方式。

配套教学视频：配套全书 184 个实例，总计时长达 720min。读者可以轻松愉悦地通过教学视频学习本书内容，然后对照书本加以实践和练习，以提高学习效率。

本书实例的文件和完成素材：书中所有实例均提供了源文件和素材，读者可以使用 AutoCAD 2018 打开或访问。

资源下载

本书编者

本书由麓山文化编著，参加编写的有：陈志民、江凡、张洁、马梅桂、戴京京、骆天、胡丹、陈运炳、申玉秀、李红萍、李红艺、李红术、陈云香、陈文香、陈军云、彭斌全、林小群、刘清平、钟睦、刘里锋、朱海涛、廖博、喻文明、易盛、陈晶、张绍华、黄柯、何凯、黄华、陈文轶、杨少波、杨芳、刘有良、刘珊、赵祖欣、毛琼健、宋瑾等。

由于编者水平有限，书中错误、疏漏之处在所难免。在感谢您选择本书的同时，也希望您能够把对本书的意见和建议告诉我们。

读者服务邮箱：lushanbook@qq.com

读者 QQ 群：327209040

读者交流

麓山文化

目 录

前言

第1篇 设计基础篇

第 1 章 AutoCAD 室内设计基础

第 2 章 AutoCAD 2018 的基本操作

第 3 章　AutoCAD 图形的绘制

第 4 章　AutoCAD 图形的编辑

第 5 章　图块及设计中心

第 6 章　创建室内绘图模板

第 7 章　绘制常用家具图块

第2篇 家装设计篇

第 8 章　小户型室内设计

第 9 章　现代风格两居室室内设计

第 10 章　错层四居室室内设计

第 11 章　欧式风格别墅室内设计

第3篇　公装设计篇

第 12 章　办公空间室内设计

第 13 章　酒店大堂和客房室内设计

第 14 章　舞厅室内设计

第 15 章　中式餐厅室内设计

第4篇 详图及打印篇

第 16 章 绘制电气图和冷热水管走向图

第 17 章 绘制室内装潢剖面图和详图

第 18 章 施工图打印方法与技巧

第1章 AutoCAD 室内设计基础

本章导读

现代室内设计，也称室内环境设计，它是建筑设计的重要组成部分，旨在创造合理、舒适、优美的室内环境，以满足使用和审美要求。室内设计的主要内容包括：建筑平面设计和空间组织，围护结构内表面的处理，自然光和照明的运用以及室内家具、灯具、陈设的选型和布置。此外，还有植物、摆设和用具等的配置。

本章介绍了室内设计和室内制图的基础知识，为本书后面内容的学习打下坚实的基础。

本章重点

- ➢ 室内设计内容
- ➢ 室内设计的基本原则
- ➢ 室内设计制图概述
- ➢ 室内设计制图的要求和规范
- ➢ 室内设计制图内容
- ➢ 室内装饰设计欣赏

1.1 室内设计基础认识

室内设计就是根据建筑物的使用性质、所处环境和相应标准，综合运用现代物质手段、技术手段和艺术手段，创造出功能合理、舒适优美、满足人们物质和精神生活需要的理想室内环境的设计。

1.1.1 认识室内设计原理

室内设计（Interior Design），又称为"室内环境设计（interior environment design）"，是对建筑内部空间进行理性的创造方法。

室内设计将人与人、物与物之间的联系演变为人与人、人与物等之间的联系，如图 1-1 所示。设计作为艺术要充分考虑人与人之间的关系，作为技术要考虑物与物之间的关系，其是艺术与技术的结合。

图 1-1 室内设计之间的联系

装修、装饰、装潢是 3 个不同级别的居室工程概念，在居室工程中应保证装修，在装修的基础上继续装饰，在装饰的基础上完善装潢，具体区别介绍如下。

- ➢ 室内装潢：侧重外表，从视觉效果的角度来研究问题，如室内地面、墙面、顶棚等各界面的色彩处理。装饰材料的选用、配置效果等。
- ➢ 室内装修：着重于工程技术、施工工艺和构造做法等方面的研究。
- ➢ 室内装饰：是综合的室内环境设计，它既包括工程技术方面及声、光、热等物理环境的问题，也包括视觉方面的设计，还包括氛围、意境等心理环境和个性特色等文化环境方面的创造。

1.1.2 认识室内设计的分类

人们根据建筑物的使用功能，对室内设计做了如下分类。

1. 居住建筑室内设计

居住建筑室内设计，主要涉及住宅、公寓和宿舍的室内设计，包括前室、客厅、餐厅、书房、工作室、卧室、厨房和浴厕设计。

2. 公共建筑室内设计

- ➢ 文教：主要涉及幼儿园、学校、图书馆、科研楼的室内设计，包括门厅、过厅、中庭、教室、活动室、阅览室、实验室、机房等室内设计。
- ➢ 医疗：主要涉及医院、社区诊所、疗养院的建筑室内设计，包括门诊室、检查室、手术室和病房的室内设计。
- ➢ 办公：主要涉及行政办公楼和商业办公楼内部的办公室、会议室以及报告厅的室内设计。
- ➢ 商业：主要涉及商场、便利店、餐饮建筑的室内设计，包括营业厅、专卖店、酒吧、茶室、餐厅的室内设计。
- ➢ 展览：主要涉及各种美术馆、展览馆和博物馆的室内设计，包括展厅和展廊的室内设计。
- ➢ 体育：主要涉及各种类型的体育馆、游泳馆的室内设计，包括用于不同体育项目比赛和训练及配套的辅助用房的设计。
- ➢ 娱乐：主要涉及各种舞厅、歌厅、KTV、游艺厅的建筑室内设计
- ➢ 交通：主要涉及公路、铁路、水路、民航车站、码头建筑，包括候机厅、候车室、候船厅、售票厅等室内设计。

3. 工业建筑室内设计

工业建筑室内设计主要涉及各类厂房的车间和生活间及辅助用房的室内设计。

4. 农业建筑室内设计

农业建筑室内设计，主要涉及各类农业生产用房，如种植暖房、饲养房的室内设计。

1.1.3 室内设计风格认识

所谓风格是一种人为的定义，建筑在漫长的历史演变中孕育出无数的形式与内涵。理论学者将部分典型或优秀的元素抽取出来，定义为某种风格。室内设计风格的形成是随着不同时代的思潮和地域的特点，通过创作构思和表现，逐渐发展成为具有代表性的室内设计形式。

1. 地中海风格

地中海的建筑犹如从大地与山坡上生长出来的，无论是材料还是色彩都与自然达到了某种共契。室内设计基于海边轻松、舒适的生活体验，少有浮华、刻板的装饰，生活空间处处使人感到悠闲自得，模型如图 1-2 所示。

图 1-2　地中海风格模型　　图 1-3　地中海风
格拱型设计

总的来说，地中海风格具有如下特点。

- ➤ 浑圆曲线：地中海沿岸的居民对大海怀有深深的眷恋，表现海水柔美而跌宕起伏的浪线在家居中是十分重要的设计元素。房屋或家具的线条不是直来直去的，显得比较自然，因而无论是家具还是建筑，都形成一种独特的浑圆造型，如图 1-3 所示。
- ➤ 厚墙：地中海的人们为了阻挡耀眼的强光与夏日的热浪，住宅墙壁十分厚实，门、窗相对狭小，如图 1-4 所示。
- ➤ 屋顶：典型的建筑形式为赤陶筒瓦坡屋顶，或者采用平顶而形成露台，如图 1-5 所示。

图 1-4　地中海风格　　　图 1-5　地中海风
门、窗　　　　　　　格圆顶

- ➤ 伊斯兰装饰：圆形的穹顶、马蹄形拱门、蔓叶装饰纹样和错综复杂的瓷砖镶嵌工艺，这些清真寺的元素都是地中海风格当中常见的，如图 1-6 所示。
- ➤ 色彩："地中海风格"对中国城市家居的最大魅力，来自其纯美的色彩组合。地中海地区的居民一直沿用蓝色辟邪的风俗。希腊的白色村庄、沙滩和碧海、蓝天连成一片，甚至门框、窗户、椅面都是蓝与白的配色，加上混着贝壳、细沙的墙面、小鹅卵石地、拼贴马赛克、金银铁的金属器皿，将蓝与白不同程度的对比与组合发挥到了极致，如图 1-7 所示。除了大片的蓝色之外，地中海风格中时常搭配的颜色有赭石色、棕土色、赤土色和土黄色。

- ➤ 拱券：门、窗和平台上覆盖着圆形的拱券并组合相连形成拱廊，如图 1-8 所示。

图 1-6　地中海风格装饰

图 1-7　地中海风格色彩　　图 1-8　地中海风格拱券

2. 欧洲田园风格

田园风格是指采用具有"田园"风格的建材进行装修的一种方式。简单地说就是以田地和园圃特有的自然特征为形式手段，带有一定程度农村生活或乡间艺术特色，表现出自然闲适内容的作品或流派，如图 1-9 所示。

欧洲田园风格特点介绍如下。

- ➤ 回归自然：田园风格倡导"回归自然"，美学上推崇"自然美"；认为只有崇尚自然、结合自然，才能在当今高科技快节奏的社会生活中获取生理和心理的平衡。因此，田园风格力求表现悠闲、舒畅、自然的田园生活情趣。粗糙和破损是允许的，只有这样才更接近自然。
- ➤ 自然的色彩与图案：色彩大多来自于自然，如砂土色、玫瑰色、藤色、芥子酱色等，而常用的图案仍然带有农耕生活的细节，如花（尤其是小碎花）、草、树叶、编织纹、方格、条纹等，如图 1-10 所示。

图 1-9　田园风格模型　　图 1-10　田园风格的
色彩与图案

> 自然的材料：田园风格的用料越自然越好，如图 1-11 所示。在织物的选择上多采用棉、麻等天然制品，其质感正好与田园风格不饰雕琢的追求相契合，有时也在墙面挂一幅毛织壁挂，表现的主题多为乡村风景。

> 绿色植物：通过绿化把居住空间变为"绿色空间"，如结合家具陈设等布置绿化，或者做重点装饰与边角装饰，还可沿窗布置，使植物融于居室，创造出自然、简朴的氛围，如图 1-12 所示。

图 1-11 田园风格材料　　图 1-12 田园风格的室内绿植

3. 美式乡村风格

美式乡村风格摒弃了繁琐和奢华，并将不同风格中的优秀元素汇集融合，以舒适机能为导向，强调"回归自然"，突出了生活的舒适和自由，模型如图 1-13 所示。

图 1-13 美式乡村风格模型

美式乡村风格装饰特点介绍如下。

> 色彩：乡村风格的色彩多以自然色调为主，绿色、土褐色较为常见，选择突显自然、怀旧、散发着浓郁泥土芬芳的颜色最为相宜，如图 1-14 所示。

> 壁纸：贴一些质感重的壁纸，壁纸多为纯纸浆质地，或者刷上颜色饱满的涂料；在墙面色彩选择上，自然、怀旧、散发着质朴气息的色彩成为首选。而近来年，逐步趋向于色彩清爽高雅的壁纸衬托家具的形态美，如图 1-15 所示。

图 1-14 美式乡村风格色彩　图 1-15 美式乡村风格壁纸

> 家具：一般以实木为主，家具颜色多仿旧漆，做旧，式样厚重体形偏大，有点显得笨重样式看上去很粗犷。以白橡木、桃花心木或樱桃木为主，线条简单，如图 1-16 所示。

> 布艺：棉布是主流，上面往往描绘有色彩鲜艳、体形较大的花朵，或靓丽的异域风情和鲜活的鸟虫鱼图案，还有比较亲近自然，典雅恬静的风格，如图 1-17 所示。

图 1-16 美式乡村风格家具　图 1-17 美式乡村风格布艺

> 配饰：有古朴怀旧，乡村气息的软装家饰，如烛台、水果、摇椅、鹅卵石、不锈钢餐具，花艺，酒具饮品等，图 1-18 所示为美式乡村风格家居配饰效果图。

> 灯具：柔和温暖的光源容易营造美式田园家居的温馨感，一般以做就铁艺吊灯和壁灯最多见，如图 1-19 所示。

> 壁炉：比邻乡村家居设置的壁炉，以红砖砌成，台面采用比邻自制做旧的厚木板，营造出美式乡村风格的大家庭的客厅的效果，如图 1-20 所示。

图 1-18 美式乡村风格配饰

图 1-19 美式乡村风 图 1-20 美式乡村风
格灯具 格壁炉

4. 中式风格

中国传统的室内设计融合了庄重与优雅双重气质，中式风格并不是元素的堆砌。而是通过对传统文化的理解和提炼将现代元素与传统元素相结合，以现代人的审美需求来打造富有传统韵味的空间，让传统艺术在当今社会得以体现。它在设计上继承了唐代、明清时期家居理念的精华，将其中的经典元素提炼并加以丰富，同时摒弃原有空间布局中等级、尊卑等封建思想，给传统家居文化注入了新的气息，如图 1-21 所示为中式模型效果图。

图 1-21 中式风格模型

中式风格设计特点介绍如下。

➢ 空间：空间上讲究层次，多用隔窗、屏风来分割，用实木做出结实的框架，以固定支架，中间用棂子雕花，做成古朴的图案，如图 1-22 所示。

➢ 门窗：门窗对确定中式风格很重要，因中式门窗一般均是用棂子做成方格或其他中式的传统图案，用实木雕刻成各种题材造型，打磨光滑，富有立体感。如图 1-23 所示为中式风格落地罩，有时候代替门窗分隔空间。

图 1-22 中式风格空间 图 1-23 中式风格落
地罩

➢ 顶棚：顶棚以木条相交成方格形，上覆木板，也可做简单的环形的灯池吊顶，用实木做框，层次清晰，漆成花梨木色，如图 1-24 所示。

➢ 家具：家具陈设讲究对称，重视文化意蕴，配饰擅用字画、古玩、卷轴、盆景等精致的工艺品加以点缀，更显主人的品味与尊贵，木雕以壁挂为主，更具有文化韵味和独特风格，体现中国传统家居文化的独特魅力，如图 1-25 所示。

图 1-24 中式风格吊 图 1-25 中式风格家具
顶

5. 欧式风格

欧式风格在时间和历史的演变下，又分为三种风格，分别为简欧、巴洛克和洛可可风格。

◆ 简欧风格

简欧风格在形式上以浪漫主义为基础，其特征是强调线型流动的变化，将室内雕刻工艺集中在装饰和陈设艺术上，常用大理石、华丽多彩的织物、精美的地毯、多姿曲线的家具，让室内显示出豪华、富丽的特点，充满强烈的动感效果。一方面保留了材质、色彩的大致风格，让人感受到传统的历史痕迹与浑厚的文化底蕴，同时又摒弃过于复杂的肌理和装饰，简化了线条。

简欧风格将怀古的浪漫主义情怀与现代人对生活的需求相结合，兼容华贵典雅与时尚现代，反映出后工业时代个性化的美学观点和文化品位。简欧风格模型效果图如图 1-26 所示。

图 1-26　简欧风格模型

简欧风格的特点介绍如下。

➢ 家具：家具的选择与硬装修上的欧式细节应该是相称的，选择深色、带有西方复古图案以及非常西化的造型的家具，与大的氛围和基调相和谐，如图 1-27 所示。

➢ 墙面装饰材料：墙面装饰材料可以选择一些比较有特色的来装饰房间，比如借助硅藻泥墙面装饰材料进行墙面圣经等内容的展示，就是很典型的欧式风格。当然简欧风格装修中，条纹和碎花也是很常见，如图 1-28 所示。

图 1-27　简欧风格家具　　图 1-28　简欧风格壁纸

➢ 灯具：灯具可以选择一些外形线条柔和或者光线柔和的灯，像铁艺枝灯是不错的选择，有一点造型、有一点朴拙，如图 1-29 所示。

➢ 装饰画：欧式风格装修的房间应选用线条繁琐，看上去比较厚重的画框，才能与之匹配。而且并不排斥描金、雕花甚至看起来较为隆重的样子，相反，这恰恰是风格所在，如图 1-30 所示。

图 1-29　简欧风格灯具　　图 1-30　简欧风格装饰画

➢ 色彩：简欧风格的色彩多以象牙白为主色调，以浅色为主深色为辅。底色大多采用白色、淡色为主，家具则是白色或深色都可以，但是要成系列，风格统一为上，如图 1-31 所示。

图 1-31　简欧风格不同配色

◆ 巴洛克风格

巴洛克风格是 17~18 世纪在意大利文艺复兴建筑基础上发展起来的一种建筑和装饰风格。其特点是外形自由，追求动态，喜好富丽的装饰和雕刻、强烈的色彩，常用穿插的曲面和椭圆形空间，如图 1-32 所示。

◆ 洛可可风格

洛可可风格是在巴洛克风格的基础上发展而来的，纤弱娇媚、华丽精巧、甜腻温柔、纷繁琐细，室内应用明快的色彩和纤巧的装饰，家具也非常精致而偏于繁琐。洛可可艺术在形成过程中收到中国艺术影响，大量使用曲线和自然形态做装饰，特别是在园林设计、室内设计、丝织品、漆器等方面，如图 1-33 所示。

图 1-32　巴洛克风格　　图 1-33　洛可可风格

6. 日式风格

日式风格又称和风，领略不俗风采，典雅又富有禅意的日式家居风格在我国可谓是大行其道，异域风格的表现手法深得人们的喜爱，还能领略到其中不俗的韵味。日式风格追求一种悠闲、随意的生活意境，空间造型极为简洁，在设计上采用清晰的线条，而且在空间划分中摒弃曲线，具有较强的几何感，模型如图 1-34 所示。

图 1-34 日式风格模型

日式装修风格的特点介绍如下。

➤ 榻榻米：日式家居装修中，散发着稻草香味的榻榻米，营造出朦胧氛围的半透明樟子纸，以及自然感强的天井，贯穿在整个房间的设计布局中，而天然质材是日式装修中最具特点的部分。如图 1-35 所示榻榻米的设计。

➤ 日式推拉格栅：日式设计风格直接受日本和式建筑影响，讲究空间的流动与分隔，流动则为一室，分隔则分几个功能空间，空间中总能让人静静地思考，禅意无穷，如图 1-36 所示。

图 1-35 日式风格榻榻米　图 1-36 日式推拉格栅

➤ 传统日式茶桌：传统的日式家具以其清新自然、简洁淡雅的独特品味，形成了独特的家具风格，如图 1-37 所示。对于活在都市森林中的我们来说，日式家居环境所营造的闲适写意、悠然自得的生活境界，也许就是我们所追求的。

图 1-37 日式风格茶桌

➤ 色彩搭配多以米色和白色为主：新派日式风格家居以简约为主，日式家居中强调的是自然色彩的沉静和造型线条的简洁，和室的门窗大多简洁透光，家具低矮且不多，给人以宽敞明亮的感觉，如图 1-38 所示。

➤ 原木色家具：秉承日本传统美学中对原始形态的推崇，原封不动地表露出水泥表面、木材质地、金属板格或饰面，着意显示素材的本来面目，加以精密的打磨，表现出素材的独特肌理，这种过滤的空间效果具有冷静的、光滑的视觉表层性，却牵动人们的情思，使城市中人潜在的怀旧、怀乡、回归自然的情绪得到补偿，如图 1-39 所示。

图 1-38 日式风格色彩

图 1-39 日式风格家具

➤ 和风面料和枯山水：古色古香的和风面料，为现代简约的居室空间增添了民族风味，如图 1-40 所示。"枯山水"风格的日式花艺更是与极简的风格搭配得十分和谐，如图 1-41 所示。

图 1-40 和风面料　　　图 1-41 枯山水

7. 北欧风格

北欧风格将艺术与实用结合起来形成了一种更舒适更富有人情味的设计风格，它改变了纯北欧风格过于理性和刻板的形象，融入了现代文化理念，加入了新材质的运用，更加符合国际化社会的需求，深受人们的喜爱。如图1-42所示为北欧风格室内效果图。

图 1-42　北欧风格模型

北欧风格特点总结如下。

➢ 空间：北欧风格在处理空间方面一般强调室内空间宽敞、内外通透，最大限度引入自然光。在空间平面设计中追求流畅感，墙面、地面、顶棚以及家具陈设乃至灯具器皿等均以简洁的造型、纯洁的质地、精细的工艺为其特征，效果如图1-43所示。

➢ 木材：木材是北欧风格装修的灵魂。为了利于室内保温，因此北欧人在进行室内装修时大量使用了隔热性能好的木材。这些木材基本上都使用未经精细加工的原木，保留了木材的原始色彩和质感，如图1-44所示。

图 1-43　北欧风格效果　　图 1-44　北欧风格木
　　　　　　　　　　　　　制家具

➢ 室内装饰：北欧室内装饰风格常以简约、简洁恰到好处为主，如图1-45所示。常用的装饰材料还有石材、玻璃和铁艺等，但都无一例外地保留这些材质的原始质感。

➢ 色彩：家居色彩的选择上，偏向浅色如白色、米色、浅木色。常常以白色为主调，使用鲜艳的纯色为点缀；或者以黑白两色

为主调，不加入其他任何颜色，如图1-46所示。空间给人的感觉干净明朗，绝无杂乱之感。此外，白、黑、棕、灰和淡蓝等颜色都是北欧风格装饰中常使用到的颜色。

图 1-45　北欧风格室　　图 1-46　北欧风格家居
内装饰　　　　　　　　　　　色彩

8. 新装饰艺术派风格

新装饰艺术派风格的表现形式融合了各国当地的本土特征而更加多元化，很难再在世界范围内形成统一、流行的风格。但它仍具有某些一致的特征，如注重表现材料的质感、光泽；造型设计中多采用几何形状或用折线进行装饰；色彩设计中强调运用鲜艳的纯色、对比色和金属色，造成华美绚烂的视觉印象，如图1-47所示。

图 1-47　新装饰艺术风格

9. 平面美术风格

室内设计中的平面美术风格就是将整个室内空间当做一块巨大的画布，在上面进行各种美术形式的创作。如传统壁画、现代绘画、摄影、文字、色彩、线条以及各种平面构成艺术，一切用于平面的美术形式都可以用于立体的室

内空间当中。

平面美术风格因其大胆与奔放，不受传统室内设计理论的制约，也被称为超级平面美术风格。这种风格的室内设计常常采用反常规的设计手法，例如将外景引入室内、采用远远超出过去的审美承受度的浓烈色彩、尺度变化自由，同时又与照明设计有机地结合起来，产生令人而耳目一新的效果，如图 1-48 所示。

图 1-48 平面美术风格

10. LOFT 风格

Loft 在牛津词典上的解释是"在屋顶之下、存放东西的阁楼"现在所谓的 Loft 指的是那些"由旧工厂或旧仓库改造而成的，少有内墙隔断的高挑敞开空间"。Loft 的内涵是高大而敞开的空间，具有流动性、开发性、透明性、艺术性等特征。它对现代城市有关工作、居住分区的概念提出挑战，工作和居住不必分离，可以发生在同一个大空间中，厂房和住宅之间出现了部分重叠。Loft 生活方式使居住者即使在繁华的都市中，也仍然能感受到身处郊野时那种不羁的自由，模型如图 1-49 所示。

图 1-49 Loft 风格模型

Loft 的风格特点介绍如下。

◆ 空间

Loft 最使人心动的不只是超大尺度的空间和高质量的采光，还有那沉浸在古老建筑中的感觉，Loft 的空间有非常大的灵活性，人们可

以随心所欲地创造自己梦想中的家、梦想中的生活，人们可以让空间完全开放，也可以对其分隔，从而使它蕴涵个性化的审美情趣。

◆ 光线

Loft 最吸引人的重要原因之一是充足的自然光线，巨大的工业高窗将大片阳光洒向室内。有一种常用的设计方法是将钢架屋顶上的屋面板凿空，从而形成天井，阳光和景色透过天窗和采光口被引向内部空间。如图 1-50 所示。

◆ 空间的特色

Loft 的空间可以是开敞、高大的，还可以是狭小的，重点是一定要自由、流动，具有灵活性和创新性，如图 1-51 所示。

图 1-50 Loft 风格的空间　图 1-51 Loft 风格
窗户　　　　　　　空间

◆ 隔墙的形式

在 Loft 空间中，隔墙也与 Loft 风格相搭。如图 1-52 所示的是 Loft 风格的隔断空间，不仅将空间分隔，还保留了 Loft 的工业风格。

◆ 景观空间

Loft 的屋顶花园与内院可以将花园引入房子自身的空间中。如果你没有屋顶平台，仍然有许多富有创意的方法可以将室外风景带入室内。比如在室内种植各种花卉、青草、蔬菜或芳香植物等，如果植物足够高的话，还可以用它们来分隔空间，如图 1-53 所示。

图 1-52 Loft 风格隔断　图 1-53 Loft 融入景
空间　　　　　　　观因素

◆ 工业元素

➢ 原有工业元素

将空间的历史原汁原味地保留下来的最好方式就是尽可能的少改动原结构，不论是红砖、钢管还是剥落的墙纸，尽量暴露出原始的构件

和材料。要体现原有工业元素就要尽可能地尊重原有建筑结构、原有材料和原有的设备，如图 1-54 所示。

➤ 工业材料

如果你的 Loft 空间没什么工业特征，那就在室内装修中加入一些工业材料。例如玻璃、砖石、水泥、金属和木材等，如图 1-55 所示的管道吊顶。

图 1-54 Loft 风格隔　图 1-55 Loft 风格工业材
原有工业元素　　　　　料

➤ 工业时代的气息

为了达到工业遗产与现代生活的统一，Loft 需要将那些既矛盾又有联系的东西编织在一起。既要有感性的创意，又要有理性设计的秩序，工业时代的力量、车间的形象、环保的意识以及今昔时代的对比都是创造工业气息的绝佳载体。如图 1-56 所示。

图 1-56 Loft 风格工业时代气息

◆ 家具

Loft 不排斥与任何其他风格并存，因而也不排斥任何类型的家具。比如复古的、现代的、特异的、废物改造的等。

➤ 传统家具

在这里所指的传统家具并不是带有古典意味或民族传统的老式家具，而是指不特意为 Loft 而设计的，在家具店可以买到的任何家具，分别为普通家具、可移动家具和极简主义家具，如图 1-57 所示。

➤ 创意家具

创意家具的类型有特异家具、分割空间的家具和可变化的家具，放置在 Loft 空间里面同样出色，如图 1-58 所示。

图 1-57 Loft 风格传统　图 1-58 Loft 风格创意
家具　　　　　　　　家具

➤ 工业家具

这里的工业家具是指专为 Loft 设计的特殊家具或者采用工业产品的废弃物为原料改造而成的家具，例如废旧铸铁暖气片制成的桌椅、断裂不锈钢管制成的搁物架等，如图 1-59 所示。

图 1-59　工业风格家具

1.2　室内空间布局

人们对于居住空间的需求不断提高，人们的生活方式和居住行为也不断发生变化，追求舒适的家居生活环境已成为一种时尚。现代的家庭生活日趋多元化和多样化，尤其是住宅商品化概念的推出，进一步强化了人们的参与意识，富有时代气息、强调个性的住宅室内设计备受人们的青睐。人们越来越注重住宅室内设计在格调上能充分体现个人的修养、品味和意志，希望通过住宅空间氛围的营造，多角度展示个人的情感和理念。

1.2.1 室内空间构成

室内的空间构成实质上是由家庭成员的活动性质和活动方式所决定的，涉及的范围广泛、内容复杂，但归纳起来大致可以分为公共活动空间、私密性空间、家务空间三种不同性质的空间。

1. 公共活动空间

公共活动空间是以家庭成员的公共活动需求为主要目的的综合空间，主要包括团聚、视听、娱乐、用餐、阅读、游戏以及对外联系或社交活动的内容，而且这些活动的性质、状态和规律，因不同的家庭结构和特点不同有着极大的不一样。从室内空间的功能上看，依据需求的不同，基本上可以定义出门厅、客厅、餐厅、游戏室等属于群体活动性质的空间，如图 1-60 所示。而规模较大的住宅，除此之外有的还设有独立的健身房和视听室。

图 1-60 公共活动空间

2. 私密性空间

私密性空间是为家庭成员私密性行为所提供的空间。它能充分满足家庭成员的个体需求，是家庭和谐的重要基础。其作用是使家庭成员之间能在亲密之外保持适度的距离，以维护家庭成员必要的自由和尊严，又能解除精神压力和心理负担，是获得自我满足、自我坦露、自我平衡和自我抒发不可缺少的空间区域，私密性空间主要包括卧室、书房和卫生间等空间，如图 1-61 所示。完善的私密性空间要求具有休闲性、安全性和创造性。

图 1-61 私密性空间

3. 家务空间

家务主要包括准备膳食、洗涤餐具、清洁环境、洗烫衣物、维修设备等活动。一个家庭需要为这些活动提供充分的设施和操作空间，以便提高工作效率，使繁杂的各种家务劳动能在省时省力的原则下顺利完成。而方便、舒适、美观的家务空间又可使工作者在工作的同时保持愉快的心情，把繁杂的家务劳动变成一种生活享受。家务空间主要包括厨房、家务室、洗衣间、储藏室等空间，如图 1-62 所示。家务空间设计应该把合适的空间位置、合理的设备尺度以及现代科技产品的采用作为设计的着眼点。

图 1-62 家务空间

1.2.2 室内空间布局原则

空间设计是整个室内设计中的核心和主体，因为空间设计中，我们要对室内空间分隔合理，使得各室内功能空间完整而又丰富多变。同时在平面关系上要紧凑，要考虑细致入微，使得建筑实用率提高。总之，空间处理的合理性能影响到人们的生活、生产活动。所以，也可以说空间处理是室内其他一切设计的基础。因此对于空间布局来说，需满足以下9项原则。

1. 功能完善、布局合理

居住功能分配是室内家装设计的核心问题。人们生活水平的提高、人均居住面积的日益增大，住宅空间的功能也在不断地发生着变化，追求功能完善以满足人们多样的需求已成为一种时尚。现在室内设计要求住宅空间的布局更加合理，空间系统的组织方式更加丰富，流动的、复合型的空间形态逐渐取代了呆板的、单一型的空间形态。同时，功能的多样化也为室内空间的布局提供了多种选择的余地。从总体上来讲，室内空间的各种使用功能是否完善、布局是否合理是衡量住宅空间设计成功与否的关键。如图1-63所示为室内家居功能分布图。

图1-63　家居功能分布图

2. 动静明确、主次分明

室内住宅空间无论功能多么完善、布局多么合理，还必须做到动、静区域明确。动、静区域的划分是以人们的日常生活行为来界定的。一般家居中的客厅、餐厅、厨房、视听室、家务室等群体活动比较多的区域属于动态区域。它的特点是参与的人比较多而且群聚性比较强，这部分空间一般应布置在接近住宅的入口处。而住宅的另一类空间，如卧室、书房、卫生间等则需要相对隐蔽和安静，属于静态区域，其特点是对安全性和私密性要求比较高，这部分空间一般应尽量远离住宅的入口，以减少不必要的干扰。在住宅室内空间设计中不仅要注意做到动、静区域明确，还要注意主次分明，如图1-64所示。

图1-64　家居动、静区分布图

3. 规模适度、尺度适宜

在当今我国的商品住宅中，建筑层高一般控制在7m左右，卧室的开间尺寸大多数在3.2m。以人本身作为衡量尺度的依据，在室内空间中与人体功能和人身活动最密切、最直接接触的室内部件是衡量尺度是否合理的最有力的依据。空间尺度是相对的，尺度是和比例密切相关的一个建筑特性。例如，同样的室内空间高度，面积大的室内空间会比面积小的室内空间显得低矮，面积越大这种感觉越强烈。所以设计师在设计时，要根据业主的实际家装环境因地制宜地设计，如图1-65所示。

图1-65　家居规模适度、尺度适宜

4. 风格多样、造型统一

任何艺术上的感受必须具有统一性，这是一个公认的艺术评判原则。在进行住宅室内空间设计时，建筑本身的复杂性及使用功能的复杂性势必会演变成形式的多样化，因此，设计师的首要任务就是要把因多样化而造成的杂乱无章通过某些共同的造型要素使之组成引人入胜的统一。例如，在现实生活中，有时尽管购置的室内物品都是非常理想的物品，但是将它们放置在一起会非常不协调，形不成一个统一的、美观的室内环境。究其原因就是由于没有一个统一的设想，缺乏对室内环境与装饰的通盘构思。通常在设计时首先需要从总体上根据家庭成员的组成、职业特点、经济条件以及业主本人的爱好进行通盘考虑，逐步形成一个总体设想，即所谓"意在笔先"，然后才能着手进行下一步具体的设计。

虽然现代住宅空间设计造型多样化，各类风格百花齐放，但是住宅室内环境设计仍然以造型简洁、色彩淡雅为好。简洁雅淡有利于扩展空间，形成恬静宜人、轻松休闲的室内居住环境，这也是住宅室内环境的使用性质所要求的，如图 1-66 所示。

5. 利用空间、突出重点

尽管现代人们的居住环境已经得到改善，人均居住面积有了大幅度提高，但是有效利用空间仍然是设计师思考的重点。从使用功能和使用方便角度着想，空间布局要紧凑合理，尽量减少较封闭和功能单一的通道，应有效利用空间，可以在门厅、厨房、楼梯下方、走道等处设置吊柜、壁柜等，如图 1-67 所示。如果住宅面积过小，还可以布置折叠或多功能家具，以减少对空间的占用，从而达到有效利用空间的目的。

图 1-66　家居风格多样、　图 1-67　家居利用空间
造型统一

6. 色彩和谐、选材正确

居住空间的气氛受色彩的影响是非常大的，色彩是人们在住宅室内环境中最为敏感的视觉感受。赏心悦目、协调统一的室内色彩配置是住宅室内环境设计的基本要求。

室内色彩应有主调或基调，冷暖、性格、气氛都通过主调来体现。对于规模较大的建筑，主调更应该贯穿整个建筑空间，在此基础上再考虑局部的、不同部位的适当变化。即希望通过色彩达到怎样的感受，是典雅还是华丽，安静还是活跃，纯朴还是奢华，用色彩言语表达并非那么容易，要在许多色彩方案中，认真仔细地去鉴别和挑选。

主调确定以后，就应考虑色彩的施色部位及其比例分配。作为主色调，一般应占有较大比例，而次色调作为主色调的配色，只占小的

比例。背景色、主题色、强调色三者之间的色彩关系决不是孤立的、固定的，如果机械地理解和处理，必然千篇一律，变得单调，所以我们在做设计之时，既要有明确的图底关系、层次关系和视觉中心，但又不刻板、僵化，才能达到丰富多彩。如图 1-68 所示效果图，确定以灰色调主调，所以整个家居家具都是配合灰色调而来，并没出现过艳的颜色，使整个家居和家具更好地融合，达到一种和谐的自然效果。

材料质地肌理的组合设计在当代室内环境中运用得相当普遍，室内设计理念要通过材料的质地美感来体现，材质肌理的组合设计直接影响到室内环境的品味与个性。当代室内设计中的材质运用需遵循三点：充分发挥材质纹理特征，强化空间环境功能；强调材料质地纹理组合的文化与统一；提倡运用新材料，尝试材质组合设计新方法。

7. 适当光源、合理配置

人和植物一样，需要日光的哺育，在做室内设计时，要尽可能保持室内有足够的自然采光，一般要求窗户的透光面积与墙面之比不得少于 1/5。要让人们最大限度地享受自然光带来的温馨与健康。

除此之外，灯光照明也是光源的一部分。灯具品种繁多，造型丰富，形式多样，所产生的光线有直射光、反射光、漫射光。它们在空间中不同的组合能形成多种照明方式，因此合理地配置灯光就非常重要。良好的光源配置比例应该是：5/3/1，即投射灯和阅读灯等集中式光源，光亮度最强为 5 时，给人柔和感觉的辅助光源为 3，而提供整个房间最基本的照明光源则为 1。在选择家居照明光源时，要遵循功能性原则、美观性原则、经济性原则、安全性原则等。如图 1-69 所示的效果图，在一定的自然光源下，加入不那么刺眼的灯光，既满足了照明需求，柔和的灯光也使人感到舒适。

图 1-68　色彩和谐　　图 1-69　适当光源、合
理配置

8. 强调感受、体现个性

室内家居是以家庭为对象的人文生活环境。不同的生活背景和生活环境，使人的性格、爱好有很大的差异，而不同的职业、民族和年龄又促成了每个人个性特征的形成。个性特征的差异导致对家居审美意识、功能要求的不同。所以，住宅空间设计必须要在保持时代特色的前提下，强调人们的自我感受，要体现与众不同的个性化特点，才能显示出独具风采的艺术魅力，如图1-70所示。

9. 经济环保、减少污染

设计的本质之一在于目的和价值的实现，这本身也包含了丰富的经济内容。提倡在经济上量力而行既是对业主提出的要求，也是对设计师提出的要求，利用有限的资金创造出优雅舒适的室内空间环境来，也正是现代设计师基本素质和能力的体现。环保观念已经深入人心，所以在家装中，我们也尽量减少使用有污染的材料，在设计中要牢固树立保护生态、崇尚绿色、回归自然、节省资源的观念，如图1-71所示。

图1-70 强调感受、　　图1-71 经济环保
体现个性

1.2.3 室内各空间分析

开始室内设计之前首先要进行功能的分析，室内设计不是纯艺术品，从某种角度上说是一种产品，作为产品首要满足的是功能，即人对产品的需求，其实这才是其艺术价值。所以室内设计的前提是进行功能分析，然后在功能分析的前提下进行划分。本小节讲述室内各空间的功能分析。

1. 入户花园

入户花园介于客厅和入户门之间，起到连接与过渡的作用，有类似于玄关的概念。入户花园通常只有一面或两面墙面，也被称为室内屋顶花园。

入户花园以绿化设计为主，对提高生活品质具有积极意义。入户花园不是指简单室内绿化，而是一种经过精心设计布置的有水体、植物、平台和小品等园林要素的庭院式花园。将地面上的花园搬到室内，让忙碌了一天的人们能够有更多的时间来接触自然，放松心情，让绿色植物调整人们的情绪，从而达到有益身心健康，改善生活质量的效果。入户花园效果图如图1-72所示。

2. 玄关

玄关在室内设计中指的是居室入口的一个区域，专指住宅室内与室外的一个过渡空间，也就是进入室内换鞋、更衣或从室内去室外的缓冲空间，也有人把它叫做斗室、过厅或门厅。在住宅中玄关虽然面积不大，但使用频率较高，是进出住宅的必经之处。玄关是室内设计的开始，犹如文章的开篇一定要简明扼要，对整个室内设计的风格、品味有点题的作用。玄关效果图如图1-73所示。

图1-72 入户花园　　　图1-73 玄关

3. 客厅

客厅是家居空间中会客、娱乐和团聚等活动的空间。在家居室内空间设计的平面布置中，客厅往往占据非常重要的地位，客厅作为家庭外交的重要场所，更多用来彰显一个家庭的气度与公众形象，因此规整而庄重，大气且大方是其主要追求，客厅中主要的生活用具包括沙发、茶几电视及音响等，有时也会放置饮水机。客厅效果图如图1-74所示。

4. 餐厅

现代家居中，餐厅正日益成为重要的活动场所，布置好餐厅，既能创造一个舒适的就餐环境，还会使居室增色不少。餐厅设计必须与室内空间整体设计相协调，在设计理念上主要把握好温馨、简单、便捷、卫生、舒适，在色彩处理上以暖色调为主，同时色彩对比应相对柔和，如图1-75所示。

图 1-74 客厅　　　图 1-75 餐厅

5．书房

书房又称家庭工作室，是作为阅读、书写以及业余学习、研究、工作的空间。特别是从事文教、科技和艺术工作者必备的活动空间。功能上要求满足书写、阅读、创作、研究、书刊资料贮存以及兼有会客交流的条件，力求创造幽雅、宁静、舒适的室内空间，如图 1-76 所示。

6．卧室

卧室是属于纯私人空间，在进行卧室设计时首先应考虑的是让你感到舒适和安静，不同的居住者对于卧室的使用功能有着不同的设计要求，卧室布置的原则是如何最大限度地提高舒适度和私密性，所以卧室布置要突出的特点是清爽、隔声、软和柔，如图 1-77 所示。

图 1-76 书房　　　图 1-77 卧室

7．卫生间

住宅卫生间空间的平面布局因业主的经济条件、文化、生活习惯及家庭人员而定，与设备大小、形式有很大关系。在布局上可以将卫生设备组织在一个空间中，也有分置在几个小空间中。在平面设计上可分为兼用型、独立型和折中型 3 种形式。

➢　第 1 种：独立型。卫浴空间比较大的家居空间，独立卫生间设计可以将洗衣、洗漱化妆、洗浴及坐便器等分为独立的空间。

➢　兼用型。把浴盆、洗脸池、坐便器等洁具集中在一个空间中，称之为兼用型，兼用型的优点是节省空间、经济、管线布置简单等，缺点是一个人占用卫生间时，会影响其他人的使用。

➢　折中型。卫生间中的基本设备，部分独立，部分放到一处的情况称之为折中型，折中型的优点是相对节省一些空间，组合比较自由，缺点是部分卫生设施设置于一室时，仍有互相干扰的现象，如图 1-78 所示。

图 1-78 卫生间

1.3　室内设计制图的要求和规范

1.3.1　图纸幅面

图纸幅面是指绘制图样所用图纸的大小，绘制图样时应优先采用表 1-1 中规定的基本幅面。表中 B、L 分别表示图纸的短边和长边，a、c 分别为图框线到图幅边缘之间的距离。

表 1-1 图幅尺寸

尺寸代号	幅面代号				
	A0	A1	A2	A3	A4
B×L	541×1189	594×841	420×594	297×420	210×297
c	10			5	
a	25				

图纸短边不得加长，长边可加长，加长尺寸应符合表 1-2 的规定。

表 1-2 图纸长边加长尺寸

幅面尺寸	长边尺寸	长边加长后尺寸
A0	1189	1486、1635、1783、1932、2080、2230、2378
A1	841	1051、1261、1471、1682、1892、2102
A2	594	743、891、1041、1189、1338、1486、1635、1783、1932、2080
A3	420	630、841、1051、1261、1471、1682、1892

1.3.2 比例

比例是指图样中的图形与所表示的实物相应要素的线性尺寸之比，比例应以阿拉伯数字表示，宜写在图名的右侧，字高应比图名字高小一号或两号。一般情况下，应优先选用表 1-3 中的比例。

表 1-3 绘图用的比例

常用比例	1:1 1:2 1:5 1:25 1:50 1:100 1:200
	1:500 1:1000 1:2000 1:5000 1:10000
可用比例	1:3 1:15 1:60 1:150 1:300 1:400
	1:600 1:1500 1:2500 1:3000 1:4000
	1:6000

1.3.3 图框格式

图框格式可分为两种：一种是留有装订边，如图 1-79 所示；另一种是不留装订边，如图 1-80 所示。同一类型的图纸只能采用同一种格式，并均应画出图框线和标题栏。

图纸横放

图纸竖放

图 1-79 留有装订边的图纸格式

图纸横放

图纸竖放

图 1-80 不留装订边的图纸格式

图框线用粗实线绘制，一般情况下，标题栏位于图纸右下角，也允许位于图纸右上角。标题栏中文字书写方向即为看图方向。

图签即图纸的图标栏，它包括设计单位名称、工程名称、签字区、图名区及图号区等内容。图签格式一般如表 1-4 所示。如今不少设计单位采用自己设计的图签格式，但是仍必须包括这几项内容。

表 1-4 图签格式

设计单位名称	工程名称区	图号区
签 字 区	图 名 区	

会签栏是为各工种负责人审核后签名用的表格，它包括专业、姓名、日期等内容，具体内容根据需要设置，表 1-5 所示为其中一种格式，对于不需要会签的图样，可以不设此栏。

表 1-5 会签栏格式

（专业）	（实名）	（签名）	（日期）

1.3.4 图线

图样中为了表示不同内容，并能分清主次，必须使用不同线型和线宽的图形线，常用的基本线型有粗实线、细实线、虚线、点画线、波浪线和双点画线，其应用见表 1-6(d 选用 7mm)。

表 1-6 图线的应用

图线名称	图线型式	图线宽度	一般应用
粗实线	——	d	可见轮廓线；可见过渡线
细实线	—	5 d	尺寸线及尺寸界线；剖面线；重合断面的轮廓线；分界线及范围线；弯折线；辅助线
波浪线	～	5 d	断裂处的边界线；视图和剖视的分界线
双折线	⌐⌐	5 d	断裂处的边界线；视图和剖视的分界线
虚线	– – –	5 d	不可见轮廓线；不可见过渡线
细点画线	—·—·—	5 d	轴线；对称中心线；轨迹线
粗点画线	—·—·—	d	有特殊要求的线或表面的表示线
双点画线	—··—··—	5 d	极限位置的轮廓线；试验或工艺用结构的轮廓线中断线

1.3.5 文字说明

在一幅完整的图样中，用图线方式表现得不充分和无法用图线表示的地方，就需要进行文字说明，例如：材料名称、构配件名称、构造做法、统计表及图名等，文字说明是图样内容的重要组成部分，制图规范对文字标注中的字体、字的大小、字体字号搭配方面作了一些具体规定。

一般原则：字体端正，排列整齐，清晰准确，美观大方，避免过于个性化的文字标注。

字体：一般标注推荐采用仿宋字，标题可用楷体、隶书、黑体字等。例如。

仿宋：AutoCAD（小四）AutoCAD（四号）AutoCAD （二号）

黑体：AutoCAD（四号）AutoCAD （二号）

楷体：AutoCAD（四号）AutoCAD （二号）

宋体：AutoCAD（三号）AutoCAD （一号）

字的大小：标注的文字高度要适中。同一类型的文字采用同一大小的字，较大的字用于较概括性的说明内容，较小的字用于较细致的说明内容等。

1.3.6　尺寸标注

在图样中除了按比例正确地画出物体的图形外，还必须标出完整的实际尺寸，施工时应以图样上所注的尺寸为依据，与所绘图形的准确度无关，更不得从图形上量取尺寸作为施工的依据。

图样上的尺寸单位，除了另有说明外，均以毫米 (mm) 为单位。

图样上一个完整的尺寸一般包括：尺寸线、尺寸界线、尺寸箭头、尺寸文字四个部分，如图 1-81 所示。

图 1-81　尺寸标注的组成

尺寸线：尺寸线用细实线绘制，不得用其他图线代替，尺寸线一般必须与所注尺寸的方向平行，但在圆弧上标注半径尺寸时，尺寸线应通过圆心。

尺寸界线：尺寸界线一般也用细实线绘制，且与尺寸线垂直，末端约超出尺寸线外 2 mm，有时也允许以轮廓线及中心线为尺寸界线。

尺寸箭头：尺寸箭头一般采用与尺寸界线成顺时针倾斜 45° 的中粗短线或细实线表示，长度宜为 2~3mm，在某些情况下，例如标注圆弧半径时，可用箭头作为起止符号。

尺寸文字：徒手书写的尺寸数字不得小于 5 号，注写尺寸数字时应在尺寸线的上方。

1.3.7　常用图示标志

1. 详图索引符号及详图符号

室内平面图、立面图、剖面图中，在需要另设详图表示的部位，标注一个索引符号，以表明该详图的位置，这个索引符号就是详图的索引符号。详图索引符号采用细实线绘制，A0、A1、A2 图幅索引符号的圆直径为 12mm，A3、A4 图幅索引符号的圆直径为 10mm，如图 1-82 所示。图中 d、e、f、g 用于索引剖面详图，当详图就在本张图样时，采用图 1-82a 形式，详图不在本张图样时，采用图 1-82b、c、d、e、f、g 的形式。

图 1-82　详图索引符号

详图符号即详图的编号，用粗实线绘制，圆直径为 14mm，如图 1-83 所示。

图 1-83　详图符号

2. 引出线

引出线可用于详图符号、标高等符号的索引，箭头圆点直径为 3mm，圆点尺寸和引线宽度可根据图幅及图样比例调节，引出线在标注时应保证清晰规律，在满足标注准确、齐全功能的前提下，尽量保证图面美观。

常见的几种引出线标注方式，如图 1-84 所示。

图 1-84　引出线形式

3. 立面指向符

在房屋建筑中，一个特性的室内空间领域总存在竖向分隔来界定的。因此，根据具体情况，就有可能出现绘制 1 个或多个立面来表达隔断、墙体及家具、构配件的设计情况。立面索引符号标注在平面图中，包括视点位置、方向和编号三个信息，建立平面图和室内立面图之间的联系，立面索引指向符号的形式如图 1-85 所示，图中立面图编号可用英文字母或阿拉伯数字表示，黑色的箭头指向表示立面的方向；图 1-85a 为单向内视符号，图 1-85b 为双向内视符号，

图 1-85c 为四向内视符号。

图 1-85 立面索引指向符号

室内设计制图其他常用符号及其意义如表 1-7 所示。

表 1-7 室内设计常用符号图例

符号	说明	符号	说明
0.00 0.00	标高符号，线上数字为标高值，下面的一种在标注位置比较拥挤时采用	N	指北针
⌐ ⌐ 1 1	标注剖切位置的符号，标注数字的方向为投影方向，"1"与剖切面的编号"1—1"对应		旋转门
	对称符号，在对称图形的中轴位置画此符号，可以省画另一半图形		电梯
	楼板开方孔		单扇推拉门
@	表示重复出现的固定间隔		双扇推拉门
平面布置图 1:50	图名和比例		四扇推拉门
	单扇平开门		首层楼梯
	双扇平开门		中间层楼梯
	子母门		顶层楼梯

符号	说明	符号	说明
	单扇弹簧门		窗
	双扇弹簧门		

1.3.8 常用材料符号

室内设计图中经常应用材料图例来表示材料，在无法用图例表示的地方则采用文字注释，表 1-8 所示为常用的材料图例。

表 1-8 常用的材料图例

材料图例	说明	材料图例	说明
	混凝土		钢筋混凝土
	石材		多孔材料
	金属		玻璃
	木材		砖
	液体		砂、灰土

1.4 室内设计制图内容

一套完整的室内设计图包括施工图和效果图。

1.4.1 施工图和效果图

装饰施工图完整、详细地表达了装饰的结构、材料构成及施工的工艺技术要求等，它是木工、油漆工、水电工等相关施工人员进行施工的依据，具体指导每个工种、工序的施工。装饰施工图要求准确、详实，一般使用 AutoCAD 进行绘制。如图 1-86 所示为施工图中的平面平置图。

设计效果图是在施工图的基础上，把装修后的结果用彩色透视图的形式表现出来，以便对装修进行评估，如图 1-87 所示。

图 1-86 施工图

图 1-87　效果图

效果图一般使用 3ds Max 绘制，它根据施工图的设计进行建模、编辑材质、设置灯光和渲染，最终得到一张彩色图像。效果图反映的是装修的用材、家具布置和灯光设计的综合效果，由于是三维透视彩色图像，没有任何装修专业知识的普通业主也可以轻易地看懂设计方案，了解最终的装修效果。

1.4.2　施工图的分类

施工图可以分为立面图、剖面图和节点图三种类型。

立面图是室内墙面与装饰物的正投影图，它标明了室内的标高，顶棚装修的尺寸及梯次造型的相互关系尺寸，墙面装饰的式样及材料、位置尺寸，墙面与门、窗、隔断的高度尺寸，墙与顶，地的衔接方式等。

剖面图是将装饰面剖切，以表达结构构成的方式、材料的形式和主要支承构件的相互关系等。剖面图标注有详细尺寸，工艺做法及施工要求。

节点图是两个以上装饰面的汇交点，按垂直或水平方向切开，以标明装饰面之间的对接方式和固定方法。节点图应详细表现出装饰面连接处的构造，注有详细的尺寸和收口、封边的施工方法。

在设计施工图时，无论是剖面图还是节点图，都应在立面图上标明以便正确指导施工。

1.4.3　施工图的组成

一套完整的室内设计施工图包括原始房型图、平面布置图、顶棚平面图、地材图、电气图、给排水图等。

1. 原始房型图

在经过实地量房之后，设计师需要将测量结果用图纸表示出来，包括房型结构、空间关系、尺寸等，这是室内设计绘制的第一张图，即原始房型图。其他专业的施工图都是在原始房型图的基础上进行绘制的，包括平面布置图、顶棚图、地材图、电气图等。

2. 平面布置图

平面布置图是室内装饰施工图纸中的关键性图纸。它是在原建筑结构的基础上，根据业主的要求和设计师的设计意图，对室内空间进行详细的功能划分和室内设施定位。

3. 地材图

地材图是用来表示地面做法的图样，包括地面用材和形式。其形成方法与平面布置图相同，所不同的是地面平面图不需绘制室内家具，只需绘制地面所使用的材料和固定于地面的设备与设施图形。

4. 电气图

电气图主要用来反映室内的配电情况，包括配电箱规格、型号、配置以及照明、插座、开关等线路的敷设方式和安装说明等。

5. 顶棚平面图

顶棚平面图主要用来表示顶棚的造型和灯具的布置，同时也反映了室内空间组合的标高关系和尺寸等。其内容主要包括各种装饰图形、灯具、说明文字、尺寸和标高。有时为了更详细地表示某处的构造和做法，还需要绘制该处的剖面详图。与平面布置图一样，顶棚平面图也是室内装饰设计图中不可缺少的图样。

6. 主要空间和构件立面图

立面图是一种与垂直界面平行的正投影图，它能够反映垂直界面的形状、装修做法和其上的陈设，是一种很重要的图样。

立面图所要表达的内容为四个面（左右墙、地面和顶棚）所围合成的垂直界面的轮廓和轮廓里面的内容，包括按正投影原理能够投影到画面上的所有构配件，如门、窗、隔断和窗帘、壁饰、灯具、家具、设备与陈设等。

7. 给水、排水图

家庭装潢中，管道有给水（包括热水和冷水）和排水两个部分。给水施工图就是用于描述室内给水和排水管道、开关等用水设施的布置和安装情况。

本书按照室内设计的流程，依次介绍各个设计施工图的绘制方法。

1.5 室内装饰设计欣赏

1.5.1 公共建筑空间室内设计效果欣赏

大堂装饰效果图，如图 1-88 所示。

餐厅装饰效果图，如图 1-89 所示。

图 1-88 大堂装饰效果图

图 1-89 餐厅装饰效果图

电梯厅装饰效果图，如图 1-90 所示。

售楼中心装饰效果图，如图 1-91 所示。

图 1-90 电梯厅装饰效果图

图 1-91 售楼中心装饰图

商业店铺装饰效果图，如图 1-92 所示。

图 1-92 商业店铺装饰效果图

足浴中心装饰效果图，如图 1-93 所示。

办公空间装饰效果图，如图 1-94 所示。

图 1-93 足浴中心装饰效果图

图 1-94 办公空间装饰效果图

会议室装饰效果图，如图 1-95 所示。
演播厅装饰效果图，如图 1-96 所示。

餐厅装饰效果图，如图 1-99 所示。
卧室装饰效果图，如图 1-100 所示。

图 1-99　餐厅装饰效果图

图 1-95　会议室装饰效果图

图 1-96　演播厅装饰效果图

图 1-100　卧室装饰效果图

1.5.2　住宅建筑空间室内装修效果欣赏

玄关装饰效果图，如图 1-97 所示。
客厅装饰效果图，如图 1-98 所示。

厨房装饰效果图，如图 1-101 所示。
卫生间装饰效果图，如图 1-102 所示。

图 1-97　玄关装饰效果图

图 1-101　厨房装饰效果图

图 1-98　客厅装饰效果图

图 1-102　卫生间装饰效果图

第**2**章 AutoCAD 2018 的基本操作

本章导读

本章主要学习 AutoCAD 2018 绘图的有关基本知识。了解 AutoCAD 2018 的工作界面、图形文件的管理、图形文件的显示控制和命令的调用等内容，使读者快速熟悉 AutoCAD 2018 的操作环境。

本章重点

➢ AutoCAD 2018 的工作界面
➢ 图形文件的管理
➢ 控制图形的显示
➢ AutoCAD 命令的调用方法
➢ 精确绘制图形

2.1 AutoCAD 2018 的工作界面

双击桌面的 AutoCAD 2018 图标 **A**, 即可进入到该软件的操作界面。系统将以默认的"草图与注释"界面显示, 如图 2-1 所示。

图 2-1 AutoCAD2018 默认工作界面

 提示

AutoCAD 2018 有"草图与注释""三维建模"和"三维基础"三个工作空间, 本书以"草图与注释"工作空间进行讲解。在状态栏中单击【切换工作空间】按钮 ☼ ▾ , 或打开【快速访问】工具栏中的工作空间列表框进行空间切换。

2.1.1 【应用程序】按钮

【应用程序】按钮 **A** 位于界面左上角。单击该按钮, 系统弹出用于管理 AutoCAD 图形文件的命令列表, 包括【新建】、【打开】、【保存】、【另存为】、【输出】及【打印】等命令。

2.1.2 标题栏

工作界面最上端是标题栏。标题栏中显示了当前工作区中显示的图形文件的路径和名称。如果该文件是新建文件, 还没有命名保存, AutoCAD 会在标题栏上显示 Drawingl.dwg、Drawing2.dwg、Drawing3.dwg…作为默认的文件名。

单击标题栏右边的三个按钮, 可以将 AutoCAD 窗口最小化、最大化(或还原)或关闭。

2.1.3 快速访问工具栏

快速访问工具栏位于【应用程序】右侧, 包含最常用的快捷按钮, 如图 2-2 所示。

图 2-2 快速访问工具栏

快速访问工具栏右侧为【工作空间列表框】, 如图 2-3 所示, 用于切换 AutoCAD 2018 工作空间。快速访问工具栏中包含了 7 个快捷按钮, 分别为【新建】、【打开】、【保存】、【另存为】、【放弃】、【重做】和【打印】。

图 2-3 切换工作空间

2.1.4 菜单栏

"草图与注释"界面默认不显示出菜单栏, 用户可以单击快速访问工具栏中的下拉按钮, 在展开的下拉列表中, 选择"显示菜单栏"命令, 显示菜单栏。

菜单栏位于标题栏的下方, 包括【文件】、【编辑】、【视图】、【插入】、【格式】、【工具】、【绘图】、【标注】、【修改】、【参数】、【窗口】和【帮助】12 个菜单, 如图 2-4 所示。

文件(F) 编辑(E) 视图(V) 插入(I) 格式(O) 工具(T) 绘图(D) 标注(N) 修改(M) 参数(P) 窗口(W) 帮助(H)

图 2-4 菜单栏

在菜单栏中, 每个主菜单又包含数目不等的子菜单, 有些子菜单下还包含下一级子菜单。如要进行圆的绘制, 可以执行【绘图】|【圆】命令, 即可在【绘图区】根据提示进行圆的绘制, 如图 2-5 所示。

图 2-5 主菜单下的子菜单

2.1.5 文件标签栏

文件标签栏是由多个文件选项卡组成，可以进行标签式分页切换，单击文件选项卡右侧"+"号按钮 ➕ 就能快速新建文件，如图2-6所示。

在【标签栏】空白处单击鼠标右键，系统会弹出快捷菜单，内容包括新建、打开、全部保存和全部关闭。如果选择【全部关闭】命令，就可以关闭标签栏中的所有文件而不会关闭AutoCAD 2018软件。

如果选项卡左侧有一个锁定的图标 🔒，则表明该文件是以只读的方式打开的。如果右侧出现星号，则表明文件自修改后还未保存。当用户移动光标至文件标签上时，可以预览该图形的模型和布局，如图2-7所示。如果移动光标至预览图形上，则相对应的模型或布局就会

在图形区域临时显示出来，并且打印和发布工具在预览图中也是可用的。

图 2-6 标签栏

图 2-7 预览图形内容

2.1.6 功能区

功能区位于标题栏下方，由多个功能面板组成，这些面板被组织到依任务进行标记的选项卡中，如图2-8所示。

图 2-8 功能区

在默认状态的"草图和注释"空间中，【功能区】有10个选项卡，每个选项卡中包含若干个面板，每个面板中又包含许多由图标表示的命令按钮，用户单击面板中的命令图标按钮，即可快速执行该命令。

2.1.7 绘图窗口

绘图窗口是绘制与编辑图形及文字的工作区域。一个图形文件对应一个绘图窗口，每个绘图窗口中都有标题栏、滚动条、控制按钮、布局选项卡、坐标系图标和十字光标等元素，如图2-9所示。绘图窗口的大小并不是一成不变的，用户可以通过关闭多余的工具栏以增大绘图空间。

图 2-9 绘图窗口

2.1.8 命令行

命令行位于绘图窗口的下方，用于显示用

户输入的命令，并显示AutoCAD的提示信息，如图2-10所示。

用户可以用鼠标拖动命令行的边框以改变命令行的大小，另外，按F2键还可以打开AutoCAD文本窗口，如图2-11所示。该窗口中显示的信息与命令行中显示的信息相同，当用户需要查询大量信息时，该窗口就会显得非常有用。

图 2-10 命令行

图 2-11 AutoCAD 文本窗口

2.1.9 布局标签

AutoCAD 2018 系统默认设定一个模型空间布局标签和"布局 1""布局 2"两个图纸空间布局标签。

1. 布局

布局是系统为绘图设置的一种环境，包括图纸大小、尺寸单位、角度设定、数值精确度等，在系统预设的三个标签中，这些环境变量都按默认设置。用户根据实际需要改变这些变量的值。比如：默认的尺寸单位是公制的 mm，如果绘制的图形是使用英制的 in，就可以改变尺寸单位环境变量的设置，用户也可以根据自己的需要设置符合自己要求的新标签。

2. 模型

AutoCAD 的空间分模型空间和图纸空间。模型空间是我们通常绘图的环境，而在图纸空间中，用户可以创建叫做"浮动视口"的区域，以不同视图显示所绘图形。用户可以在图纸空间中调整浮动视口并决定所包含视图的缩放比例。如果选择图纸空间，则可打印多个视图，用户可以打印任意布局的视图。

AutoCAD 2018 系统默认打开模型空间，用户可以通过鼠标左键单击选择需要的布局。

2.1.10 状态栏

状态栏位于绘图窗口的最下边，用于显示当前 AutoCAD 的工作状态，如图 2-12 所示。状态栏中包括诸如【模型】、【显示图形栅格】、【捕捉模式】、【正交限制光标】、【极轴追踪】、【等轴测草图】、【显示捕捉参照线】、【对象捕捉】、【显示/隐藏线宽】、【显示注释对象】、【注释监视器】、【当前图形单位】、【硬件加速】、【隔离对象】和【全屏显示】等按钮。

图 2-12　状态栏

2.2　图形文件的管理

在 AutoCAD 中，图形文件的基本操作一般包括新建文件、保存文件、打开已有文件、输出文件、加密文件和关闭文件等。

2.2.1 新建图形文件

在快速访问工具栏中单击【新建】按钮

，或单击【应用程序】按钮，在弹出的菜单中选择【新建】命令，打开"选择样板"对话框，如图 2-13 所示。

图 2-13　"选择样板"对话框

在"选择样板"对话框中，若要创建默认样板的图形文件，单击【打开】按钮即可。也可以在样板列表框中选择其他样板图形文件，在该对话框右侧的"预览"栏中可预览到所选样板的样式，选择合适的样板后单击【打开】按钮，即可创建新图形。

2.2.2 保存图形文件

在 AutoCAD 中，可以使用多种方式将所绘图形以文件形式保存。在快速访问工具栏中单击【保存】按钮，或单击【应用程序】按钮，在弹出的菜单中选择【保存】命令，在第一次保存文件时，系统将弹出"图形另存为"对话框，如图 2-14 所示，默认情况下文件格式与 AutoCAD 2013 相同，为"AutoCAD 2013 图形"(*.dwg)"格式保存，也可以在"文件类型"下拉列表框中选择其他格式。

图 2-14　"图形另存为"对话框

2.2.3 打开图形文件

在快速访问工具栏中单击【打开】按钮，或单击【应用程序】按钮，在弹出的菜单中选择【打开】命令，此时将打开"选择文件"对话框，如图 2-15 所示。

在"选择文件"对话框的文件列中，选择需要打开的图形文件，在右侧的"预览"框中将显示出该图形的预览图像。

图 2-15 "选择文件"对话框

2.2.4 输出图形文件

单击【应用程序】按钮 ，在弹出的菜单中选择【输出】命令，打开输出数据列表，如图 2-16 所示，选择所需文件类型"三维 DWF"，弹出【输出三维 DWF】对话框，如图 2-17 所示；或选择菜单栏【文件】|【输出】命令，打开"输出数据"对话框，如图 2-18 所示，在"文件类型"下拉列表框中选择输出文件类型，在"文件名"文本框中输入保存文件名称，单击【保存】按钮，即可输出图形文件。

图 2-16 "输出数据"列表

图 2-17 "安全选项"对话框

图 2-18 "输出数据"对话框

2.2.5 关闭图形文件

单击【应用程序】按钮 ，在弹出的菜单中选择【关闭】命令，或在绘图窗口中单击【关闭】按钮 ，可以关闭当前图形文件。

执行"关闭"命令后，如果当前图形没有保存，系统将弹出 AutoCAD 警告对话框，询问是否保存文件，如图 2-19 所示，单击【是】按钮或直接单击回车键，可以保存当前图形文件并将其关闭；单击【否】按钮，可以关闭当前图形文件但不保存；单击【取消】按钮，取消关闭当前图形文件操作，既不保存也不关闭。

图 2-19 提示框

2.3 控制图形的显示

在使用 AutoCAD 绘图过程中经常需要对视图进行平移、缩放、重生成等操作，以方便观察视图并保持绘图的准确性。

2.3.1 视图缩放

图形的显示缩放命令可以调整当前视图大小，既能观察较大的图形范围，又能观察图形的细节，视图缩放不会改变图形的实际大小。

在 AutoCAD 中进行视图的缩放有以下几

种常用方法。

➤ 鼠 标：在【绘图区】内滚动鼠标滚轮进行视图缩放，这是最常用的方法。

➤ 功能区：进入【视图】选项卡，在【导航】面板选择视图缩放工具进行视图缩放操作，如图 2-20 所示。

➤ 菜单栏：打开【视图】|【缩放】菜单，在下级菜单中选择相应的命令，如图 2-21 所示。

➤ 导航栏：单击绘图窗口右侧导航栏中的缩放工具按钮，如图 2-22 所示。

➤ 命 令 行：在命令行输入 ZOOM/Z 并按 Enter 键，根据命令行的提示，缩放图形。

图 2-20　导航 图 2-21　【视图】图 2-22　导航栏
面板和导航栏　　　菜单

各缩放方式的含义如下。

全部缩放：将最大化显示整个模型空间所有图形对象（包括绘图界限范围内、外的所有对象）和视觉辅助工具（如栅格）。

中心缩放：将进入中心缩放状态。要求先确定中心点，然后以该中心点为基点，整个图形按照指定的缩放比例（或高度）缩放。而这个点在缩放操作之后将成为新视图的中心点。

窗口缩放：这是 AutoCAD 最常用的缩放功能，通过确定矩形的两个角点，可以拉出一个矩形窗口，窗口区域的图形将放大到整个视图范围，如图 2-23 所示。

图 2-23　窗口缩放

范围缩放：实际制图过程中，通常模型空间的界限非常大，但是所绘制图形所占的区域又很小。缩放视图时如果使用显示全图功能，那么图形对象将会缩成很小的一部分。因此，AutoCAD 提供了范围显示功能，用来显示所绘制的所有图形对象的最大范围。选择"范围"备选项，可使用此功能。

返回前视图：选择"缩放上一个"备选项，可以回复到前一个视图显示的图形状态。这也是一个常用的缩放功能。

缩放比例：根据输入的比例缩放图形，有3 种输入比例的方法：直接输入数值，表示相对于图形界限进行缩放；在比例值后面加 x，表示相对于当前视图进行缩放；在比例值后面加上 xp，表示相对于图纸空间单位进行缩放。

缩放对象：选择的图形对象尽可能大地显示在屏幕。

缩放动态：动态缩放是 AutoCAD 的一个非常具有特色的缩放功能。使用【动态缩放】时，绘图区将显示几个不同颜色的方框，拖动鼠标移动当前【视区框】到所需位置，然后单击鼠标左键调整方框大小，确定大小后按 Enter 即可将当前视区框内的图形最大化显示，如图 2-24 所示。

图 2-24　动态缩放

实时缩放：该项为默认选项。执行"缩放"命令后按 Enter 键即可使用该选项。在屏幕上会出现一个 形状的光标，按住鼠标左键不放向上或向下移动，则可实现图形的放大或缩小。

💡 提示

　　滚动鼠标滚轮，可以快速地实时缩放视图。

2.3.2　图形平移

　　和缩放不同，平移命令不改变视图的显示比例，只改变显示范围。输入命令 PAN/P，或按住鼠标中键，此时光标将变成小手形状 ✋ ，并向不同方向拖动光标，当前视图的显示区域将随之实时平移，如图 2-25 所示。

平移前

平移后

图 2-25　视图平移

💡 提示

　　按住鼠标中键拖动，可以进行视图平移。

2.3.3　重生成与重画

　　在 AutoCAD 中，某些操作完成后，操作效果往往不会立即显示出来，或者在屏幕上留下绘图的痕迹与标记。因此，需要通过视图刷新对当前图形进行重新生成，以观察到最新的编辑效果。

　　1．重生成

　　REGEN【重生成】命令重新计算当前视区中所有对象的屏幕坐标并重新生成整个图形。它还重新建立图形数据库索引，从而优化显示和对象选择的性能。启动【重生成】命令的方式。

> 命令方式：REGEN ／ RE。

> 菜单方式：【视图】|【重生成】。

　　另外，使用【全部重生成】命令不仅重生成当前视图中的内容，而且重生成所有视图中的内容。启动【全部重生成】命令的方式。

> 命令方式：REGENALL/REA。

> 菜单方式：【视图】|【全部重生成】命令

　　2．重画

　　AutoCAD 用数据库以浮点数据的形式储存图形对象的信息，浮点格式精度高，但计算时间长。AutoCAD 重生成对象时，需要把浮点数值转换为适当的屏幕坐标。因此对于复杂图形，重生成需要花很长的时间。

　　AutoCAD 提供了另一个速度较快的刷新命令—【重画】。重画只刷新屏幕显示；而重生成不仅刷新显示，还更新图形数据库中所有图形对象的屏幕坐标。

　　启动【重画】命令的方式有。

> 命令方式：REDRAW ／ RA。

> 菜单方式：【视图】|【重画】命令。

　　在进行复杂的图形处理时，应当充分考虑到重画和重生成命令的不同工作机制，合理使用。重画命令耗时较短，可以经常使用以刷新屏幕。每隔一段较长的时间，或【重画】命令无效时，可以使用一次【重生成】命令，更新后台数据库。

2.4　AutoCAD 命令调用方法

　　在 AutoCAD 中，菜单命令、面板按钮、工具栏按钮、命令和系统变量都是相互的。可以选择某一菜单，或单击某个工具按钮，或在命令行中输入命令和系统变量来执行相应命令。

2.4.1　使用鼠标操作

　　在绘图窗口中，光标通常显示为"十"字线形式。当光标移至菜单选项、工具或对话框内时，光标变成一个箭头。无论光标呈"十"字线形式还是箭头形式，当单击或按住鼠标键时，都会执行相应的命令或动作。在 AutoCAD 中，鼠标键是按照下述规则定义的。

　　1．拾取键

　　通常指鼠标的左键，用户指定屏幕上的点，也可以用来选择 Windows 对象、AutoCAD 对象、工具按钮和菜单命令等。

　　2．回车键

　　指鼠标右键，相当于 Enter 键，用于结束当前使用命令，此时系统将根据当前绘图状态而弹出不同的快捷菜单。

3. 弹出菜单

当使用 Shift 键和鼠标右键的组合时，系统将弹出一个快捷菜单，用于设置捕捉对象。

2.4.2 使用键盘输入

在 AutoCAD 2018 中，大部分的绘图、编辑功能都需要通过键盘输入来完成。通过键盘可以输入命令、系统变量。此外，键盘还是输入文本对象、数值参数、点的坐标和进行参数选择的唯一方法。

2.4.3 使用命令行

在 AutoCAD 2018 中，默认情况下"命令行"是一个固定的窗口，可以在当前命令行提示下输入命令和对象参数等内容。对于大多数命令，"命令行"中可以显示执行完的两条命令提示，而对于一些输出命令，需要在"命令行"或"AutoCAD 文本窗口"中显示。

在"命令行"窗口中右击，AutoCAD 将显示一个快捷菜单，如图 2-26 所示。通过快捷菜单可以选择输入设置、输入搜索选项、复制选定的文字或全部命令历史、粘贴文字以及打开"选项"对话框。

在命令行中，还可以使用 Backspace 或 Delete 键删除命令行中的文字，也可以选中命令历史，并执行【粘贴到命令行】命令，将其粘贴到命令行中。

如果命令输入错误，不会再显示"未知命令"，而是会自动更正成最接近且有效的 AutoCAD 命令。例如，如果用户输入了

TABEL，那就会自动启动 TABLE 命令。

其次，AutoCAD 2018 加入了更人性化的操作，直接在命令行中输入要填充的图案的名称并按 Enter 键，就可以在绘图区拾取填充区域，对图形进行图案填充，更加的方便快捷。

2.4.4 使用菜单栏

菜单栏几乎包含了 AutoCAD 中全部的功能和命令，使用菜单栏执行命令，只需单击菜单栏中的主菜单，在弹出的子菜单中选择要执行的命令即可。例如要执行绘制【矩形】命令，选择【绘图】|【矩形】命令，如图 2-27 所示。

图 2-26 命令行快捷菜单　图 2-27 使用菜单栏执行绘制矩形命令

2.4.5 使用功能区

大多数命令都可以在相应的面板中找到与其对应的图标按钮，单击该按钮即可快速执行 AutoCAD 命令。例如要执行【阵列】命令，可以单击【修改】中的【阵列】按钮，再根据命令提示进行操作即可，如图 2-28 所示。

图 2-28 使用面板调用命令

2.5 精确绘制图形

在绘图过程中，为了精确地绘制图形，需要利用捕捉、追踪和动态输入等功能来提高绘图效率。

2.5.1 栅格

栅格的作用如同传统纸面制图中使用的坐

标值，按照相等的间距在屏幕上设置了栅格点，使用者可以通过栅格点数目来确定距离，从而达到精确绘图目的。栅格不是图形的一部分，打印时不会被输出。

控制栅格是否显示，有以下两种常用方法。

➢ 连续按功能键F7，可以在开、关状态间切换。

➢ 单击状态栏"显示图形栅格"开关按钮▦。

选择状态栏"捕捉模式"开关按钮▦，单击鼠标右键，选择"捕捉设置"选项。在打开的"草图设置"对话框中选中"捕捉和栅格"选项卡，如图 2-29 所示，选中或取消"启用栅格"复选框，也可以控制显示或隐藏栅格。

图 2-29 "捕捉和栅格"选项卡

在"栅格间距"选项组中，可以设置栅格点在 X 轴方向（水平）和 Y 轴方向（垂直）上的距离。

此外，在命令行输入 GRID 命令，也可以设置栅格的间距和控制栅格的显示，如图 2-30 所示。

图 2-30 设置栅格间距

2.5.2 捕捉

捕捉功能（不是对象捕捉）经常和栅格功能联用。当捕捉功能打开时，光标只能停留在栅格点上。这样，只能绘制出栅格间距整数倍的距离。

打开和关闭捕捉功能的方法如下。

➤ 连续按功能键 F9，可以在开、关状态间切换。

➤ 单击状态栏中的"捕捉模式"开关按钮▦。

在图 2-29 所示的"捕捉和栅格"选项卡中，设置捕捉属性的选项有。

➤ "捕捉"选项组：可以设定 X 方向和 Y 方向

的捕捉间距，及整个栅格的旋转角度。

➤ "捕捉类型和样式"选项组：可以选择"栅格捕捉"和"极轴捕捉"两种类型。选择"栅格捕捉"时，光标只能停留在栅格点上。栅格捕捉又有"矩形捕捉"和"等轴测捕捉"两种样式。两种样式的区别在于栅格的排列方式不同。"等轴测捕捉"常常用于绘制轴测图。

2.5.3 正交

在室内设计绘图中，有相当一部分直线是水平或垂直的。针对这种情况，AutoCAD 提供了一个正交开关，以方便绘制水平或垂直直线。

打开和关闭正交开关的方法有。

➤ 连续按功能键 F8，可以在开、关状态间切换。

➤ 单击状态栏"正交限制光标"开关按钮▸。

正交限制光标开关打开以后，系统就只能画出水平或垂直的直线，如图 2-31 所示。更方便的是，由于正交功能已经限制了直线的方向，所以要绘制一定长度的直线时，只需直接输入长度值，而不再需要输入完整的相对坐标了。

图 2-31 正交模式的使用

2.5.4 对象捕捉

使用对象捕捉可以精确定位现有图形对象的特征点，例如直线的中点、圆的圆心等，从而为精确绘图提供了条件。

1. 对象捕捉的开关设置

根据实际需要，可以打开或关闭对象捕捉，有以下两种常用的方法。

➤ 功能键 F3。连续按 F3 键，可以在开、关状态间切换。

➤ 单击状态栏中的"对象捕捉"开关按钮▯。

输入命令 OSNAP，打开"草图设置"对话框。单击"对象捕捉"选项卡，选中或取消"启用对象捕捉"复选框，也可以打开或关闭对象捕捉，但由于操作麻烦，在实际工作中并不常用。

启用对象捕捉后，将光标放在一个对象上，系统自动捕捉到对象上所有符合条件的几何特征点，并显示出相应的标记。如果光标放在捕捉点达 3 秒钟以上，则系统将显示捕捉的提示文字信息，如图 2-32 所示。

2. 设置对象捕捉点

在使用对象捕捉之前，需要设置好对象捕捉模式，也就是确定当探测到对象特征点时，哪些点捕捉，而哪些点可以忽略，从而避免视图混乱。对象捕捉模式的设置在如图 2-33 所示的"草图设置"对话框中进行。

对话框共列出了 14 种对象捕捉点和对应的捕捉标记。需要捕捉哪些对象捕捉点，就选中这些点前面的复选框。设置完毕后，单击【确定】按钮关闭对话框即可。

图 2-32 捕捉的　图 2-33 "对象捕捉"选项卡
提示文字信息

这些对象捕捉点的含义见表 2-1。

表 2-1 对象捕捉点的含义

对象捕捉点	含义
端点	捕捉直线或曲线的端点
中点	捕捉直线或弧段的中间点
圆心	捕捉圆、椭圆或弧的中心点
节点	捕捉用 POINT 命令绘制的点对象
几何中心	捕捉几何中心的中心也可称为是质心
象限点	捕捉位于圆、椭圆或弧段上 0°、90°、180° 和 270° 处的点
交点	捕捉两条直线或弧段的交点
延长线	捕捉直线延长线路径上的点
插入点	捕捉图块、标注对象或外部参照的插入点
垂足	捕捉从已知点到已知直线的垂线的垂足
切点	捕捉圆、弧段及其他曲线的切点
最近点	捕捉处在直线、弧段、椭圆或样条线上，而且距离光标最近的特征点
外观交点	在三维视图中，从某个角度观察两个对象可能相交，但实际并不一定相交，可以使用"外观交点"捕捉对象在外观上相交的点
平行线	选定路径上一点，使通过该点的直线与已知直线平行

3. 自动捕捉和临时捕捉

AutoCAD 提供了两种对象捕捉模式：自动捕捉和临时捕捉。自动捕捉模式要求使用者先设置好需要的对象捕捉点，以后当光标移动到这些对象捕捉点附近时，系统就会自动捕捉到这些点。

临时捕捉是一种一次性的捕捉模式，这种捕捉模式不是自动的。当用户需要临时捕捉某个特征点时，需要在捕捉之前手工设置需要捕捉的特征点，然后进行对象捕捉。而且这种捕捉设置是一次性的，不能反复使用。在下一次遇到相同的对象捕捉点时，需要再次设置。

在命令行提示输入点的坐标时，如果要使用临时捕捉模式，可按 **Shift** 键 + 鼠标右键，系统会弹出如图 2-34 所示的快捷菜单。单击选择需要的对象捕捉点，系统将会捕捉到该点。

2.5.5 自动追踪

自动追踪可按指定角度绘制对象，或者绘制与其他对象有特定关系的对象。自动追踪功能分极轴追踪和对象捕捉追踪两种，是非常有用的辅助绘图工具。

极轴追踪

极轴追踪是按事先给定的角度增量来追踪特征点。极轴追踪功能可以在系统要求制定一个点时，按预先设置的角度增量显示一条无限延伸的辅助线，这时就可以沿辅助线追踪得到光标点，可在"草图设置"对话框的"极轴追踪"选项卡对极轴追踪进行设置，如图 2-35 所示。

图 2-34 临时　　图 2-35 "极轴追踪"选项卡
捕捉菜单

对象捕捉追踪

对象捕捉追踪是按照与对象的某种特性关系来追踪，不知道具体角度值，但知道特定的关系进行对象捕捉追踪。

要执行该追踪操作，可启用状态栏中的【对象捕捉追踪】功能，同样在"极轴追踪"选项卡中设置对象捕捉追踪的对应参数，如图 2-36 所示。

图 2-36 对象追踪与极轴追踪

2.5.6 动态输入

使用动态输入功能可以在指针位置处显示标注输入和命令提示等信息，从而极大地方便了绘图。

1. 启用指针输入

在"草图设置"对话框的"动态输入"选项卡中，选择"启用指针输入"复选框可以启用输入功能，如图 2-37 所示。可以在"指针输入"选项卡区域中单击【设置】按钮，使用打开的"指针输入设置"对话框设置指针的格式和可见性，如图 2-38 所示。

图 2-37 "动态输　图 2-38 "指针输入设置"
入"选项卡　　　　　对话框

2. 启用标注输入

在"草图设置"对话框的"动态输入"选项卡中，选择"可能时启用标注输入"复选框可以动用标注输入功能。在"标注输入"选项区域中单击"设置"按钮，使用打开的"标注输入的设置"对话框可以设置标注的可见性，如图 2-39 所示。

3. 显示动态提示

在"草图设置"对话框的"动态输入"选项卡中，选中"动态提示"选项区域中的"在十字光标附近显示命令提示行和命令输入"复选框，可以在光标附近显示命令提示，如图 2-40 所示。

图 2-39 "标注输入的设置"对话框

图 2-40 显示动态提示

第3章

AutoCAD 图形的绘制

本章导读

绘图是 AutoCAD 的主要功能，也是最基本的功能，而二维平面图形的形状都很简单，创建起来也很容易，是整个 AutoCAD 的绘图基础。本章将详细介绍这些基本图形的绘制方法。

本章重点

➤ 点对象的绘制
➤ 直线型对象的绘制
➤ 多边形对象的绘制
➤ 曲线对象的绘制

3.1 点对象的绘制

在 AutoCAD 中，点不仅是组成图形最基本的元素，还经常用来标识某些特殊的部分，如绘制直线时需要确定端点、绘制圆或圆弧时需要确定圆心等。

默认情况下，点是没有长度和大小的，在绘图区仅显示为一个小圆点，因此很难识别。在 AutoCAD 中，可以为点设置不同的显示样式，这样就可以清楚地知道点的位置，也使单纯的点更加美观和易于辨认。点包括"单点""多点""定数等分点"和"定距等分点"4 种。

3.1.1 设置点样式

设置点样式首先需要执行【点样式】命令，该命令有如下调用方法。

➢ 命令行：DDPTYPE
➢ 功能区：【默认】|【实用工具】|【点样式】按钮 ⚏ 点样式...

课堂举例 3-1：　设置点样式

📹 视频 \ 第 3 章 \ 课堂举例 3-1.mp4

① 按 Ctrl+O 快捷键，打开"设置点样式 .dwg"文件，如图 3-1 所示。此时的点样式为系统默认设置，在图中几乎无法辨认。

② 输入 DDPTYPE 命令，打开"点样式"对话框，选择需要的点样式，单击【确定】按钮保存设置并关闭该对话框，如图 3-2 所示。

③ 返回到操作界面中，即可查看到绘图区中的点样式由原来的小圆点变成了刚才设置的点样式，如图 3-3 所示。

图 3-1　打开文件

图 3-2　"点样式"对话框

图 3-3　设置点样式效果

3.1.2 绘制单点

绘制单点首先需要执行【单点】命令，该命令有如下调用方法。

➢ 命令行：POINT/PO
➢ 菜单栏：【绘图】|【点】|【单点】命令

课堂举例 3-2：　绘制单点

📹 视频 \ 第 3 章 \ 课堂举例 3-2.mp4

① 调用 CIRCLE/C【圆】命令，绘制一个任意大小的圆。

② 在命令行中输入 POINT/PO，并按 Enter 键。

③ 命令提示行将显示"当前点模式：PDMODE=35PDSIZE=0.0000"。在绘图区捕捉圆的象限点并单击，完成单点的绘制，如图 3-4 所示。

3.1.3 绘制多点

绘制多点就是指调用绘制命令后一次能指定多个点，直到按 ESC 键结束多点绘制状态为止。

绘制多点首先需要执行【多点】命令，该命令有如下调用方法。

➢ 功能区：【默认】|【绘图】|【多点】按钮 ⚬ 菜单栏：【绘图】|【点】|【多点】命令

课堂举例 3-3：　绘制多点

📹 视频 \ 第 3 章 \ 课堂举例 3-3.mp4

① 调用 CIRCLE/C【圆】命令，绘制一个任意大小的圆。

② 单击【绘图】|【多点】按钮 ⚬。

③ 命令提示行将显示"当前点模式：PDMODE=35PDSIZE=0.0000"，捕捉圆的象限点和圆心，连续 5 次单击鼠标左键，绘制 5 个点如图 3-5 所示。

图 3-4　绘制单点　　　图 3-5　绘制多点

3.1.4 绘制定数等分点

绘制定数等分点是在指定的对象上绘制指定数目的点，每个点的距离保持相等。绘制定数等分点首先需要执行【定数等分】命令，该命令主要有如下几种调用方法。

➤ 命令行：DIVIDE ╱ DIV

➤ 功能区：【默认】|【绘图】|【定数等分】按钮

定数等分方式需要输入等分的总段数，而系统自动计算每段的长度。已经存在一条长1000 的线段，现将其等分成 5 段，则每段长200。

🎬 课堂举例 3-4： 绘制定数等分点

▶视频 \ 第 3 章 \ 课堂举例 3-4.mp4

01 调用 LINE/L 命令，绘制一条长 1000 的线段。

02 单击【绘图】|【定数等分】按钮，命令选项如下。

> 命令：divide ✓
> *// 启动【定数等分】命令*
> 选择要定数等分的对象：
> *// 单击选取绘制的线段*
> 输入线段数目或 [块 (B)]: 5 ✓
> *// 输入段数 5*

03 线段等分结果如图 3-6 所示。

图 3-6 定数等分线段

3.1.5 绘制定距等分点

定距等分是在指定的对象上按确定的长度进行等分，即该操作是先指定所要创建的点与点之间的距离，再根据该间距值分隔所选对象。等分后的子线段的数量是原线段长度除以等分距的数量，如果等分后有多余的线段则为剩余线段。

绘制定距等分点首先需要执行【定距等分】的命令，该命令主要有如下几种调用方法。

➤ 命令行：MEASURE ╱ ME

➤ 功能区：【默认】|【绘图】|【定距等分】按钮

已经存在一条长 1000 的线段，要求等分后每段长度为 100，则可以等分为 10 段。

🎬 课堂举例 3-5： 绘制定距等分点

▶视频 \ 第 3 章 \ 课堂举例 3-5.mp4

01 调用 LINE/L 命令，绘制一条长 1000 的线段。

02 单击【绘图】|【定距等分】按钮，命令行操作如下。

> 命令：measure ✓
> *// 启动【定距等分】命令*
> 选择要定距等分的对象。
> *// 单击选择绘制的线段*
> 指定线段长度或 [块 (B)]：100 ✓
> *// 输入等分后每段的长度*

03 线段定距等分结果如图 3-7 所示。

图 3-7 定距等分线段

3.2 直线型对象的绘制

直线型对象是所有图形的基础，在AutoCAD 中直线型包括直线、射线、构造线、多段线和多线等。各线型具有不同的特征，应根据实际绘图需要选择不同的线型。

3.2.1 绘制直线

直线是所有绘图中最简单、最常用的图形对象，在绘图区指定直线的起点和终点即可会绘制一条直线。当绘制一条线段后，可继续以该线段的终点作为起点，然后指定下一个终点，反复操作可绘制首尾相连的图形，按 Esc 键即可退出直线绘制状态。

绘制直线首先需要执行【直线】命令，该命令主要有如下几种调用方法。

➤ 命令行：LINE ╱ L

➤ 功能区：【默认】|【绘图】|【直线】命令

执行上述任意一种操作后，命令提示行及操作如下。

> 命令：line ✓
> 指定第一点：
> *// 执行【直线】命令*
> 指定下一点或 [放弃 (U)]：
> *// 在绘图区拾取一点作为直线的起点*
> 指定下一点或 [放弃 (U)]：
> *// 单击鼠标确定直线的终点*

3.2.2 绘制射线

射线是只有起点和方向但没有终点的直

线，即射线为一端固定而另一端无限延长的直线。射线一般作为辅助线，绘制射线后按 Esc 键退出绘制状态。

绘制射线的命令主要有如下几种调用方法。

➢ 命令行：RAY

➢ 功能区：【默认】|【绘图】|【射线】按钮 ↗

执行上述任意一种操作后，命令提示行及操作如下。

> 命令：ray
> // 调用绘制【射线】命令
> 指定起点：
> // 在绘图区拾取一点作为射线的起点
> 指定通过点：
> // 确定射线的方向

3.2.3 绘制构造线

构造线没有起点和终点，两端可以无限延长，常作为辅助线来使用。

绘制构造线首先需要执行【构造线】命令，该命令主要有如下几种调用方法。

➢ 命令行：XLINE ／ XL

➢ 功能区：【默认】|【绘图】|【构造线】按钮 ✐

执行上述任意一种操作后，命令提示行及操作如下。

> 命令：xline
> // 执行【构造线】命令
> 指定点或 [水平 (H)/ 垂直 (V)/ 角度 (A)/ 二等分 (B)/ 偏移 (O)]：
> 指定通过点：
> // 指定构造线所经过的一点
> 指定通过点：
> // 指定构造线所要经过的另一点或按 Esc 键结束构造线绘制

执行构造线命令过程中各选项的含义如下。

➢ 水平 (H)：选择该选项，可绘制水平构造线。

➢ 垂直 (V)：选择该选项，可绘制垂直的构造线。

➢ 角度 (A)：选择该选项，可按指定的角度创建一条构造线。

➢ 二等分 (B)：选择该选项，可创建已知角的

角平分线。使用该选项创建的构造线平分指定的两条线间的夹角，且通过该夹角的顶点。绘制角平分线时，系统要求用户依次指定已知角的顶点、起点及终点。

➢ 偏移 (O)：选择该选项，可创建平行与另一个对象的平行线，这条平行线可以偏移一段距离与对象平行，也可以通过指定的点与对象平行。

3.2.4 绘制多段线

多段线是由等宽或不等宽的直线或圆弧等多条线段构成的特殊线段，这些线段所构成的图形是一个整体，可对其进行编辑。

绘制多段线的命令有如下几种调用方法。

➢ 命令行：PLINE ／ PL

➢ 功能区：【默认】|【绘图】|【多段线】按钮 ⏛

执行上述任意一种操作后，命令提示行及操作如下。

> 命令：PLINE ↙
> // 执行【多段线】命令
> 指定起点：
> // 指定一点作为多段线的起点
> 当前线宽为 0.0000
> // 显示当前多段线线宽为 0，即没有线宽
> 指定下一个点或 [圆弧 (A)/ 半宽 (H)/ 长度 (L)/ 放弃 (U)/ 宽度 (W)]：
> // 指定多段线的下一点位置或选择一个选项绘制不同的线段
> 指定下一点或 [圆弧 (A)/ 闭合 (C)/ 半宽 (H)/ 长度 (L)/ 放弃 (U)/ 宽度 (W)]：↙
> // 指定多段线的下一点位置或按回车键结束命令

执行 PLINE 命令过程中各选项的含义如下。

➢ 圆弧 (A)：选择该选项，将以绘制圆弧的方式绘制多段线，其下的 "半宽" "长度" "放弃" 与 "宽度" 选项与主提示中的各选项含义相同。

➢ 半宽 (H)：选择该选项，将指定多段线的半宽值，AutoCAD 将提示用户输入多段线的起点半宽值与终点半宽值。

➢ 长度 (L)：选择该选项，将定义下一条多段线的长度。AutoCAD 将按照上一条线段的方向绘制这一条多段线。若上一段是圆弧，将绘制与此圆弧相切的线段。

图 3-8　多段线绘制窗帘图形

➢ 放弃 (U)：选择该选项，将取消上一次绘制
的一段多段线。

➢ 宽度 (W)：选择该选项，可以设置多段线
宽度值。

在室内设计中，多段线的用途很多，常用
来绘制窗帘、轴线等图形，如图 3-8 所示。

3.2.5　绘制多线

多线是一种由多条平行线组成的组合图形
对象。多线是 AutoCAD 中设置项目最多、应
用最复杂的直线段对象。多线在室内设计制图
中常用来绘制墙体和窗。

1. 设置线样式

在使用【多线】命令之前，可对多线的数
量和每条单线的偏移距离、颜色、线型和背景
填充等特性进行设置。

设置【多线样式】命令主要有如下几种调
用方法。

➢ 命令行：MLSTYLE

➢ 菜单栏：【格式】|【多线样式】命令

课堂举例 3-6：　创建【平开窗】多线样式

▶ 视频 \ 第 3 章 \ 课堂举例 3-6.mp4

01 输入 MLSTYLE 命令，打开如图 3-9 所示"多
线样式"对话框。

图 3-9　"多线样式"对话框

02 单击【新建】按钮打开"创建新的多线样式"
对话框。

03 在"新样式名"文本框中输入需要创建的多
线样式名称，这里输入"平开窗"文本，单
击【继续】按钮，如图 3-10 所示。

图 3-10　输入新样式名

04 打开"新建多线样式：平开窗"对话框，在
该对话框中可以对新建的多线样式的封口、
直线之间的距离、颜色和线型等因素进行设
置，在"说明"文本框中可以对新建的多线
样式进行用途、创建者、创建时间等说明，
以便以后在选用多线样式时加以判断。如图
3-11 所示为平开窗设置参数。

05 设置完成后单击【确定】按钮，保存设置并
关闭该对话框，返回"多线样式"对话框，
此时，在"多线样式"对话框的"样式"列
表框中将显示刚设置完成的多线样式。

图 3-11　设置多线样式

在"多线样式"对话框的"样式"列表框
中选择需要使用的多线样式。单击【置为当前】
按钮，可将选择的多线样式设置为当前系统默
认的样式；单击【修改】按钮，将打开"修改
多线样式"对话框，该对话框与"新建多线样式"
对话框的选项完全一致，在其中可对指定样式
的各选项进行修改；单击【重命名】按钮，可
将选择的多线样式重新命名；单击【删除】按钮，
可将选择的多线样式删除。

2. 绘制多线

【多线】的命令有如下调用方法。

➢ 命令行：MLINE ／ ML

➢ 菜单栏：选择【绘图】|【多线】命令

多线的绘制方法与直线的绘制方法相似，不
同的是多线由两条线型相同的平行线组成。绘制
的每一条多线都是一个完整的整体，不能对其进
行偏移、倒角、延伸和剪切等编辑操作，只能使
用分解命令将其分解成多条直线后再编辑。

课堂举例 3-7：　　使用多线绘制平开窗

▶ 视频 \ 第 3 章 \ 课堂举例 3-7.mp4

01 按 Ctrl+O 快捷键，打开"绘制多线 .dwg"图形文件，如图 3-12 所示。

02 调用【多线】命令，以该多线样式在墙体内绘制多线，命令提示行及操作如下。

命令：MLINE ✓
// 调用【多线】命令
当前设置：对正 = 上，比例 = 1.00，样式 = PINGKAICHUANG
指定起点或 [对正 (J)/ 比例 (S)/ 样式 (ST)]:S ✓
// 选择"比例 (S)"选项
输入多线比例 <1.00>:1 ✓
// 设置多线比例为 1
当前设置：对正 = 上，比例 = 1.00，样式 = PINGKAICHUANG
指定起点或 [对正 (J)/ 比例 (S)/ 样式 (ST)]:J ✓
// 选择"对正 (J)"选项
输入对正类型 [上 (T)/ 无 (Z)/ 下 (B)] < 上 >:T ✓
// 选择"上 (T)"对正类型
当前设置：对正 = 上，比例 = 1.00，样式 = PINGKAICHUANG
指定起点或 [对正 (J)/ 比例 (S)/ 样式 (ST)]:
// 捕捉 A 点为多线的起点
指定下一点：
// 捕捉 B 点为多线的端点，结果如图 3-13 所示。

图 3-12　打开图形

图 3-13　绘制平开窗

执行多线命令过程中各选项的含义如下。

对正 (J)：设置绘制多线时相对于输入点的偏移位置。该选项有上、无和下 3 个选项，各选项含义如下．

➢ 上 (T)：多线顶端的线随着光标移动。

➢ 无 (Z)：多线的中心线随着光标移动。

➢ 下 (B)：多线底端的线随着光标移动。

比例 (S)：设置多线样式中平行多线的宽度比例。

样式 (ST)：设置绘制多线时使用的样式，默认的多线样式为 STANDARD。选择该选项后，可以在提示信息"输入多线样式名或 [?]"后面输入已定义的样式名，输入"?"则会列出当前图形中所有的多线样式。

3.3 多边形对象的绘制

在 AutoCAD 中，矩形及多边形的各边构成一个单独的对象。它们在绘制复杂图形时比较常用。

3.3.1 绘制矩形

在 AutoCAD 中绘制矩形，可以为其设置倒角、圆角，以及宽度和厚度值等参数。

启动【矩形】命令有如下方法。

➢ 命令行：RECTANG ／ REC

➢ 功能区：【默认】|【绘图】|【矩形】按钮 ▢

执行该命令后，命令行提示如下。

指定第一个角点或 [倒角 (C)/ 标高 (E)/ 圆角 (F)/ 厚度 (T)/ 宽度 (W)]:

其中各选项的含义如下。

➢ 倒角 (C)：绘制一个带倒角的矩形。

➢ 标高 (E)：矩形的高度。默认情况下，矩形在 x、y 平面内。该选项一般用于三维绘图。

➢ 圆角 (F)：绘制带圆角的矩形。

➢ 厚度 (T)：矩形的厚度，该选项一般用于三维绘图。

➢ 宽度 (W)：定义矩形的宽度。

如图 3-14 所示为各种样式的矩形效果。

矩形　　　倒角矩形

圆角矩形　有厚度的矩形　有宽度的矩形
图 3-14　各种样式的矩形效果

课堂举例 3-8： 绘制矩形

▶ 视频 \ 第 3 章 \ 课堂举例 3-8.mp4

01 调用【矩形】命令，绘制一个尺寸为 500×1000 矩形，命令行操作如下。

> 命令 :RECTANG ✓
> // 调用【矩形】命令
> 指定第一个角点或 [倒角 (C)/ 标高 (E)/ 圆角 (F)/ 厚度 (T)/ 宽度 (W)]:
> 指定另一个角点或 [面积 (A)/ 尺寸 (D) 旋转 (R)]: d ✓
> // 选择"尺寸 (D)"选项
> 指定矩形的长度 <10.0000>: 500 ✓
> // 输入矩形的长度
> 指定矩形的宽度 <10.0000>: 1000 ✓
> // 输入矩形的宽度
> 指定另一个角点或 [面积 (A)/ 尺寸 (D)/ 旋转 (R)]: ✓
> // 按 Enter 键退出命令

02 绘制完成的矩形如图 3-15 所示。

图 3-15 绘制的矩形

3.3.2 绘制多边形

多边形是由三条或三条以上长度相等的线段首尾相接形成的闭合图形。其边数范围在 3 ~ 1024 之间，如图 3-16 所示为各种正多边形效果。

图 3-16 各种正多边形

启动【多边形】有以下几种方法。

➢ 命令行：POLYGON ／ POL
➢ 功能区：【默认】|【绘图】|【多边形】按钮 ⬠

执行该命令并指定正多边形的边数后，命令行将出现如下提示。

指定正多边形的中心点或 [边 (E)]:

其各选项含义如下。

➢ 中心点：通过指定正多边形中心点的方式来绘制正多边形。选择该选项后，会提示"输入选项 [内接于圆 (I)/ 外切于圆 (C)] <I> :"的信息，内接于圆表示以指定正多边形内接圆半径的方式来绘制正多边形，如图 3-17 所示；外切于圆表示以指定正多边形外切圆半径的方式来绘制正多边形, 如图 3-18 所示。

➢ 边：通过指定多边形边的方式来绘制正多边形。该方式将通过边的数量和长度确定正多边形。

图 3-17 内接于圆画多 图 3-18 外切于圆画多
 边形 边形

3.4 曲线对象的绘制

在 AutoCAD 2018 中，圆、圆弧、椭圆、椭圆弧和圆环都属于曲线对象，其绘制方法相对比较复杂。

3.4.1 绘制样条曲线

样条曲线是一种能够自由编辑的曲线，在曲线周围将显示控制点，可以通过调整曲线上的起点、控制点来控制曲线形状。

【样条曲线】命令主要有如下调用方法。

➢ 命令行：SPLINE ／ SPL
➢ 功能区：【默认】|【绘图】|【样条曲线拟合】按钮 ∿ 或【样条曲线控制点】按钮 ∿

课堂举例 3-9： 绘制贵妃椅的靠背

▶ 视频 \ 第 3 章 \ 课堂举例 3-9.mp4

01 按 Ctrl+O 快捷键，打开"绘制样条曲线 .dwg"图形文件，如图 3-19 所示。

02 调用【样条曲线】命令，绘制贵妃椅的靠背，执行上述任意一种操作后，命令提示行操作如下。

命令：SPLINE↙
//调用【样条曲线】命令
当前设置：方式＝拟合 节点＝弦
指定第一个点或 [方式(M)/节点(K)/对象(O)]：
//在贵妃椅的扶手上中捕捉一点作为样条曲线的起点
输入下一个点或 [起点切向(T)/公差(L)]：
//指定样条曲线的下一个点
输入下一个点或 [端点相切(T)/公差(L)/放弃(U)]：
//再次指定样条曲线的下一个点
输入下一个点或 [端点相切(T)/公差(L)/放弃(U)/闭合(C)]：↙
//按回车键结束绘制

03 贵妃椅的靠背绘制完成效果如图 3-20 所示。

图 3-19 打开图形

图 3-20 绘制样条曲线结果

3.4.2 绘制圆和圆弧

1. 绘制圆

启动【圆】命令有以下几种方法。

➢ 命令行：CIRCLE ／ C

➢ 功能区：【默认】|【绘图】|【圆】按钮⊙

单击【绘图】|【圆】菜单项，其中提供了 6 种绘制圆的子命令，绘制方式如图 3-21 所示。

以圆心、半径   以圆心、直径   三点画圆
方式画圆   方式画圆

两点画圆   相切、相切、半   相切、相切、
       径画圆   相切画圆

图 3-21 圆的 6 种绘制方式

各子命令的含义如下。

➢ 圆心、半径⊙：用圆心和半径方式绘制圆。

➢ 圆心、直径⊙：用圆心和直径方式绘制圆。

➢ 两点⊙：通过两个点绘制圆，系统会提示指定圆直径的第一端点和第二端点。

➢ 三点⊙：通过 3 点绘制圆，系统会提示指定第一点、第二点和第三点。

➢ 相切、相切、半径⊙：通过两个其它对象的切点和输入半径值来绘制圆。系统会提示指定圆的第一切线和第二切线上的点及圆的半径。

➢ 相切、相切、相切⊙：通过 3 条切线绘制圆。

2. 绘制圆弧

启动【圆弧】命令有以下几种方法。

➢ 命令行：ARC ／ A

➢ 功能区：【默认】|【绘图】|【圆弧】按钮

单击【绘图】|【圆弧】菜单项，其中提供了 11 种绘制圆弧的子命令，绘制方式如图 3-22 所示。

三点画弧   起点、圆心、   起点、圆心、
       端点画弧   长度画弧

起点、端点、半径画弧   圆心、起点、角度画弧

图 3-22 几种最常用的绘制圆弧的方法

各子命令的含义如下。

➤ 三点 ：通过指定圆弧上的三点绘制圆弧，需要指定圆弧的起点、通过的第二个点和端点。

➤ 起点、圆心、端点：通过指定圆弧的起点、圆心、端点绘制圆弧。

➤ 起点、圆心、角度：通过指定圆弧的起点、圆心、包含角绘制圆弧。执行此命令时会出现"指定包含角："的提示，在输入角度时，如果当前环境设置逆时针方向为角度正方向，且输入正的角度值，则绘制的圆弧是从起点绕圆心沿逆时针方向绘制，反之则沿顺时针方向绘制。

➤ 起点、圆心、长度：通过指定圆弧的起点、圆心、弦长绘制圆弧。另外，在命令行提示的"指定弦长："提示信息下，如果所输入的值为负，则该值的绝对值将作为对应整圆的空缺部分圆弧的弦长。

➤ 起点、端点、角度：通过指定圆弧的起点、端点、包含角绘制圆弧。

➤ 起点、端点、方向：通过指定圆弧的起点、端点和圆弧的起点切向绘制圆弧。命令执行过程中会出现"指定圆弧的起点切向："提示信息，此时拖动鼠标动态地确定圆弧在起始点处的切线方向与水平方向的夹角。拖动鼠标时，AutoCAD 会在当前光标与圆弧起始点之间形成一条线，即为圆弧在起始点处的切线。确定切线方向后，单击拾取键即可得到相应的圆弧。

➤ 起点、端点、半径：通过指定圆弧的起点、端点和圆弧半径绘制圆弧。

➤ 圆心、起点、端点：以圆弧的圆心、起点、端点方式绘制圆弧。

➤ 圆心、起点、角度：以圆弧的圆心、起点、圆心角方式绘制圆弧。

➤ 圆心、起点、长度：以圆弧的圆心、起点、弦长方式绘制圆弧。

➤ 连续：绘制其它直线或非封闭曲线后，单击【圆弧】|【连续】按钮，系统将自动以刚才绘制的对象的终点作为即将绘制的圆弧的起点。

AutoCAD 2018 中，圆弧命令得到增强，当需要确定圆弧方向时，可以按住 Ctrl 键，根据光标进行方向的切换。

3.4.3 绘制圆环和填充圆

圆环是由同一圆心、不同直径的两个同心圆组成的，控制圆环的主要参数是圆心、内直径和外直径。如果圆环的内直径为 0，则圆环为填充圆。

启动【圆环】命令有如下方法。

➤ 命令行：DONUT ／ DO

➤ 功能区：【默认】|【绘图】|【圆环】按钮 ◎

AutoCAD 默认情况下，所绘制的圆环为填充的实心图形。如果在绘制圆环之前，在命令行输入 FILL 命令，则可以控制圆环或圆的填充可见性。执行 FILL 命令后，命令行提示如下。

> 命令：FILL ↙
> 输入模式 [开 (ON)/ 关 (OFF)] < 开 >：

选择"开（ON）"模式，表示绘制的圆环和圆要填充，如图 3-23 所示。选择"关（OFF）"模式，表示绘制的圆环和圆不要填充，如图 3-24 所示。

图 3-23 选择开（ON）　图 3-24 选择关 (OFF)
　　　　模式　　　　　　　　　模式

课堂举例 3-10： 绘制圆环

视频 \ 第 3 章 \ 课堂举例 3-10.mp4

01 按 Ctrl+O 快捷键，打开如图 3-25 所示的"绘制圆环"图形。

02 绘制圆环表示浴霸灯，调用【圆环】命令，命令行操作如下。

> 命令：DONUT ↙
> *// 调用【圆环】命令*
> 指定圆环的内径 <120.0000>：120 ↙
> *// 输入圆环的内径*
> 指定圆环的外径 <150.0000>：140 ↙
> *// 输入圆环的外径*
> 指定圆环的中心点或 < 退出 >：↙
> *// 拾取一点作为圆环的中心点*
> 指定圆环的中心点或 < 退出 >：↙
> *// 继续绘制圆环，按 Enter 键完成圆环的绘制，最终结果如图 3-26 所示*

图 3-25　打开图形

图 3-26　最终结果

3.4.4　绘制椭圆和椭圆弧

1. 绘制椭圆

椭圆是平面上到定点距离与到指定直线间距离之比为常数的所有点的集合。

启动【椭圆】命令有如下方法。

➢ 命令行：ELLIPSE ／ EL
➢ 功能区：【默认】|【绘图】|【椭圆】按钮 ⊙

在 AutoCAD 中，绘制椭圆有两种方法，即指定端点和指定中心点

◆ 指定端点

在【默认】|【绘图】|【椭圆】下拉列表中，单击【轴、端点】按钮 ⊙，或在命令行中执行 ELLIPSE ／ EL 命令，根据命令行提示绘制椭圆。

课堂举例 3-11：　指定端点绘制椭圆

▶ 视频 \ 第 3 章 \ 课堂举例 3-11.mp4

01 如绘制一个长半轴为 100，短半轴为 75 的椭圆，其命令行提示如下。

命令：ELLIPSE ✓
// 调用 ellipse 命令
指定椭圆的轴端点或 [圆弧 (A)/ 中心点 (C)]:
// 单击鼠标指定椭圆的一端点
指定轴的另一个端点 :@200,0 ✓
// 用相对坐标方式输入椭圆的另一端点的距离
指定另一条半轴长度或 [旋转 (R)]: 75 ✓
// 输入椭圆短半轴的长度

02 如图 3-27 所示为所绘制的椭圆。

◆ 指定圆心

在【默认】|【绘图】|【椭圆】下拉列表中，单击【圆心】按钮 ⊙，或在命令行中执行 ELLIPSE ／ EL 命令，根据命令行提示绘制椭圆。

下面绘制一个圆心坐标为（0，0），长半轴为 100，短半轴为 75 的椭圆。

课堂举例 3-12：　指定圆心绘制椭圆

▶ 视频 \ 第 3 章 \ 课堂举例 3-12.mp4

01 用圆心的方式绘制椭圆，命令行操作如下。

命令：ELLIPSE ✓
// 调用【椭圆】命令
指定椭圆的轴端点或 [圆弧 (A)/ 中心点 (C)]:C ✓
// 选择"中心点（C）"绘制模式
指定椭圆的中心点 : 0,0 ✓
// 输入椭圆中心点的坐标为（0，0）
指定轴的端点 : @100,0 ✓
// 利用相对坐标输入方式确定椭圆长半轴的一端点
指定另一条半轴长度或 [旋转 (R)]:75 ✓
// 输入椭圆短半轴长度

02 绘制完成的长半轴为 100、短半轴为 75 的椭圆如图 3-27 所示。

2. 绘制椭圆弧

椭圆弧是椭圆的一部分，和椭圆不同的是，它的起点和终点没有闭合。绘制椭圆弧需要确定的参数有：椭圆弧所在椭圆的两条轴及椭圆弧的起点和终点的角度。

启动【椭圆弧】命令有如下方法。

➢ 命令行：ELLIPSE ／ EL
➢ 功能区：【默认】|【绘图】|【椭圆弧】按钮 ⊙

课堂举例 3-13：　绘制椭圆弧

▶ 视频 \ 第 3 章 \ 课堂举例 3-13.mp4

01 单击【默认】|【绘图】|【椭圆弧】按钮 ⊙。

02 根据命令行提示信息，使用中心点或者端点方式，并设置起始角度 -141°和端点角度 149°，即可完成椭圆弧的绘制，如图 3-28 所示。

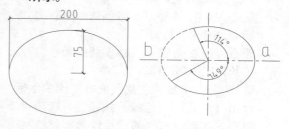
图 3-27　绘制椭圆　　　图 3-28　绘制椭圆弧

第4章 AutoCAD 图形的编辑

本章导读

　　使用 AutoCAD 绘图是一个由简到繁、由粗到精的过程。使用 AutoCAD 提供的一系列修改命令，对图形进行移动、复制、阵列、修剪、删除等多种操作，可以快速生成复杂的图形。本章将重点讲述这些图形编辑命令的用法。

本章重点

➤ 选择对象的方法
➤ 移动和旋转对象
➤ 删除、复制、镜像、偏移和阵列对象
➤ 缩放、拉伸、修剪和延伸对象
➤ 打断、合并和分解对象
➤ 倒角和圆角对象
➤ 使用夹点编辑对象

图 4-3　窗交选择

4.1　选择对象的方法

在编辑图形之前，首先需要对编辑的图形进行选择。在 AutoCAD 中，选择对象的方法有很多，本节介绍常用的几种选择方法。

4.1.1　直接选取

直接选取又称为点取对象，直接将光标拾取点移动到欲选取对象上，然后单击鼠标左键即可完成选取对象的操作，如图 4-1 所示。

 提示

连续单击需要选择的对象，可以同时选择多个对象。按下 Shift 键并再次单击已经选中的对象，可以将这些对象从当前选择集中删除。按 Esc 键，可以取消对当前全部选定对象的选择。

4.1.2　窗口选取

窗口选取对象是以指定对角点的方式，定义矩形选取范围的一种选取方法。利用该方法选取对象时，从左往右拉出选择框，只有全部位于矩形窗口中的图形对象才会被选中，如图 4-2 所示。

图 4-1　直接选取

图 4-2　窗口选择

4.1.3　窗交选取

窗交选择方式与窗口包容选择方式相反，从右往左拉出选择框，无论是全部还是部分位于选择框中的图形对象都将被选中，如图 4-3 所示。

 提示

窗口选择时拉出的选择范围框为实线框，窗交选择时拉出的选择范围框为虚线框。

4.1.4　套索选择

套索选择是框选命令的一种延伸，只需要围绕要选择的对象进行拖动即可。当拖动鼠标移动时，选择区域将随拖动方向变成不规则的区域。随着鼠标拖动方向的不同，套索选择也分为围选和围交两种方式。顺时针方向拖动鼠标为围选方式，只有全部位于选择范围内的图形才能被选中。逆时针方向拖动鼠标为圈交方式，包含在选择范围内或与范围线相交的图形都将被选中。

4.1.5　不规则窗口选取

不规则窗口选取，是通过指定若干点以定义不规则形状的区域方式来选择对象，包括圈围和圈交两种方式：圈围方式选择完全包含在多边形窗口内的对象，而圈交方式可以选择包含在多边形窗口内或与之相交的对象，相当于窗口选取和窗交选取的区别。

课堂举例 4-1：　　圈围图形

视频 \ 第 4 章 \ 课堂举例 4-1.mp4

① 按 Ctrl+O 快捷键，打开如图 4-4 所示的"4.1.5 圈围图形 .dwg"文件。

② 调用 ERASE【删除】命令，清理不需要的洗手盆，命令行操作如下。

图 4-4　打开图形

命令 : ERASE ✓
// 调用【删除】命令
选择对象 :WP ✓
// 激活圈围选择方式
第一圈围点 :
// 指定圈围点，确定圈围范围，如图 4-5 所示
指定直线的端点或 [放弃 (U)]:
// 按空格键结束圈围选择
找到 48 个
选择对象 : ✓
// 按 Enter 键结束对象选择

图 4-5　圈围图形

⑬ 圈围选择对象删除结果如图 4-6 所示，完全包含在圈围范围框内的图形被删除。

图 4-6　圈围删除结果

📖 课堂举例 4-2 :　圈交图形

▶️视频 \ 第 4 章 \ 课堂举例 4-2.mp4

① 调用 ERASE【删除】命令，清理图形，命令行操作如下。

命令 :ERASE ✓
// 调用【删除】命令
选择对象 :CP ✓
// 激活圈交选项
第一圈围点 :……
// 指定圈围点，如图 4-7 所示
指定直线的端点或 [放弃 (U)]: ✓
// 按空格键结束圈交范围指定
找到 55 个
选择对象 :
// 按 Enter 键结束对象选择

② 清理图形结果如图 4-8 所示，包含在圈交范围内和与圈交范围框相交的图形都被删除。

图 4-7　圈交对象

图 4-8　圈交删除结果

4.1.6　栏选取

使用该选取方式能够以画链的方式选择对象。所绘制的线链可以由一段或多段直线组成，所有与其相交的对象均被选中。

根据命令行提示，输入字母 F，按 Enter 键，然后在需要选择对象处绘制线链，线链绘制完成后按 Enter 键，即可完成对象选取。

📖 课堂举例 4-3 :　栏选取修剪楼梯线

▶️视频 \ 第 4 章 \ 课堂举例 4-3.mp4

① 按 Ctrl+O 快捷键，打开"4.1.6 栏选取 .dwg"文件，如图 4-9 所示。

② 调用 TRIM【修剪】命令，修剪多余的楼梯线段，命令行操作如下。

命令 : TRIM ✓
// 调用【修剪】命令
当前设置 : 投影 =UCS，边 = 延伸
选择剪切边 …
选择对象或 < 全部选择 >: ✓
// 按 Enter 键，默认全部对象为修剪边
选择要修剪的对象，或按住 Shift 键选择要延

伸的对象, 或 [栏选 (F)/ 窗交 (C)/ 投影 (P)/
边 (E)/ 删除 (R)/ 放弃 (U)]:F ✓
// 激活栏选取方式
指定第一个栏选点:
// 在 A 和 B 点分别单击, 绘制栏选线链, 如图 4-10
所示
选择要修剪的对象, 或按住 Shift 键选择
要延伸的对象, 或 [栏选 (F)/ 窗交 (C)/ 投
影 (P)/ 边 (E)/ 删除 (R)/ 放弃 (U)]: ✓
// 按 Enter 键结束对象选择

⑬ 栏选修剪结果如图 4-11 所示, 与栏选线链
相交的图形全部被修剪。

图 4-9 打开图形

图 4-10 栏选取　　图 4-11 修剪效果

4.1.7 快速选择

快速选择可以根据对象的图层、线型、颜
色、图案填充等特性和类型创建选择集, 从而
可以准确快速地从复杂的图形中选择满足某种
特性的图形对象。可以通过以下方法调用【移动】
命令。

➢ 功能区:【默认】|【实用工具】|【快速选择】
按钮 📇 命令行: QSELECT ╱ QS

➢ 鼠标: 右击鼠标, 在出现的快捷菜单中选
择【快速选择】命令

系统弹出【快速选择】对话框, 如图 4-12
所示。根据要求设置选择范围, 单击【确定】按钮,
完成选择操作。

图 4-12 【快速选择】对话框

4.2 移动和旋转对象

本节所介绍的编辑工具是对图形位置、角
度进行调整, 此类工具在室内装潢施工图绘制
过程中使用非常频繁。

4.2.1 移动对象

移动对象是指对象的重定位, 可以在指定
方向上按指定距离移动对象, 对象的位置发生
了改变, 但方向和大小不改变, 可以通过以下
方法调用【移动】命令。

➢ 命令行: MOVE ╱ M
➢ 功能区:【默认】|【修改】|【移动】按钮
➕ 移动

📖 课堂举例 4-4:　　移动对象
▶ 视频 \ 第 4 章 \ 课堂举例 4-4.mp4

① 按 Ctrl+O 快捷键, 打开"4.2.1 移动对象 .dwg"
文件, 如图 4-13 所示。

图 4-13 打开图形

02 使用【移动】命令，将冰箱、洗菜盆和燃气灶图形移动到厨房中，命令行操作如下。

命令 : MOVE ✓
// 调用【移动】命令
选择对象 : 指定对角点 : 找到 187 个
// 选择需要移动的图形
选择对象 : ✓
// 按 Enter 键结束选择对象
指定基点或 [位移 (D)] < 位移 >:
// 捕捉被移动对象的基点
指定第二个点或 < 使用第一个点作为位移 >:
// 指定目标点，释放鼠标

03 动厨房家具最终效果如图 4-14 所示。

图 4-14 移动结果

4.2.2 旋转对象

使用【旋转】命令可以绕指定基点旋转图形中的对象。启动【旋转】命令方法如下。

➤ 命令行 : ROTATE ╱ RO
➤ 功能区 :【默认】|【修改】|【旋转】按钮

　〇 旋转

　　📖 课堂举例 4-5 :　　旋转对象
视频 \ 第 4 章 \ 课堂举例 4-5.mp4

01 按 Ctrl+O 快捷键，打开 "4.2.2 旋转对象 .dwg" 文件，如图 4-15 所示。

02 调用【旋转】命令，调整餐桌图形方向，命令行操作如下。

命令 : ROTATE ✓
// 执行【旋转】命令
UCS 当前的正角方向 :ANGDIR= 逆时针
ANGBASE=0
// 系统显示当前 UCS 坐标
选择对象 : 指定对角点 : 找到 6 个
// 选择要旋转的对象
指定基点 :
// 捕捉图形中的一点作为旋转参考点
指定旋转角度，或 [复制 (C)/ 参照 (R)] <0>:90 ✓
// 输入旋转角度或按住鼠标不放并拖动鼠标

03 餐桌图形旋转结果如图 4-16 所示。

图 4-15 打开图形

图 4-16 旋转结果

4.3 删除、复制、镜像、偏移和阵列对象

本节要介绍的编辑工具是以现有图形对象为源对象，绘制出与源对象相同或相似的图形，从而可以简化具有重复性或近似性特点图形的绘制步骤，以达到提高绘图效率和绘图精度的作用。

4.3.1 删除对象

在 AutoCAD 2018 中，可以使用【删除】命令，删除选中的对象，该命令调用方法如下。

➤ 命令行 : ERASE ╱ E
➤ 功能区 :【默认】|【修改】|【删除】按钮🖉

通常，当执行【删除】命令后，需要选择删除的对象，然后按 Enter 键或 Space（空格）键结束对象选择，同时删除已选择的对象，如果在 "选项" 对话框的 "选择集" 选项卡中，勾选中 "选择集模式" 选项组中的 "先选择后执行" 复选框，就可以先选择对象，然后单击【删除】按钮删除，如图 4-17 所示。

图 4-17 "选项"对话框

图 4-18 打开图形

4.3.2 复制对象

在 AutoCAD 2018 中，使用【复制】命令，可以从原对象以指定的角度和方向创建对象的副本。通过以下方法可以启动【复制】命令。

➢ 命令行：COPY ／ CO

➢ 功能区：【默认】|【修改】|【复制】按钮

〖复制〗

📖 **课堂举例 4-6：** 复制对象

▶ 视频 \ 第 4 章 \ 课堂举例 4-6.mp4

①1 按 Ctrl+O 快捷键，打开"4.3.2 复制对象.dwg"文件，如图 4-18 所示。

①2 使用【复制】命令，复制得到双人床图形右侧床头柜，命令操作如下：

命令：COPY ✓
// 调用【复制】命令
选择对象：找到 1 个
// 选择左侧床头柜图形
选择对象：✓
// 按 Entere 键结束对象选择
当前设置：复制模式 = 多个
// 系统当前提示
指定基点或 [位移 (D)/ 模式 (O)] < 位移 >：
// 拾取床头柜左上角点作为移动基点
指定第二个点或 [阵列 (A)] < 使用第一个点作为位移 >：
// 指定双人床右上角点为目标点
指定第二个点或 [阵列 (A)/ 退出 (E)/ 放弃 (U)] < 退出 >：✓
// 按 Enter 键结束命令

①3 复制床头柜结果如图 4-19 所示。

图 4-19 复制结果

4.3.3 镜像对象

在 AutoCAD 2018 中，可以使用【镜像】命令，绕指定轴翻转对象，创建对称的镜像图像。调用【镜像】命令方法如下。

➢ 命令行：MIRROR ／ MI

➢ 功能区：【默认】|【修改】|【镜像】按钮

〖镜像〗

执行该命令时，需要选择要镜像的对象，然后依次指定镜像线上的两个点，命令行将显示"要删除源对象吗？ [是 (Y)/ 否 (N)] <N>："提示信息。如果直接按 Enter 键，则镜像复制对象，并保留原来的对象；如果输入 Y，则在镜像复制对象的同时删除原对象。

 提示

在 AutoCAD 2018 中，使用系统变量 MIRRTEXT 可以控制文字的镜像方向，如果 MIRRTEXT 值为 1，则文字完全镜像，镜像出来的文字变得不可读；如果 MIRRTEXT 值为 0，则文字不镜像。

🎬 **课堂举例 4-7：** 镜像对象

▶ 视频 \ 第 4 章 \ 课堂举例 4-7.mp4

① 按 Ctrl+O 快捷键，打开"4.3.3 镜像对象 .dwg"文件，如图 4-20 所示。

② 调用【镜像】命令，镜像单扇门得到双开门，命令行操作如下。

> 命令 :MIRROR ✓
> // 调用执行 MIRROR 命令
> 选择对象 :指定对角点 :找到 1 个
> // 选择单扇门图形
> 选择对象 :✓
> // 按 Enter 键结束对象选择
> 指定镜像线的第一点 :
> // 捕捉门的圆弧下端点作为镜像的第一点
> 指定镜像线的第二点 :
> // 垂直向上移动光标，单击鼠标左键
> 要删除源对象吗？ [是 (Y)/ 否 (N)] <N>: ✓
> // 按 Enter 键不删除源对象，并结束【镜像】命令

③ 双开门绘制结果如图 4-21 所示。

图 4-20 打开图形　　　图 4-21 双开门

4.3.4 偏移对象

在 AutoCAD 2018 中，可以使用【偏移】命令，对指定的直线、圆弧和圆等对象做偏移复制。在实际应用中，常使用偏移命令的功能创建平行线或等距离分布图形。

偏移对象主要有如下方法。

➢ 命令行 : OFFSET ／ O

➢ 功能区 :【默认】|【修改】|【偏移】按钮 🔧默认情况下，需要指定偏移距离，然后指定偏移方向，以复制出对象。

📖 **课堂举例 4-8：** 偏移对象

▶ 视频 \ 第 4 章 \ 课堂举例 4-8.mp4

① 按 Ctrl+O 快捷键，打开"4.3.4 偏移对象 .dwg"文件，如图 4-22 所示。

② 使用【偏移】命令绘制画框，命令行操作如下。

> 命令 : OFFSET ✓
> // 调用【偏移】命令
> 当前设置 :删除源 = 否图层 = 源 OFFSET GAPTYPE=0
> // 系统显示相关信息
> 指定偏移距离或 [通过 (T)/ 删除 (E)/ 图层 (L)] <100.0000>:130 ✓
> // 指定偏移距离
> 选择要偏移的对象，或 [退出 (E)/ 放弃 (U)] < 退出 >:
> // 选择要偏移的对象
> 指定要偏移的那一侧上的点，或 [退出 (E)/ 多个 (M)/ 放弃 (U)] < 退出 >: ✓
> // 单击鼠标左键指定偏移方向，按 Enter 键结束偏移

③ 偏移绘制画框结果如图 4-23 所示。

图 4-22 打开图形　　　图 4-23 偏移矩形

4.3.5 阵列对象

在 AutoCAD 2018 中，可以通过阵列命令多重复制对象。【阵列】命令调用方法如下。

➢ 命令行 : ARRAY ／ AR

➢ 功能区 :【默认】|【修改】|【阵列】按钮 ⊞阵列阵列共有矩形、极轴和路径 3 种阵列方式。

1. 矩形阵列

📖 **课堂举例 4-9：** 矩形阵列绘制桌椅

▶ 视频 \ 第 4 章 \ 课堂举例 4-9.mp4

① 按 Ctrl+O 快捷键，打开"4.3.5 矩形阵列 .dwg"文件，如图 4-24 所示。

图 4-24 打开图形

② 调用【阵列】命令，复制桌椅图形，命令行操作如下。

> 命令 :ARRAY ✓
> // 调用【阵列】命令
> 选择对象 : 找到 1 个
> // 选择椅子图形
> 选择对象 : ✓
> // 按 Enter 键结束对象选择
> 输入阵列类型 [矩形 (R)/ 路径 (PA)/ 极轴 (PO)] < 矩形 >: R ✓
> // 选择"矩形 (R)"类型
> 类型 = 矩形关联 = 是
> 选择夹点以编辑阵列或 [关联 (AS)/ 基点 (B)/ 计数 (COU)/ 间距 (S)/ 列数 (COL)/ 行数 (R)/ 层数 (L)/ 退出 (X)] < 退出 >:

③ 此时将新增"阵列创建"面板，从而设置行数为 1，列数为 3，间距 650，然后单击"关闭阵列"按钮，如图 4-25 所示。

图 4-25 "阵列创建"面板

④ 矩形阵列后的结果如图 4-26 所示，从而餐桌绘制完成。

图 4-26 矩形阵列结果

💡 提示

　　"阵列"与"复制"命令的区别：阵列可以快速按照一定的距离、角度、路径等复制对象；而复制则是进行任意距离或角度地复制对象。

2. 极轴阵列

　　极轴阵列又称为环形阵列，即将图形呈环形进行排列。

📖 课堂举例 4-10：　环形阵列绘制吊灯

▶️ 视频 \ 第 4 章 \ 课堂举例 4-10.mp4

① 按 Ctrl+O 快捷键，打开"4.3.5 环形阵列 .dwg"文件，如图 4-27 所示。

图 4-27 打开图形

② 调用【阵列】命令，绘制吊灯周围的小灯，命令行操作如下。

> 命令 :ARRAY ✓
> // 调用【阵列】命令
> 选择对象 : 找到 1 个 ✓
> // 选择灯泡图形
> 选择对象 : ✓
> // 按 Enter 键结束对象选择
> 输入阵列类型 [矩形 (R)/ 路径 (PA)/ 极轴 (PO)] < 矩形 >: PO ✓
> // 选择"极轴 (PO)"阵列类型
> 类型 = 极轴关联 = 是
> 指定阵列的中心点或 [基点 (B)/ 旋转轴 (A)]:
> // 拾取大圆的中心点作为阵列的中心点
> 选择夹点以编辑阵列或 [关联 (AS)/ 基点 (B)/ 项目 (I)/ 项目间角度 (A)/ 填充角度 (F)/ 行 (ROW)/ 层 (L)/ 旋转项目 (ROT)/ 退出 (X)] < 退出 >:

③ 此时将新增"阵列创建"面板，从而设置项目数为 8，填充角度为 360，然后单击"关闭阵列"按钮，如图 4-28 所示。

图 4-28 "阵列创建"面板

④ 极轴阵列后的结果如图 4-29 所示，从而吊灯绘制完成。

图 4-29 环形阵列结果

3. 路径阵列

路径阵列方式沿路径或部分路径均匀分布对象副本，其路径可以是直线、多段线、三维多段线、样条曲线、螺旋、圆弧、圆或椭圆。

课堂举例 4-11： 路径阵列绘制顶棚射灯

▶ 视频 \ 第 4 章 \ 课堂举例 4-11.mp4

① 按 Ctrl+O 快捷键，打开"4.3.5 路径阵列 .dwg"文件，如图 4-30 所示。

图 4-30 打开图形

② 调用【阵列】命令，在曲线路径上布置射灯图形，命令行操作如下。

命令 :ARRAY ✓
// 调用【阵列】命令
选择对象 : 找到 1 个 ✓
// 选择灯具图形
选择对象 : ✓
// 按 Enter 键结束对象选择
输入阵列类型 [矩形 (R)/ 路径 (PA)/ 极轴 (PO)] < 极轴 >: pa ✓
// 选择"路径 (PA)"选项
类型 = 路径关联 = 是
选择路径曲线 :
// 选择顶棚曲线作为路径曲线
选择夹点以编辑阵列或 [关联 (AS)/ 方法 (M)/ 基点 (B)/ 切向 (T)/ 项目 (I)/ 行 (R)/ 层 (L)/ 对齐项目 (A)/Z 方向 (Z)/ 退出 (X)] < 退出 >:

③ 此时将新增"阵列创建"面板，从而设置项目数为 12，行数为 1，间距 850，然后单击"关闭阵列"按钮，如图 4-31 所示。

图 4-31 "阵列创建"面板

④ 路径阵列后结果如图 4-32 所示，从而顶棚射灯绘制完成。

图 4-32 路径阵列结果

4.4 缩放、拉伸、修剪和延伸对象

使用【修剪】和【延伸】命令可以缩短或拉长对象，以与其他对象的边相接。也可以使用【缩放】、【拉伸】命令，在一个方向上调整对象的大小或按比例增大或缩小对象。

4.4.1 缩放对象

缩放对象可以调整对象大小，使其按比例增大或缩小。【缩放】命令调用方法如下。

➤ 命令行：SCALE ／ SC
➤ 功能区：【默认】|【修改】|【缩放】按钮
　缩放

使用【缩放】命令可以将对象按指定的比例因子相对于基点进行尺寸缩放。先选择对象，然后指定基点，命令提示行显示"指定比例因子或 [复制 (C)/ 参照 (R)] <1.0000>:"提示信息。如果直接指定缩放的比例因子，对象将根据该比例因子相对于基点缩放，当比例因子大于 0 而小于 1 时缩小对象，当比例因子大于 1 时放大对象。

如图 4-33 所示为缩放前后的效果对比。

图 4-33 缩放示例

4.4.2 拉伸对象

【拉伸】命令可以将选择对象按规定的方向和角度拉长或缩短，并且使对象的形状发生改变，通过以下方法可以拉伸对象。

➤ 命令行：STRETCH ／ S
➤ 功能区：【默认】|【修改】|【拉伸】按钮
　拉伸

执行该命令时，可以使用"交叉窗口"方式或者"交叉多边形"方式选择对象，然后依次指定位移基点和位移矢量，将会移动全部位于选择窗口之内的对象，从而拉伸与选择窗口边界相交的对象。

课堂举例 4-12：　使用拉伸调整门洞大小

▶ 视频 \ 第 4 章 \ 课堂举例 4-12.mp4

① 按 Ctrl+O 快捷键，打开"4.4.2 拉伸对象 .dwg"文件，如图 4-34 所示。

② 使用【拉伸】命令，将门洞的宽度调整为1000，命令行操作如下。

> 命令 : stretch ✓
> // 调用【拉伸】命令
> 以交叉窗口或交叉多边形选择要拉伸的对象 ...
> 选择对象 : 指定对角点 : 找到 1 个
> // 交叉窗口方式选择右侧墙体
> 选择对象 : ✓
> // 按 Enter 键结束对象选择
> 指定基点或 [位移 (D)] < 位移 >:
> // 捕捉拾取墙体的端点
> 指定第二个点或 < 使用第一个点作为位移 >:800 ✓
> // 水平向左移动光标，指定拉伸的方向，然后输入拉伸距离

③ 调整后的门洞宽度如图 4-35 所示。

1800　　　　　　1000

图 4-34　原图形　　　　图 4-35　拉伸结果

4.4.3　修剪对象

修剪是将超出边界的多余部分修剪删除掉。在命令执行过程中，需要设置的参数有修剪边界和修剪对象两类。在选择修剪对象时，需要注意光标所在的位置，需要删除哪一部分，则在该部分上单击。在室内绘图中，常用于修剪墙线。

【修剪】命令调用方法如下。

> 命令行：TRIM ╱ TR
> 功能区：【默认】|【修改】|【修剪】按钮
> ┼ 修剪

课堂举例 4-13：　修剪墙线

▶ 视频 \ 第 4 章 \ 课堂举例 4-13.mp4

① 按 Ctrl+O 快捷键，打开"4.4.3 修剪对象 .dwg"文件，如图 4-36 所示。

② 调用【修剪】命令，命令行操作如下。

> 命令 :TRIM ╱
> // 调用【修剪】命令
> 当前设置 : 投影 =UCS，边 = 延伸
> 选择剪切边 ...
> 选择对象或 < 全部选择 >: ✓
> // 按 Enter 键默认全部对象为修剪边界
> 选择要修剪的对象，或按住 Shift 键选择要延伸的对象，或 [栏选 (F)/ 窗交 (C)/ 投影 (P)/ 边 (E)/ 删除 (R)/ 放弃 (U)]: ✓
> // 在需要修剪的墙线位置单击
> 选择要修剪的对象，或按住 Shift 键选择要延伸的对象，或 [栏选 (F)/ 窗交 (C)/ 投影 (P)/ 边 (E)/ 删除 (R)/ 放弃 (U)]:
> // 继续选择需要修剪的墙线，按 Enter 键退出命令

③ 多余的墙线修剪完成，相连的墙体被打通，如图 4-37 所示。

图 4-36　打开图形　　　图 4-37　修剪墙体

4.4.4　延伸对象

【延伸】命令用于将没有和边界相交的部分延伸补齐，它和【修剪】命令是一组相对的命令。在命令执行过程中，需要设置的参数有延伸边界和延伸对象两类。

启动【延伸】命令方法如下。

> 命令行：EXTEND ╱ EX
> 功能区：【默认】|【修改】|【延伸】按钮
> ┄╱ 延伸

课堂举例 4-14：　绘制台灯平面图

▶ 视频 \ 第 4 章 \ 课堂举例 4-14.mp4

① 按 Ctrl+O 快捷键，打开"4.4.4 延伸对象 .dwg"文件，如图 4-38 所示。

② 调用【延伸】命令，延伸水平和垂直线段，绘制台灯图例，命令行操作如下。

> 命令 : EXTEND ╱
> // 调用【延伸】命令
> 当前设置 : 投影 =UCS，边 = 延伸
> 选择边界的边 ...

选择对象或 < 全部选择 >: 找到 1 个

// 选择外围圆作为延伸边界

选择对象：✓

// 按 Enter 键结束边界选择

选择要延伸的对象，或按住 Shift 键选择要
修剪的对象，或

[栏选 (F)/ 窗交 (C)/ 投影 (P)/ 边 (E)/ 放弃 (U)]:

// 选择需要延伸的线段

选择要延伸的对象，或按住 Shift 键选择要
修剪的对象，或

[栏选 (F)/ 窗交 (C)/ 投影 (P)/ 边 (E)/ 放弃 (U)]:

// 按 Enter 键结束操作

⑬ 经过 4 次延伸操作，结果如图 4-39 所示。

图 4-38 打开图形　　　图 4-39 延伸线段

4.5 打断、合并和分解对象

运用打断、分解、合并工具编辑图形，可
使图形在总体形状不变的情况下对局部进行编
辑。

4.5.1 打断对象

打断对象是指把已有的线条分离为两段，
被分离的线段只能是单独的线条，不能打断任
何组合形体，如图块等。该命令主要有如下调
用方法。

➢ 命令行：BREAK ∕ BR

➢ 功能区：【默认】|【修改】|【打断】按钮
  🖵或"打断于点"🖵

1. 将对象打断于一点

将对象打断于一点是指将线段进行无缝断
开，分离成两条独立的线段，但线段之间没有
空隙。

▶️ 视频 \ 第 4 章 \ 课堂举例 4-15.mp4

⓵ 按 Ctrl+O 快捷键，打开 "4.5.1 将对象打断

于一点 .dwg" 文件，如图 4-40 所示。该台
灯灯盏使用【多段线】命令绘制，是一个整
体，下面将其打断，以方便编辑。

⓶ 单击面板中 "打断于点" 按钮🖵，将，命
令行操作如下。

命令 :BREAK ✓

// 调用【打断于点】命令

选择对象：

// 选择要打断的对象

指定第二个打断点或 [第一点 (F)]:_f

// 系统自动选择 "第一点" 选项，表示重新指定打断点

指定第一个打断点：

// 拾取 B 点作为断开点

指定第二个打断点 :@

// 系统自动输入 @ 符号，表示第二个打断点与第一个
打断点为同一点

⓷ 多段线在 B 点断开，下方的水平线段从多
段线分离，成为单独的线段，如图 4-41 所示。

⓸ 调用【偏移】、【修剪】命令，将水平线段向
上偏移，并对线段长度进行调整，结果如图
4-42 所示。

图 4-40 打开　图 4-41 打断　图 4-42 偏移
　　图形　　　　于点　　　　线段

2. 以两点方式打断对象

以两点方式打断对象是指在对象上创建两
个打断点，使对象以一定的距离断开。单击面
板上的 "打断" 按钮🖵，可以两点方式打断对象。

▶️ 视频 \ 第 4 章 \ 课堂举例 4-16.mp4

⓵ 按 Ctrl+O 快捷键，打开 "4.5.1 以两点方式
打断对象 .dwg" 文件，如图 4-43 所示。

⓶ 以两点打断方式去除圆内线段，命令行操作
如下。

命令 :BREAK ✓

// 调用【打断】命令

选择对象：

// 选择矩形

指定第二个打断点 或 [第一点 (F)]:F ✓

// 选择"第一点 (F)"选项
指定第一个打断点：
// 捕捉并单击矩形上边线与圆相交的点，指定第一个打断点
指定第二个打断点：
// 捕捉并单击矩形右边线与圆相交的点，指定第二个打断点

⑬ 打断效果如图 4-44 所示。

图 4-43　打开图形　　　图 4-44　打断结果

4.5.2　合并对象

合并图形是指将相似的图形对象合并为一个对象，可以合并的对象包括圆弧、椭圆弧、直线、多段线和样条曲线，该命令主要有如下调用方法。

➤ 命令行：JOIN ∕ J
➤ 功能区：【默认】|【修改】|【合并】按钮 ┴

课堂举例 4-17：　合并对象

视频 \ 第 4 章 \ 课堂举例 4-17.mp4

① 按 Ctrl+O 快捷键，打开"4.5.2 合并对象 .dwg"文件，如图 4-45 所示。
② 调用 JOIN/J 命令，将圆床调整为封闭式，命令行操作如下。

命令：JOIN ∕
// 调用【合并】命令
选择源对象或要一次合并的多个对象：找到 1 个
// 选择圆弧
选择要合并的对象：
选择圆弧，以合并到源或进行 [闭合 (L)]:L ∕
// 选择"闭合 (L)"选项
已将圆弧转换为圆。

③ 圆弧合并结果如图 4-46 所示。

图 4-45　打开图形　　　图 4-46　合并圆弧

4.5.3　光顺曲线

【光顺曲线】命令用于在两条开放曲线的端点绘制相切或平滑的样条曲线。
调用【光顺曲线】命令方法如下。
➤ 命令行：BLEND
➤ 菜单栏：【修改】|【光顺曲线】命令

课堂举例 4-18：　光顺曲线

视频 \ 第 4 章 \ 课堂举例 4-18.mp4

① 按 Ctrl+O 快捷键，打开"4.5.3 光顺曲线 .dwg"文件，如图 4-47 所示。
② 调用 BLEND 命令，在书桌两侧创建连接曲线，命令行操作如下。

命令：BLEND ∕
// 调用【光滑曲线】命令
连续性 = 相切
选择第一个对象或 [连续性 (CON)]:
// 选择书桌上侧线段
选择第二个点：
// 选择书桌下侧线段

③ 系统在书桌上、下侧线段间创建光顺曲线，如图 4-48 所示。

图 4-47　打开图形　　　图 4-48　绘制光顺曲线

4.5.4　分解对象

【分解】命令主要用于将复合对象，如多段线、图案填充和块等对象，还原为一般对象。任何被分解对象的颜色、线型和线宽都可能会改变，其他结果取决于所分解的合成对象的类型。
调用【分解】命令方法如下。
➤ 命令行：EXPLODE ∕ X
➤ 功能区：【默认】|【修改】|【分解】按钮

课堂举例 4-19：　分解对象

视频 \ 第 4 章 \ 课堂举例 4-19.mp4

① 按 Ctrl+O 快捷键，打开"4.5.4 分解图形 .dwg"文件，如图 4-49 所示。此时的椅子图形为一个整体，只能整体进行选择、旋转、缩放等操作。

⓶ 调用【分解】命令分解座椅图块，命令行操作如下。

命令 : EXPLODE ✓
// 调用【分解】命令
选择对象 : 找到 1 个
选择对象 : ✓
// 按 Enter 键结束对象的选择，选择的对象即被分解

⓷ 分解后的图形可以单独选择各组成部分，如图 4-50 所示。

图 4-49 打开图形　图 4-50 选择分解后图形

4.6 倒角和圆角对象

　　使用【倒角】、【圆角】命令修改对象，可使其以平角或圆角相交。AutoCAD2018 中，倒角和圆角命令得到增强，多段线可以通过 "圆角" 和 "倒角" 来创建封闭的多段线。

4.6.1 倒角对象

　　【倒角】命令用于两条非平行直线或多段线做出有斜度的倒角，通常在修改墙体时会用到，其命令主要有如下调用方法。
➢ 命令行：CHAMFER ／ CHA
➢ 功能区：【默认】|【修改】|【倒角】按钮
　[倒角]

📃 **课堂举例 4-20 :**　倒角对象

▶️ 视频 \ 第 4 章 \ 课堂举例 4-20.mp4

⓵ 按 Ctrl+O 快捷键，打开 "4.6.1 倒角对象 .dwg" 文件，如图 4-51 所示。
⓶ 调用【倒角】命令，设置倒角距离为 0，使墙线在拐角处无缝连接，命令行操作如下。

命令 : CHAMFER ✓
// 调用【倒角】命令
（ "修剪" 模式）当前倒角距离 1 = 0.0000,
距离 2 = 0.0000
// 系统提示当前倒角设置，如果倒角距离不为 0，则选择选择 "距离 (D)" 选项进行设置

选择第一条直线或 [放弃 (U)/ 多段线 (P)/ 距离 (D)/ 角度 (A)/ 修剪 (T)/ 方式 (E)/ 多个 (M)]:
// 选择第一条倒角墙线
选择第二条直线，或按住 Shift 键选择要应用角点的直线 :
// 选择第二条倒角墙线，完成倒角

⓷ 重复倒角操作，将所有墙体线无缝连接，如图 4-52 所示。

图 4-51 打开图形　　图 4-52 倒角结果

命令执行过程中部分选项的含义如下。
➢ 多段线 (P)：选择该选项，则可对由多段线组成的图形的所有角同时进行倒角。
➢ 角度 (A)：以指定一个角度和一段距离的方法来设置倒角的距离。
➢ 修剪 (T)：设定修剪模式，控制倒角处理后是否删除原角的组成对象，默认为删除。
➢ 多个 (M)：选择该选项，可连续对多组对象进行倒角处理，直至结束命令为止。

⚙️ 提示

　　从上述操作可以看出，使用【倒角】修剪墙线，与【修剪】命令相比，其更方便、更有效率，操作的关键是设置倒角距离为 0。

4.6.2 圆角对象

　　圆角与倒角类似，它是将两条相交的直线通过一个圆弧连接起来，圆弧半径可以自由指定。该命令主要有如下调用方法。
➢ 命令行：FILLET ／ F
➢ 功能区：【默认】|【修改】|【圆角】按钮
　[圆角]

📃 **课堂举例 4-21 :**　圆角对象

▶️ 视频 \ 第 4 章 \ 课堂举例 4-21.mp4

⓵ 按 Ctrl+O 快捷键，打开 "4.6.2 圆角对象 .dwg" 文件，如图 4-53 所示。
⓶ 调用【圆角】命令，对床尾进行圆角，命令行操作如下。

命令：FILLET ✓
// 调用【圆角】命令
当前设置：模式＝修剪，半径＝0.0000
// 系统提示当前圆角设置
选择第一个对象或 [放弃 (U)/ 多段线 (P)/
半径 (R)/ 修剪 (T)/ 多个 (M)]:R ✓
// 选择"半径 (R)"选项
指定圆角半径 <0.0000>: 100 ✓
// 输入圆角半径
选择第一个对象或 [放弃 (U)/ 多段线 (P)/
半径 (R)/ 修剪 (T)/ 多个 (M)]:
// 选择水平床边沿线
选择第二个对象，或按住 Shift 键选择要应
用角点的对象：
// 选择垂直床边沿线

03 圆角结果如图 4-54 所示。

图 4-53 打开图形　　图 4-54 圆角结果

4.7 使用夹点编辑对象

所谓夹点指的是图形对象上的一些特征点，如端点、顶点、中点、中心点等，图形的位置和形状通常是由夹点的位置决定的。在 AutoCAD 中，夹点是一种集成的编辑模式，利用夹点可以编辑图形的大小、位置、方向以及对图形进行镜像复制操作等。

4.7.1 夹点拉伸

在不执行任何命令的情况下选择对象，显示其夹点，然后单击其中一个夹点作为拉伸基点，命令行提示拉伸点，指定拉伸点后，AutoCAD 把对象拉伸或移动到新的位置。因为对于某些夹点，移动时只能移动对象而不能拉伸对象，如文字、块、直线中点、圆心、椭圆中心和点对象上的夹点。

📖 课堂举例 4-22：　使用夹点拉伸调整立面轮廓

▶ 视频 \ 第 4 章 \ 课堂举例 4-22.mp4

01 按 Ctrl+O 快捷键，打开"4.7.1 使用夹点拉

伸对象 .dwg"图形，如图 4-55 所示。

02 选择需要拉伸的线段，激活合适的夹点，向左、向右或向下进行拉伸，调整立面墙体轮廓，如图 4-56 所示。

图 4-55 打开图形　　图 4-56 夹点拉伸线段

4.7.2 夹点移动

在夹点编辑模式下确定基点后，在命令提示行下输入 MO 即进入移动模式。

📖 课堂举例 4-23：　使用夹点移动对象

▶ 视频 \ 第 4 章 \ 课堂举例 4-23.mp4

01 按 Ctrl+O 快捷键，打开"4.7.2 使用夹点移动对象 .dwg"文件，如图 4-57 所示。

02 使用夹点移动功能，调整圆形旋钮位置，命令行操作如下。

命令：
// 选择圆
命令：
// 选择圆上的夹点
** 拉伸 **
// 进入拉伸模式
指定拉伸点或 [基点 (B)/ 复制 (C)/ 放弃 (U)/
退出 (X)]: _move
// 拾取夹点单击鼠标右键，选择"移动（M）选项"，
将圆向左移动

03 重复上述操作，移动圆形旋钮位置如图 4-58 所示。

图 4-57 打开图形

图 4-58 夹点移动

4.7.3 夹点旋转

在夹点编辑模式下，确定基点后，在命令行提示下输入 RO 即进入旋转模式。

课堂举例 4-24： 使用夹点旋转对象

▶ 视频 \ 第 4 章 \ 课堂举例 4-24.mp4

① 按 Ctrl+O 快捷键，打开 "4.7.3 使用夹点旋转对象 .dwg" 图形，如图 4-59 所示。

② 选择抱枕上的点作为基点，对其进行夹点旋转编辑，调整抱枕方向如图 4-60 所示。

图 4-59 打开图形

图 4-60 夹点旋转

4.7.4 夹点缩放

在夹点编辑模式下确定基点后，在命令行提示下输入 SC 即进入缩放模式。

课堂举例 4-25： 使用夹点缩放对象

▶ 视频 \ 第 4 章 \ 课堂举例 4-25.mp4

① 按 Ctrl+O 快捷键，打开 "4.7.4 使用夹点缩放对象 .dwg" 图形，如图 4-61 所示。

② 利用夹点缩放滚筒洗衣机观察窗，在命令行 "指定比例因子" 提示输入 1.1，指定缩放比例，缩放结果如图 4-62 所示。

图 4-61 打开图形　　图 4-62 夹点缩放

4.7.5 夹点镜像

在夹点编辑模式下确定基点后，在命令提示行输入 MI 进入镜像模式。

课堂举例 4-26： 使用夹点镜像对象

▶ 视频 \ 第 4 章 \ 课堂举例 4-26.mp4

① 按 Ctrl+O 快捷键，打开 "4.7.5 使用夹点镜像对象 .dwg" 图形，如图 4-63 所示。

② 选择左侧灶台和开关图形，如图 4-64 所示。

图 4-63 原图形

图 4-64 选择夹点

③ 使用夹点镜像功能，镜像复制至右侧位置，如图 4-65 所示。

图 4-65 镜像结果

4.7.6 多功能夹点编辑

在 AutoCAD 2018 中，直线、多段线、圆弧、椭圆弧和样条曲线等二维图形，标注对象和多重引线注释对象，以及三维面、边和顶点等三维实体具有特殊功能的夹点，使用这些多功能夹点可以快速重新塑造、移动或操纵对象。

如图 4-66 所示，移动光标至矩形中夹点位置时，将弹出一个该特定夹点的编辑选项菜单，通过分别选择【添加顶点】和【转换为圆弧】命令，可以将矩形快速编辑为一个窗形状的多段线图形。

图 4-66 多功能夹点编辑范例

第**5**章 图块及设计中心

本章导读

AutoCAD 提供了图块的功能，用户可以将一些经常使用的图形对象定义为图块。使用这些图形时，只需要将相应的图块按合适的比例插入到指定的位置即可，从而避免了重复绘制，提高了工作效率。

设计中心是 AutoCAD 一个非常有用的工具。它的作用就像 Windows 操作系统中的资源管理器，用于管理众多的图形资源。这些图形资源包括 DWG 文档、图层、命名样式（文字、线型、标注等）、图块、外部参照、图案填充等。

本章重点

➢ 定义块
➢ 控制图块的颜色和线形特性
➢ 插入块
➢ 分解块
➢ 图块的重定义
➢ 修改块属性
➢ 设计中心与工具选项板

5.1 图块及其属性

把一组图形对象组合成图块加以保存，需要的时候可以把图块作为一个整体以任意比例和旋转角度插入到图形中的任意位置，这样不仅避免了大量的重复绘制，还提高了绘制速度和效率。

5.1.1 定义块

要创建一个新的图块，首先要用绘图和修改命令绘制出组成图块的所有图形对象，然后再用块定义命令定义为块。

定义内部块需要使用块定义命令，启动该命令的方式有。

➢ 命令行：BLOCK/B
➢ 功能区 1：【默认】|【块】|【创建】按钮 囗 创建
➢ 功能区 2：【插入】|【块定义】|【创建块】按钮 囗

启动 BLOCK 命令后，弹出如图 5-1 所示的"块定义"对话框。在该对话框中，需要设置以下内容：给块定义名称，选择组成图块的对象，选择插入基点。

图 5-1 "块定义"对话框

1. 命名

在"名称"文本框中输入新图块的名称。单击右边的下拉列表框按钮，可以显示当前文档中所有已存在的块定义名称列表。

2. 选择对象

"对象"选项组用于选择组成图块的图形对象。单击【选择对象】按钮 ⊕，"块定义"对话框暂时消失。此时，可以在工作区中连续选择需要组成该图块的图形对象。选择结束后按 Enter 键，"块定义"对话框重新出现，并显示已选中的对象数目。至此，选择对象操作结束。

该选项组中的一组单选按钮用于设置块定义完成后被选择对象的处理方式，说明如下。

"保留"：被选中组成块的对象仍然保留在原位置，不转化为块实例。

"转换为块"：被选中组成块的对象转化为一个块实例。

"删除"：被选中组成块的对象在原位置被删除。

3. 确定插入基点

插入基点是插入图块实例时的参照点。插入块时，可通过确定插入基点的位置将整个块实例放置到指定的位置上。理论上，插入基点可以是图块的任意点。但为了方便定位，经常选取端点、中点、圆心等特征点作为插入基点。

插入基点的坐标可以直接在"基点"选项组的 X、Y、Z 三个文本框中输入。但通常情况下，在工作区间中用对象捕捉的方法确定基点比较简便。单击【拾取点】按钮，对话框暂时消失。此时，在工作区间中用对象捕捉的方法捕捉指定的点作为基点。捕捉确定后，对话框将重新出现。

📓 课堂举例 5-1：　定义植物图块

▶ 视频 \ 第 5 章 \ 课堂举例 5-1.mp4

① 按 Ctrl+O 快捷键，打开"定义块 .dwg"文件，是图 5-2 所示的植物图形。

图 5-2 植物图块

② 调用 BLOCK/B 命令，打开图 5-1 所示的"块定义"对话框。

③ 图块命名。在"名称"文本框输入图块名"植物"。

④ 选择对象。单击【选择对象】按钮，在屏幕上选取组成植物的所有图形对象。

⑤ 确定插入基点。单击【拾取点】按钮，在屏幕上捕捉植物的中心点作为插入基点。

⑥ 单击【确定】按钮,退出对话框,块定义结束。

重新打开"块定义"对话框,单击"名称"文本框右边的下三角按钮,可以看到名为"植物"的图块已经创建。

> **提示**
>
> 图块可以嵌套,即在一个块定义的内部还可以包含其他块定义。但不允许"循环嵌套",也就是说在图块嵌套过程中不能包含图块自身,而只能嵌套其他图块。

5.1.2 图块颜色和线型

尽管图块总是创建在当前图层上,但块定义中保存了图块中各个对象的原图层、颜色和线型等特性信息。可以控制图块中的对象是保留其原特性还是继承当前层的特性。为了控制插入块实例的颜色、线型和线宽特性,在定义块时有如下三种情况。

如果要使块实例完全继承当前层的属性,那么在定义块时应将图形对象绘制在 0 层,将当前层颜色、线型和线宽属性设置为"随层"(ByLayer)。

如果希望能为块实例单独设置属性,那么在块定义时应将颜色、线型和线宽属性设置为"随块"(ByBlock)。

如果要使块实例中的对象保留属性,而不从当前层继承;那么在定义块时,应为每个对象分别设置颜色、线型和线宽属性,而不应当设置为"随块"或"随层"。

5.1.3 插入块

块定义完成后,就可以插入与块定义关联的块实例了。启动【插入块】命令的方式有。

➤ 命令行: INSERT/I。
➤ 功能区 1:【默认】|【块】|【插入】按钮
➤ 功能区 2:【插入】|【块】|【插入】按钮

启动 Insert 命令后,弹出如图 5-4 所示的块"插入"对话框。在该对话框中需要指定块名称、插入点位置、块实例的缩放比例和旋转角度。说明如下。

"名称"下拉列表框:选择需要插入的块的名称。

"插入点"选项组:输入插入基点坐标。可以直接在 X、Y、Z 三个文本框中输入插入点的绝对坐标;更简单的方式是通过选中"在屏幕上指定"复选框,用对象捕捉的方法在工作区间上直接捕捉确定。

"缩放比例"选项组:设置块实例相对于块定义的缩放比例。可以直接在 X、Y、Z 三个文本框中输入三个方向上的缩放比例值;也可以通过选中"在屏幕上指定"复选框,在工作区间上动态确定缩放比例。选中"统一比例"复选框,则在 X、Y、Z 三个方向上的缩放比例相同。

"旋转"选项组:设置块实例相对于块定义的旋转角度。可以直接在"角度"文本框中输入旋转角度值;也可以通过选中"在屏幕上指定"复选框,在工作区间上动态确定旋转角度。

"分解"复选框:设置是否将块实例分解成普通的图形对象。

下面以在客厅平面图中插入"植物"块为例,介绍插入块的具体操作。

课堂举例 5-2: **插入块**

▶ 视频 \ 第 5 章 \ 课堂举例 5-2.mp4

① 按 Ctrl+O 快捷键,打开"插入块 .dwg"文件,如图 5-3 所示。

② 调用 INSERT 命令,打开"插入"对话框,如图 5-4 所示。打开"插入"对话框,打开"插入"对话框,

图 5-3 打开图形

图 5-4 "插入"对话框

③ 选择需要插入的内部块。打开"名称"下拉列表框,选择"植物"。确定缩放比例,勾选"统一比例"复选框,在"X:"文本框中输入"0.8"。确定插入基点位置。在"插入点"选项组中选中"在屏幕上指定"复选框。

④ 单击【确定】按钮退出对话框，在客厅右
下角位置指定插入点，插入植物图块，如图
5-5 所示。

图 5-5 插入植物图块

5.1.4 写块

使用 BLOCK 命令定义的块只能在定义
该图块的文件内部使用。如果要让所有的
AutoCAD 文档共用图块，就需要用【写块】命
令 WBLOCK 定义外部块。定义外部块的过程，
实质上就是将图块保存为一个单独的 DWG 图
形文件，因为 DWG 文件可以被其他 AutoCAD
文件使用。

启动该命令的方式有。

➢ 命令行：WBLOCK/W
➢ 功能区：【插入】|【块定义】|【写块】按钮
  🗗

将弹出如图 5-6 所示的"写块"对话框。

图 5-6 "写块"对话框

1. "源"选项组

设置外部块类型。可供选择的一组单选按
钮是。

块：将已经定义好的块保存，可以在下拉
列表中选择已有的内部块。如果当前文件中没
有定义的块，该单选按钮不可用。

整个图形：将当前工作区中的全部图形保
存为外部块。

对象：选择图形对象定义外部块。该项是
默认选项，一般情况下选择此项即可。

2. "基点"选项组

该选项组确定插入基点。方法同块定义。

3. "对象"选项组

该选项组选择保存为块的图形对象，操作
方法与定义块时相同。

4. "目标"选项组

设置写块文件的保存路径和文件名。

当插入保存为图形文件的块时，需要在图
5-4 所示的"插入"对话框中单击【浏览】按钮
定位并选择块文件。

5.1.5 分解块

块实例是一个整体，AutoCAD 不允许对块
实例进行局部修改。因此需要修改块实例，必
须先用分解块命令 (EXPLODE) 将块实例分解。

块实例被分解为彼此独立的普通图形对象
后，每一个对象可以单独被选中，而且可以分
别对这些对象进行修改操作。启动 EXPLODE
命令的方法有。

➢ 命令行：EXPLODE/X
➢ 功能区：【默认】|【修改】|【分解】按钮 🗗

📖 **课堂举例 5-3：** **分解块**

▶️ 视频 \ 第 5 章 \ 课堂举例 5-3.mp4

① 按 Ctrl+O 快捷键，打开"分解块 .dwg"图形，
如图 5-7 所示。
② 调用 EXPLODE 命令后，连续选择需要分解
的块实例。选择结束后按 Enter 键，选中的
块实例将会被分解，如图 5-8 所示。

图 5-7 打开图形

图 5-8 分解块

⚙️ 提示

　　EXPLODE 命令不仅可以分解块实例，还可以分解尺寸标注、填充区域等复合图形对象。

5.1.6　重定义图块

　　通过对图块的重定义，可以更新所有与之关联的块实例，实现自动修改。

　　如图 5-9 所示的"会议桌"图块有 8 个座位，并在当前图形中插入了多个块实例。现在由于设计发生变化，要将 8 座更改为 6 座，此时可以通过重定义块操作，快速修改图形。

📒 课堂举例 5-4：　　图块的重定义

▶️ 视频 \ 第 5 章 \ 课堂举例 5-4.mp4

① 按 Ctrl+O 快捷键，打开如图 5-9 所示的图形。
② 调用 EXPLODE/X 命令，分解"会议桌"图块。
③ 选择删除会议桌侧面的两张座位，如图 5-10 所示。
④ 重定义"会议桌"图块。调用 BLOCK/B 命令，弹出"块定义"对话框。在"名称"下拉列表框中选择"会议桌"，选择被分解的会议桌图形对象，确定插入基点。完成上述设置后，单击【确定】按钮。此时，AutoCAD 会提示是否替代已经存在的"会议桌"块定义，单击【是 (Y)】按钮确定。重定义块操作完成。
⑤ 上述操作完成后，将会发现图形中所有的"会议桌"块实例都已经被修改，由 8 个座位更改成了 6 个。

图 5-9　原图块　　　图 5-10　修改后的图块

5.1.7　图块属性

　　图块包含的信息可以分为两类：图形信息和非图形信息。块属性指图块的非图形信息，块属性必须和图块结合在一起使用，在图纸上显示为块实例的标签或说明，单独的属性是没有意义的。

1. 添加块属性

　　在 AutoCAD 中添加块属性的操作主要分为三步。
➢ 定义块属性。
➢ 在定义图块时附加块属性。
➢ 在插入图块时输入属性值。

2. 定义块属性

　　定义块属性必须在定义块之前进行。【定义属性】的命令启动方式有。
➢ 命令行：ATTDEF/ATT
➢ 功能区 1：【默认】|【块】|【定义属性】
　🏷️功能区 2：【插入】|【块定义】|【定义属性】🏷️

📒 课堂举例 5-5：　　定义属性块

▶️ 视频 \ 第 5 章 \ 课堂举例 5-5.mp4

① 绘制标高。调用 REC【矩形】绘制一个矩形，如图 5-11 所示。
② 调用 EXPLODE/X 命令，分解矩形。
③ 调用 LINE/L 命令，捕捉矩形的第一个角点，将其与矩形的中点连接，再连接第二个角点，如图 5-12 所示。
④ 删除多余的线段，只留下一个三角形，将三角形上侧边向右延伸，如图 5-13 所示，标高符号绘制完成。

图 5-11　绘制矩形　　　图 5-12　绘制线段

图 5-13　绘制直线

⑤ 定义标高图块。单击【默认】|【块】|【定义属性】按钮🏷️，打开"属性定义"对话框，在"属性"参数栏中设置"标记"为"0.000"，设置"提示"为"请输入标高值:"，设置"默认"为 0.000。
⑥ 在"文字设置"参数栏中设置"文字样式"为"Standard"，勾选"注释性"复选框，如图 5-14 所示。
⑦ 设置完毕后，单击【确定】按钮。此时，出现了"标高"的属性文本，可将其拖放到指定位置，如图 5-15 所示。
⑧ 选择图形和文字，在命令窗口中输入

BLOCK/B 后按 Enter 键，打开"块定义"对话框，如图 5-16 所示。

⑨ 在"对象"参数栏中单击"选择对象"按钮⊹，在图形窗口中选择标高图形，按 Enter 键返回"块定义"对话框，并在【名称】下拉列表框中输入"标高"。

⑩ 在"基点"参数栏单击"拾取点"按钮，捕捉并单击三角形左上角的端点作为图块的插入点。输入名称为"标高"，勾选"注释性"复选框。单击【确定】按钮关闭对话框，完成标高图块的创建。

图 5-14 "属性定义"对话框　图 5-15 指定属性位置

图 5-16 "块定义"对话框

下面介绍插入属性块的方法。

课堂举例 5-6：　插入属性块

视频 \ 第 5 章 \ 课堂举例 5-6.mp4

① 插入标高图块，命令行操作如下。

命令: IN ✓
INSERT
// 启动【插入块】命令
指定插入点或 [基点 (B)/ 比例 (S)/X/Y/Z/ 旋转 (R)/ 预览比例 (PS)/PX/PY/PZ/ 预览旋转 (: PR)]。
// 确定插入基点
输入属性值。请输入标高: <0.000>:0.200 ✓
// 输入标高值

② 插入属性块结果如图 5-17 所示。

图 5-17 插入属性块

提示

从上述操作可以看出，命令行中的提示信息正是图 5-14 中"提示"文本框中输入的内容，而尖括号中的默认值正是"值"文本框中输入的内容。

5.1.8　修改块属性

对块属性的修改主要包括块属性定义的修改和属性值的修改。

1. 修改属性值

使用增强属性编辑器可以方便地修改属性值和属性文字的格式。打开增强型属性编辑器的方式有。

➤ 命令行: EATTEDIT
➤ 鼠标：双击块实例中的属性文字
➤ 功能区 1:【默认】|【块】|【编辑属性】|【单个】
➤ 功能区 2:【插入】|【块】|【编辑属性】|【单个】

启动 EATTEDIT 命令后，选择需要修改的属性文字，可以打开如图 5-18 所示的"增强属性编辑器"对话框。在该对话框的"属性"选项卡中选中某个属性值后，可以在"值"文本框中输入修改后的新值。在"文字选项"选项卡中，可以设置属性文字的格式。在"特性"选项卡中，可以设置属性文字所在的图层、线型、颜色、线宽等显示控制属性。

2. 修改块属性定义

使用块属性管理器，可以修改所有图块的块属性定义。打开块属性管理器的方式有。

➤ 命令行: BATTMAN
➤ 功能区 1:【默认】|【块】|【块属性管理器】
➤ 功能区 2:【插入】|【块定义】|【管理属性】

启动 BATTMAN 命令，弹出如图 5-19 所示的"块属性管理器"对话框。对话框中显示了已附加到图块的所有块属性列表。双击需要修改的属性项，可以在随之出现的"编辑属性"

对话框中编辑属性项。选中某属性项，然后单击右边的【删除】按钮，可以从块属性定义中删除该属性项。

对块属性定义修改完成后，单击右边【同步】按钮，可以更新相应的所有的块实例。但同步操作仅能更新块属性定义，不能修改属性值。

图 5-18 "增强属性编辑器" 对话框

图 5-19 "块属性管理器" 对话框

3. 提取块属性

附加在块实例上的块属性数据是重要的工程数据。在实际工作中，通常需要将块属性数据提取出来，供其他程序或外部数据库分析利用。属性提取功能可以将图块属性数据输出到表格或外部文件中，供分析使用。

利用 AutoCAD 提供的属性提取向导，只需根据向导提示按步骤操作，即可方便地提取块属性数据。打开属性提取向导的方式有。

- ➢ 命令行：EATTEXT
- ➢ 菜单栏：【工具】|【属性提取】命令

AutoCAD 提供了块属性提取向导以帮助用户一步步提取所需数据，详细操作步骤这里就不讲解了。

5.2 设计中心与工具选项板

使用设计中心可以将任何资源复制粘贴到其他文档中，也可以拖放到工具选项板上，从而实现了对图形资源的共享和重复利用，简化了绘图过程。工具选项板是 "工具选项板" 窗口中选项卡形式的区域，是组织、共享和放置块及填充图案的有效方法。

5.2.1 设计中心

利用设计中心，可以对图形设计资源实现以下管理功能。

- ➢ 浏览、查找和打开指定的图形资源。
- ➢ 能够将图形文件、图块、外部参照、命名样式迅速插入到当前文件中。
- ➢ 为经常访问的本地机或网络上的设计资源创建快捷方式，并添加到收藏夹中。

可以用以下方式打开 "设计中心" 窗体。

- ➢ 命令行：ADCENTER
- ➢ 组合键：Ctrl+2
- ➢ 功能区：【视图】|【选项板】|【设计中心】按钮

5.2.2 设计中心窗体

设计中心的外观与 Windows 资源管理器相似。双击蓝色的标题栏，可以将窗体固定放置在工作区一侧，或者浮动放置在工作区上。拖动标题栏或窗体边界，可以调整窗体的位置和大小。

位于窗体上部的是用于导航定位和设置外观的工具按钮，左侧的路径窗口以树状图的形式显示了图形资源的保存路径，右侧的内容窗口显示了各图形资源的缩略图和说明信息。如图 5-20 所示，单击 "文件夹" 标签，在左侧的树状目录中定位到图形文件中，可以观察到该文件中的标注、表格、布局、图块、图层、线型等所有图形资源的信息。

图 5-20 "设计中心" 窗体

在 "打开的图形" 选项卡中，显示了当前已经打开的所有图形文件的资源结构。在 "历史记录" 选项卡中，显示了最近打开的图形文件的列表，通过双击文件可以迅速定位到某文件。

5.2.3 使用图形资源

1. 打开图形文件

如图 5-21 所示，通过设计中心打开 DWG

图形文件，可以在内容窗口中右键单击需要打开的文件，选择【插入为块】菜单项即可。

2．插入图形资源

直接插入图形资源，是设计中心最实用的功能。可以直接将某个 AutoCAD 图形文件作为外部块或者外部参照插入到当前文件中；也可以直接将某图形文件中已经存在的图层、线型、样式、图块等命名对象直接插入到当前文件，而不需要在当前文件中对样式进行重复定义。

如图 5-21 所示，选择【插入块】菜单项，可以将 DWG 图形文件作为外部块插入到当前文件中。

如果要插入标注、图层、线型、样式、图块等任意资源对象，可以从内容窗口直接拖放到当前图形的工作区中。

图 5-21　打开图形文件

3．图块重新编辑

在设计中心中可以方便地对图块进行编辑。如图 5-22 所示，右击需要编辑的图块，选择相应的菜单项，可以对图块进行重新编辑。

图 5-22　图块插入和重定义

5.2.4　联机设计中心

联机设计中心是 AutoCAD 为方便所有用户共享图形资源而提供的一个基于网络的图形资源库，包含了许多通用的预绘制内容，如图块、符号库、制造商内容和联机目录等。

计算机必须与 Internet 连接后，才能访问这些图形资源。单击"联机设计中心"选项卡，可以在其中浏览、搜索并下载可以在图形中使用的内容。需要在当前图形中使用这些资源时，将相应的资源对象拖放到当前工作区中即可。

5.2.5　工具选项板

工具选项板是 AutoCAD 的一个强大的自定义工具，能够让用户根据自己的工作需要将各种 AutoCAD 图形资源和常用的操作命令整合到工具选项板中，以便随时调用。

如图 5-23 所示，"工具选项板"窗体默认由"图案""表格""修改""电力"等若干个工具选项板组成。每个选项板中包含各种样例等图形资源。工具选项板中的图形资源和命令工具都称为"工具"。打开"工具选项板"窗体的方法有：

➢ 命令行：TOOLPALETTES
➢ 组合键：Ctrl+3
➢ 功能区：【视图】|【选项板】|【工具选项板】按钮

由于显示区域的限制，不能显示所有的工具选项板标签。此时可以单击选项板标签的端部位置，在弹出的快捷菜单中选择需要显示的工具选项板名称，如图 5-24 所示。

在使用工具选项板中的工具时，单击需要的工具按钮，即可在工作区间中创建相应的图形对象。

图 5-23　"工具选项　　图 5-24　"工具选项板"
板"窗体　　　　　　快捷菜单

第6章 创建室内绘图模板

本章导读

为了避免绘制每一张施工图都重复地设置图层、线型、文字样式和标注样式等内容，可以预先将这些相同部分一次性设置好，然后将其保存为样板文件。

创建了样板文件后，在绘制施工图时，就可以在该样板文件基础上创建图形文件，从而加快了绘图速度，提高了工作效率。

本章重点

> 创建样板文件
> 设置图形界限
> 创建文字样式
> 创建尺寸标注样式
> 设置引线样式
> 创建门动态块
> 绘制并创建立面指向符图块
> 绘制 A3 图框
> 绘制详图索引符号和详图编号图形

6.1 设置样板文件

6.1.1 创建样板文件

样板文件需要以特殊的格式进行保存，在设置样式之前，应创建样板文件。

课堂举例 6-1： 创建样板文件

▶ 视频 \ 第 6 章 \ 课堂举例 6-1.mp4

01 启动 AutoCAD 2018，系统自动创建一个新的图形文件。

02 单击 ▲ 图标，在出现的下拉菜单中，选择【另存为】📄命令，选择【图形样板】📄，打开"图形另存为"对话框，如图 6-1 所示。输入样板名"室内装潢施工模板"，单击"保存"按钮保存文件。

03 下次绘图时，可以打开该样板文件，如图 6-2 所示，在此基础上绘图。

图 6-1 保存样板文件

图 6-2 打开样板文件

6.1.2 设置图形界限

绘图界限就是 AutoCAD 的绘图区域，也称图形界限。通常所用的图纸都有一定的规格尺寸，室内装潢施工图一般调用 A3 图幅打印输出，打印输出比例通常为 1:100，所以图形界限通常设置为 42000×29700。为了将绘制的图形方便地打印输出，在绘图前应设置好图形界限。

课堂举例 6-2： 设置图形界限

▶ 视频 \ 第 6 章 \ 课堂举例 6-2.mp4

01 设置图形界限范围为 42000×29700，命令行操作如下。

命令: LIMITS ✓
重新设置模型空间界限。
指定左下角点或 [开 (ON)/ 关 (OFF)]<0.0000, 0.0000>: ✓
// 单击空格键或者 Enter 键默认坐标原点为图形界限的左下角点。此时若选择 ON 选项，则绘图时图形不能超出图形界限，若超出系统不予绘出，选 Off 则准予超出界限图形
指定右上角点 :42000，29700 ✓
// 输入图纸长度和宽度值，按下 Enter 键确定再按下 ESC 键退出，完成图形界限设置

02 单击状态栏【栅格显示】按钮 ，可以直观观察到图形界限范围，如图 6-3 所示。

图 6-3 显示图形界限范围

⚙️ **提示**

打开图形界限检查时，无法在图形界限之外指定点。但因为界限检查只是检查输入点，所以对象（例如圆）的某些部分仍然可能会延伸出图形界限。

6.1.3 设置图形单位

室内装潢施工图通常采用"毫米"作为基本单位，即一个图形单位为 1mm，并且采用 1:1 的比例，即按照实际尺寸绘图，在打印时再根据需要设置打印输出比例。例如：绘制一扇门

的实际宽度为 800mm，则在 AutoCAD 中绘制 800 个单位宽度的图形，如图 6-4 所示。

课堂举例 6-3： 设置图形单位

▶ 视频 \ 第 6 章 \ 课堂举例 6-3.mp4

① 在命令窗口中输入 UNITS/UN，打开"图形单位"对话框。"长度"选项组用于设置线性尺寸类型和精度，这里设置"类型"为"小数"，"精度"为 0，如图 6-5 所示。

图 6-4　1:1 比例绘　　图 6-5　设置图形单位
　　　制图形

② "角度"选项组用于设置角度的类型和精度。这里取消"顺时针"复选框勾选，设置角度"类型"为"十进制度数"，精度为 0。

③ 在"插入时的缩放比例"选项组中选择"用于缩放插入内容的单位"为"毫米"，这样当调用非毫米单位的图形时，图形能够自动根据单位比例进行缩放。最后单击【确定】关闭对话框，完成单位设置。

 提示

图形精度影响计算机的运行效率，精度越高运行越慢，绘制室内装潢施工图，设置精度为 0 足以满足设计要求。

6.1.4　创建文字样式

文字样式是对同一类文字的格式设置的集合，包括字体、字高、显示效果等。在标注文字前，应首先定义文字样式，以指定字体、字高等参数，然后用定义好的文字样式进行标注。

这里创建"仿宋"文字标注样式，如图 6-6 所示为文字样式创建完成的效果。

课堂举例 6-4： 创建文字样式

▶ 视频 \ 第 6 章 \ 课堂举例 6-4.mp4

① 在命令窗口中输入 STYLE/ST 并按 Enter 键，或单击【默认】|【注释】|【文字样式】按钮 **A**，打开"文字样式"对话框，如图 6-7 所示。默认情况下，"样式"列表中只有唯一的 Standard 样式，在用户未创建新样式之前，所有输入的文字均调用该样式。

图 6-6　文字样式效果

图 6-7　"文字样式"对话框

② 单击【新建】按钮，弹出"新建文字样式"对话框，在对话框中输入样式的名称，这里的名称设置为"仿宋"，如图 6-8 所示。单击【确定】按钮返回"文字样式"对话框。

③ 在"字体名"下拉列表框中选择"仿宋"字体，如图 6-9 所示。

④ 在"大小"选项组中勾选"注释性"复选项，使该文字样式成为注释性的文字样式，调用注释性文字样式创建的文字，将成为注释性对象，以后可以随时根据打印需要调整注释性的比例。

图 6-8 "新建文字样式"对话框

图 6-9 设置文字样式参数

⑤ 设置"图纸文字高度"为 1.5（即文字的大小），在"效果"选项组中设置文字的"宽度因子"为 1，"倾斜角度"为 0，如图 6-10 所示,设置后单击【应用】按钮关闭对话框，完成"仿宋"文字样式的创建。

⑥ 使用同样的方法创建"尺寸标注"文字样式，将其"字体名"设置为 romans.shx，该文字样式主要用于数字尺寸标注，效果如图 6-11 所示。

图 6-10 尺寸数字标注效果

图 6-11 标注样式创建效果

6.1.5 创建尺寸标注样式

一个完整的尺寸标注由尺寸线、尺寸界限、尺寸文本和尺寸箭头四个部分组成，下面将创建一个名称为"室内标注样式"的标注样式，所有的图形标注将调用该样式。

如图 6-11 所示为室内标注样式创建完成的效果。

课堂举例 6-5：   创建尺寸标注样式

视频 \ 第 6 章 \ 课堂举例 6-5.mp4

① 在命令窗口中输入 DIMSTYLE/D 并按 Enter 键，或选择【格式】|【标注样式】命令，打开"标注样式管理器"对话框，如图 6-12 所示。

② 单击【新建】按钮，在打开的"创建新标注样式"对话框中输入新样式的名称"室内标注样式"，如图 6-13 所示。单击【继续】按钮，开始"室内标注样式"新样式设置。

图 6-12 "标注样式管理器"对话框

图 6-13 创建"室内标注样式"标注样式

③ 系统弹出"新建标注样式：室内标注样式"对话框，选择"线"选项卡，分别对尺寸线和延伸线等参数进行调整，如图 6-14 所示。

④ 选择"符号和箭头"选项卡，对箭头类型、大小进行设置，如图 6-15 所示。

图 6-14 "线"选项卡参数设置

图 6-15 "符号和箭头"选项卡参数设置

⑤ 选择"文字"选项卡，设置文字样式为"尺寸标注"，其他参数设置如图 6-16 所示。

⑥ 选择"调整"选项卡，在"标注特征比例"选项组中勾选"注释性"复选框，使标注具有注释性功能，如图 6-17 所示，完成设置后，单击【确定】按钮返回"标注样式管理器"对话框，单击【置为当前】按钮，然后关闭对话框，完成"室内标注样式"的创建。

图 6-16 "文字"选项卡参数设置

图 6-17 "调整"选项卡参数设置

6.1.6 设置引线样式

引线标注用于对指定部分进行文字解释说明，由引线、箭头和引线内容三部分组成。引线样式用于对引线的内容进行规范和设置，引出线与水平方向的夹角一般采用0°、30°、45°、60°或 90°。下面创建一个名称为"圆点"的引线样式，用于室内施工图的引线标注。如图 6-18 所示为"圆点"引线样式创建完成的效果。

课堂举例 6-6： 创建引线样式

▶ 视频＼第 6 章＼课堂举例 6-6.mp4

① 在命令窗口中输入 MLEADERSTYLE，或单击【默认】|【注释】|【多重引线样式】按钮 ，打开"多重引线样式管理器"对话框，如图 6-19 所示。

图 6-18 "圆点"引线样式创建效果

图 6-19 "多重引线样式管理器"对话框

② 单击【新建】按钮，打开"创建多重引线样式"对话框，设置新样式名称为"圆点"，并勾选"注释性"复选框，如图 6-20 所示。

③ 单击【继续】按钮，系统弹出"修改多重引线样式：圆点"对话框，选择"引线格式"选项卡，设置箭头符号为"点"，大小为 0.25，其他参数设置如图 6-21 所示。

图 6-20　新建引线样式

图 6-21　"引线格式"选项卡

④ 选择"引线结构"选项卡，参数设置如图 6-22 所示。

⑤ 选择"内容"选项卡，设置文字样式为"仿宋"，其他参数设置如图 6-23 所示。设置完参数后，单击【确定】按钮返回"多重引线样式管理器"对话框，"圆点"引线样式创建完成。

图 6-22　"引线结构"选项卡

图 6-23　"内容"选项卡

6.1.7　创建打印样式

打印样式用于控制图形打印输出的线型、线宽、颜色等外观。如果打印时未调用打印样式，就有可能在打印输出时出现不可预料的结果，影响图纸的美观。

AutoCAD 2018 提供了两种打印样式，分别为颜色相关样式 (CTB) 和命名样式 (STB)。一个图形可以调用命名或颜色相关打印样式，但两者不能同时调用。

CTB 样式类型以 255 种颜色为基础，通过设置与图形对象颜色对应的打印样式，使得所有具有该颜色的图形对象都具有相同的打印效果。例如，可以为所有用红色绘制的图形设置相同的打印笔宽、打印线型和填充样式等特性。CTB 打印样式表文件的后缀名为"*.ctb"。

STB 样式和线型、颜色、线宽等一样，是图形对象的一个普通属性。可以在图层特性管理器中为某图层指定打印样式，也可以在"特性"选项板中为单独的图形对象设置打印样式属性。STB 打印样式表文件的后缀名是"*.stb"。

绘制室内装潢施工图，调用"颜色相关打印样式"更为方便，同时也可兼容 AutoCAD R14 等早期版本，因此本书采用该打印样式进行讲解。

1. 激活颜色相关打印样式

AutoCAD 默认调用"颜色相关打印样式"，如果当前调用的是"命名打印样式"，则需要通过以下方法转换为"颜色相关打印样式"，然后调用 AutoCAD 提供的"添加打印样式表向导"快速创建颜色相关打印样式。

课堂举例 6-7：　激活颜色相关打印样式

视频 \ 第 6 章 \ 课堂举例 6-7.mp4

① 在转换打印样式模式之前，首先应判断当前图形调用的打印样式模式。在命令窗口中输入 pstylemode 并回车，如果系统返回"pstylemode = 0"信息，表示当前调用的是命名打印样式模式，如果系统返回"pstylemode = 1"信息，表示当前调用的是颜色打印模式。

② 如果当前是命名打印模式，在命名窗口输入 CONVERTPSTYLES 并回车，在打开的如图 6-24 所示提示对话框中单击【确定】按钮，即转换当前图形为颜色打印模式。

图 6-24　提示对话框

图 6-25　"选项"对话框

2. 创建颜色相关打印样式表

课堂举例 6-8：　　创建颜色相关打印样式表

视频 \ 第 6 章 \ 课堂举例 6-8.mp4

01 在命令窗口中输入 STYLESMANAGER 并按 Enter 键，或单击 A▪ 图标，在出现的下拉菜单中，选择【打印】命令🖨，选择【管理绘图仪】🖧，从而打开 PlotStyles 文件夹，如图 6-26 所示。该文件夹是所有 CTB 和 STB 打印样式表文件的存放路径。

图 6-26　PlotStyles 文件夹

02 双击"添加打印样式表向导"快捷方式图标，启动"添加打印样式表"向导，在打开的如图 6-27 所示的对话框中单击【下一步】按钮。

图 6-27　添加打印样式表

03 在打开的如图 6-28 所示"开始"对话框中选择"创建新打印样式表"单选项，单击【下一步】按钮。

04 在打开的如图 6-29 所示"选择打印样式表"对话框中选择"调用颜色相关打印样式表"单选项，单击【下一步】按钮。

图 6-28　添加打印样式表向导—开始

图 6-29　添加打印样式表—表格类型

⑤ 在打开的如图 6-30 所示对话框的"文件名"文本框中输入打印样式表的名称，单击【下一步】按钮。

⑥ 在打开的如图 6-31 所示对话框中单击【完成】按钮，关闭添加打印样式表向导，打印样式创建完毕。

图 6-30　添加打印样式表向导－输入文件名

图 6-31　添加打印样式表向导－完成

3. 编辑打印样式表

创建完成的"A3 纸打印样式表"会立即显示在 Plot Styles 文件夹中，双击该打印样式表，打开"打印样式表编辑器"对话框，在该对话框中单击"表格视图"选项卡，即可对该打印样式表进行编辑，如图 6-32 所示。

图 6-32　打印样式表编辑器

"表格视图"选项卡由"打印样式""说明"和"特性"三个选项组组成。"打印样式"列表框显示了 255 种颜色和编号，每一种颜色可设

置一种打印效果，右侧的"特性"选项组用于设置详细的打印效果，包括打印的颜色、线型、线宽等。

绘制室内施工图时，通常调用不同的线宽和线型来表示不同的结构，例如物体外轮廓调用中实线，内轮廓调用细实线，不可见的轮廓调用虚线，从而使打印的施工图清晰、美观。本书调用的颜色打印样式特性设置见表 6-1。

表 6-1 所示的特性设置，共包含了 8 种颜色样式，这里以颜色 5（蓝）为例，介绍具体的设置方法。

　　课堂举例 6-9：　　编辑打印样式表

　　▶ 视频 \ 第 6 章 \ 课堂举例 6-9.mp4

① 在"打印样式表编辑器"对话框中单击"表格视图"选项卡，在"打印样式"列表框中选择"颜色 5"，即 5 号颜色（蓝），如图 6-33 所示。

图 6-33　设置颜色 5　样式特性

② 在右侧"特性"选项组的"颜色"列表框中选择"黑"，如图 6-33 所示。因为施工图一般采用单色进行打印，所以这里选择"黑"颜色。

③ 设置"淡显"为 100，"线型"为"实心"，"线宽"为 0.35mm，其他参数为默认值，如图 6-33 所示。至此，"颜色 5"样式设置完成。在绘图时，如果将图形的颜色设置为蓝时，在打印时将得到颜色为黑色，线宽为 0.35mm，线型为"实心"的图形打印效果。

④ 使用相同的方法，根据表 6-1 所示设置其他颜色样式，完成后单击【保存并关闭】按钮保存打印样式。

表 6-1 颜色打印样式特性设置

	打印颜色	淡显	线　型	线　宽
颜色 5（蓝）	黑	100	——实心	0.35mm（粗实线）
颜色 1（红）	黑	100	——实心	0.18（中实线）
颜色 74（浅绿）	黑	100	——实心	0.09（细实线）
颜色 8（灰）	黑	100	——实心	0.09（细实线）
颜色 2（黄）	黑	100	— — 划	0.35（粗虚线）
颜色 4（青）	黑	100	— — 划	0.18（中虚线）
颜色 9（灰白）	黑	100	——.—— 长画 短画	0.09（细点画线）
颜色 7（黑）	黑	100	调用对象线型	调用对象线宽

提示

"颜色 7"是为了方便打印样式中没有的线宽或线型而设置的。例如，当图形的线型为双点画线时，而样式中并没有这种线型，此时就可以将图形的颜色设置为黑色，即颜色 7，那么打印时就会根据图形自身所设置的线型进行打印。

6.1.8　设置图层

绘制室内装潢施工图需要创建轴线、墙体、门、窗、楼梯、标注、节点、电气、吊顶、地面、填充、立面和家具等图层。下面以创建轴线图层为例，介绍图层的创建与设置方法。

课堂举例 6-10 . 创建室内绘图模板图层
视频\第 6 章\课堂举例 6-10.mp4

01 在命令窗口中输入 LAYER/LA 并按 Enter 键，或单击【默认】|【图层】|【图层特性】按钮，打开如图 6-34 所示"图层特性管理器"对话框。

图 6-34　"图层特性管理器"对话框

02 单击对话框中的"新建图层"按钮，创建一个新的图层，在"名称"框中输入新图层名称"ZX_ 轴线"，如图 6-35 所示。

图 6-35　创建"轴线"图层

03 设置图层颜色。为了区分不同图层上的图线，增加图形不同部分的对比性，可以在"图层特性管理器"对话框中单击相应图层"颜色"标签下的颜色色块，打开"选择颜色"对话框，如图 6-36 所示。在该对话框中选择需要的颜色。

图 6-36　"选择颜色"对话框

图 6-37　创建其他图层

④ "ZX_ 轴线"图层其他特性保持默认值，图层创建完成，使用相同的方法创建其他图层，创建完成的图层如图 6-37 所示。

提示

为了避免外来图层（如从其他文件中复制的图块或图形）与当前图像中的图层掺杂在一起而产生混乱，每个图层名称前面使用了字母（中文图层名的缩写）与数字的组合。同时也可以保证新增的图层能够与其相似的图层排列在一起，从而方便查找。

6.2　绘制常用图形

绘制室内施工图经常会用到门、窗等基本图形，为了避免重复劳动，一般在样板文件中将其绘制出来并设置为图块，以方便调用。

6.2.1　绘制并创建门图块

首先绘制门的基本图形，然后创建门图块。

课堂举例 6-11： 绘制门图形

视频 \ 第 6 章 \ 课堂举例 6-11.mp4

① 确定当前未选择任何对象，在【图层】面板的"图层"下拉列表中，选择"M_门"图层作为当前图层。

② 调用 RECTANG/REC 命令，绘制尺寸为 40×1000 的长方形，如图 6-38 所示。

③ 分别按下 F10 和 F3 键，启动"极轴"和"对象捕捉"，此时底侧状态栏中相应按钮呈凹下状态，开启 AutoCAD 的极轴追踪和对象捕捉功能，如图 6-39 所示。

图 6-38　绘制长方形

图 6-39AutoCAD 状态栏

④ 调用 LINE/L 命令，绘制长度为 1000 的水平线段，如图 6-40 所示。

⑤ 调用 CIRCLE/C 命令，以长方形左上角端点为圆心绘制半径为 1000 的圆，如图 6-41 所示。

⑥ 调用 TR 命令，修剪圆多余部分，然后删除前面绘制的线段，得到门的图形如图 6-42 所示。

图 6-40　绘制直线

图 6-41　绘制圆　　　图 6-42　修剪圆

提示

以后如果没有特别说明，极轴追踪和对象捕捉功能均为开启状态。

门的图形绘制完成后，即可调用 BLOCK/B 命令将其定义成图块，并可创建成动态图块，以方便调整门的大小和方向，本节先创建门图块。

课堂举例 6-12： 创建门图块

视频 \ 第 6 章 \ 课堂举例 6-12.mp4

① 在命令窗口中输入"B"并按 Enter 键，打开"块定义"对话框，如图 6-43 所示。

② 在"块定义"对话框中的"名称"文本框中输入图块的名称"门 (1000)"。

03 在"对象"参数栏中单击 ✛ (选择对象) 按钮, 在图形窗口中选择门图形, 按 Enter 键返回"块定义"对话框。

04 在"基点"参数栏中单击 🔣 (拾取点) 按钮, 捕捉并单击长方形左上角的端点作为图块的插入点, 如图 6-44 所示。

05 在"块单位"下拉列表中选择"毫米"为单位。

06 单击【确定】按钮关闭对话框, 完成门图块的创建。

图 6-43 "块定义"对话框

图 6-44 指定图块插入点

6.2.2 创建门动态块

将图块转换为动态图块后, 可直接通过移动动态夹点来调整图块大小、角度, 避免了频繁的参数输入和命令调用 (如缩放、旋转等), 使图块的调整操作变得自如、轻松。

下面将前面创建的"门 (1000)"图块创建成动态块, 创建动态块使用 BEDIT 命令。要使块成为动态块, 必须至少添加一个参数。然后添加一个动作并将该动作与参数相关联。添加到块定义中的参数和动作类型定义了块参照在图形中的作用方式。

🎓 课堂举例 6-13: 创建门动态块

▶ 视频 \ 第 6 章 \ 课堂举例 6-13.mp4

01 输入 BE 调用 BEDIT 命令, 打开"编辑块

定义"对话框, 在该对话框中选择"门 (1000)"图块, 如图 6-45 所示, 单击【确定】按钮确认, 进入块编辑器。

02 添加参数。在"块编写选项板"右侧单击"参数"选项卡, 再单击【线性】按钮, 如图 6-46 所示, 然后按系统提示操作, 结果如图 6-47 所示。

图 6-45 "编辑块定义"对话框　　图 6-46 创建
　　　　　　　　　　　　　　　　　　参数

03 在"块编写选项板"中单击"旋转参数"按钮, 指定任意半径, 角度为 360°, 结果如图 6-48 所示。

图 6-47 添加"线　　图 6-48 添加"旋转参数"
性参数"

💡 提示

在进入块编辑状态后, 窗口背景会显示为浅灰色, 同时窗口上显示出相应的选项板和工具栏。

 课堂举例 6-14: 添加动作

▶ 视频 \ 第 6 章 \ 课堂举例 6-14.mp4

01 单击"块编写选项板"右侧的"动作"选项卡, 再单击【缩放】按钮, 选择线型参数, 选择门图形, 结果如图 6-49 所示。

⓶ 单击"旋转"按钮，选择角度参数、门图形
及前面创建的参数，结果如图 6-50 所示。

图 6-49 添加"缩放动作"

图 6-50 添加"旋转动作"

⓷ 单击块编辑器面板（如图 6-51 所示）上的保
存块按钮，保存所做的修改，单击【关
闭块编辑器】按钮关闭块编辑器，返回到绘
图窗口，"门 (1000)"动态块创建完成。

图 6-51 "块编辑"面板

6.2.3 绘制并创建窗图块

首先绘制窗基本图形，然后创建窗图块。
窗的宽度一般有 600mm、900mm、1200mm、
1500mm、1800mm 等几种。

课堂举例 6-15： 绘制窗并创建图块

视频＼第 6 章＼课堂举例 6-15.mp4

绘制一个宽为 240、长为 1000 的图形作为
窗的基本图形，如图 6-52 所示。

⓵ 设置"C_窗"图层为当前图层，调用
RECTANG/REC 命令绘制尺寸为 1000×240
的长方形，如图 6-53 所示。

图 6-52 窗图形

图 6-53 绘制的长方形

⓶ 由于需要对长方形的边进行偏移操作，所以
需先调用 EXPLODE/X 命令将长方形分解，
使长方形四条边独立出来。

⓷ 调用 OFFSET/O 命令偏移分解后的长方形，
得到窗图形如图 6-54 所示。

⓸ 应用前面介绍的创建门图块的方法，创建
"窗 (1000)"图块，在"块定义"对话框中
取消"按统一比例缩放"复选框的勾选，如
图 6-55 所示。

图 6-54 绘制的窗图形

图 6-55 创建"窗 (1000)"图块

6.2.4 绘制并创建立面指向符图块

立面指向符是室内装修施工图中特有的一
种标识符号，主要用于立面图编号。当某个垂
直界面需要绘制立面图时，在该垂直界面所对
应的平面图中就要使用立面指向符，以方便确
认该垂直界面的立面图编号。

立面指向符由等边直角三角形、圆和字母
组成，其中字母为立面图的编号，黑色的箭头
指向立面的方向。如图 6-56a 所示为单向内视
符号，图 6-56b 所示为双向内视符号，图 6-56c

所示为四向内视符号(按顺时针方向进行编号)。

图 6-56　立面指向符

📓 **课堂举例 6-16：** 绘制立面指向符

① 下面介绍立面指向符的绘制方法。调用 PLINE/PL 命令，绘制等边直角三角形，命令行操作如下。

命令 :PLINE ✓
指定第一点 :
// 在窗口中任意指定一点，确定线段起点
指定下一点或 [放弃 (U)]:380 ✓
// 水平向左移动光标，当出现 180°极轴追踪线时输入 380 并按 Enter 键，确定线段第二点
指定下一点或 [放弃 (U)]:<45 ✓
// 将角度限制在 45°
角度替代 :45
指定下一点或 [放弃 (U)]:
// 捕捉如图 6-57 所示线段中点，然后垂直向上移动光标，当与 45°线段相交并出现相交标记时 (如图 6-58 所示) 单击鼠标，确定线段第三点
指定下一点或 [闭合 (C)/ 放弃 (U)]:C ✓
// 闭合线段

图 6-57　捕捉线段中点

图 6-58　确定线段第三点　　图 6-59　指定圆心

② 调用 CIRCLE/C 命令绘制圆，命令行操作如下。

命令 : CIRCLE ✓
指定圆的圆心或 [三点 (3P)/ 两点 (2P)/ 相切、相切、半径 (T)]:
// 捕捉并单击如图 6-59 所示线段中点，确定圆心
指定圆的半径或 [直径 (D)] <134.3503>:
// 捕捉并单击如图 6-60 所示线段中点，确定圆半径

③ 调用 TRIM/TR 命令，修剪圆内多余的线段，命令行操作如下。

命令 :TRIM ✓
当前设置 : 投影 =UCS, 边 = 延伸
选择剪切边 ...
选择对象 : 找到 1 个
// 选择圆
选择对象 :
// 按 Enter 键结束对象选择
选择要修剪的对象，或按住 Shift 键选择要延伸的对象，或 [投影 (P)/ 边 (E)/ 放弃 (U)]:
// 单击圆内的线段
选择要修剪的对象，或按住 Shift 键选择要延伸的对象，或 [投影 (P)/ 边 (E)/ 放弃 (U)]:
// 按 Enter 键退出命令，效果如图 6-61 所示

图 6-60　指定　　图 6-61　修剪　　图 6-62　填充
圆半径　　　　后的效果　　　　结果

④ 调用 HATCH/H 命令，选择"SOLID"图案填充图形，结果如图 6-62 所示，填充参数设置如图 6-63 所示。立面指向符绘制完成。

⑤ 调用 BLOCK/B 命令，创建"立面指向符"图块。

6.2.5　绘制并创建图名动态块

图名由图形名称、比例和下划线三部分组成，如图 6-64 所示。通过添加块属性和创建动态块，可随时更改图形名字和比例，并动态调整图名宽度，下面介绍绘制和创建方法。

图 6-63　填充参数设置

图 6-64 图名

课堂举例 6-17：　绘制并创建图名图块

▶ 视频 \ 第 6 章 \ 课堂举例 6-17.mp4

① 如图 6-65 所示，图形名称文字尺寸较大，可以创建一个新的文字样式。使用前面介绍的方法，调用 STYLE/ST 命令，创建"仿宋 2"文字样式，文字高度设置为 3，并勾选"注释性"复选项，其他参数设置如图 6-65 所示。

② 定义"图名"属性。调用 ATTDEF/ATT 命令，打开"属性定义"对话框，在"属性"参数栏中设置"标记"为"图名"，设置"提示"为"请输入图名:"，设置"默认"为"图名"，如图 6-66 所示。

③ 在"文字设置"参数栏中设置"文字样式"为"仿宋 2"，勾选"注释性"复选框，如图 6-66所示。

图 6-65　创建文字样式

图 6-66　定义属性

④ 单击【确定】按钮确认，在窗口内拾取一点确定属性位置，如图 6-67 所示。

⑤ 再次调用 ATTDEF/ATT 命令，创建"比例"属性，设置文字样式为"仿宋"，如图 6-68 所示。

⑥ 调用 MOVE/M 命令，将"图名"与"比例"文字移动到同一水平线上。

图 6-67　指定属性位置

图 6-68　定义属性

⑦ 调用 PLINE/PL 命令，在文字下方绘制宽度为20和1的多段线，图名绘制完成，如图 6-69所示。

⑧ 绘制完图名图形后再将其创建成块。选择"图名"和"比例"文字及下划线，调用 BLOCK/B 命令，打开"块定义"对话框。

⑨ 在"块定义"对话框中设置块"名称"为"图名"。单击 ▣（拾取点）按钮，在图形中拾取下划线左端点作为块的基点，勾选"注释性"复选框，使图块可随当前注释比例变化，其他参数设置如图 6-70 所示。单击【确定】按钮完成块定义。

图名　　　　　　　比例

图 6-69　图名

图 6-70 创建块

下面将"图名"块定义为动态块,使其具有动态修改宽度的功能,这主要是考虑到图名的长度不是固定的。

⓾ 调用 BEDIT/BE 命令,打开"编辑块定义"对话框,选择"图名"图块,如图 6-71 所示。单击【确定】按钮进入"块编辑器"。

⓫ 调用【线性参数】命令,以下画线左、右端点为起始点和端点添加线性参数,如图 6-72 所示。

图 6-71 "编辑块定义"对话框

图 6-72 添加线性参数

⓬ 调用【拉伸动作】命令创建拉伸动作,如图 6-73 所示,然后按命令提示操作。

命令:BActionToo ✓
// 调用"拉伸"命令
选择参数。
// 选择前面创建的线性参数
指定要与动作关联的参数点或输入 [起点 (T)/ 第二点 (S)] < 第二点 >:
// 捕捉并单击下画线右下角端点

指定拉伸框架的第一个角点或 [圈交 (CP)]:
指定对角点:
// 拖动鼠标创建一个虚框,虚框内为可拉伸部分
指定要拉伸的对象
选择对象:找到 1 个
选择对象:指定对角点:找到 5 个 (1 个重复),总计 5 个
选择对象:
// 选择除文字"图名"之外的其他所有对象
指定动作位置或 [乘数 (M)/ 偏移 (O)]:
// 在适当位置拾取一点确定拉伸动作图标的位置,结果如图 6-74 所示

图 6-73 调用   图 6-74 添加参数
"拉伸动作"

⓭ 单击面板的【关闭块编辑器】按钮退出块编辑器,当弹出如图 6-75 所示提示对话框时,选择【将更改保存到图名 (S)】按钮,保存修改。

⓮ 此时"图名"图块就具有了动态改变宽度的功能,如图 6-76 所示。

图 6-75 提示对话框

图 6-76 动态块效果

6.2.6　绘制 A3 图框

在本节中主要介绍 A3 图框的绘制方法，以练习表格和文字的创建和编辑方法，绘制完成的 A3 图框如图 6-77 所示。

图 6-77　A3 图纸样板图形

 课堂举例 6-18： 绘制 A3 图框

▶ 视频 \ 第 6 章 \ 课堂举例 6-18.mp4

① 新建"TK_图框"图层，颜色为"白色"，将其置为当前图层。

② 调用 RECTANG/REC 命令，在绘图区域指定一点为矩形的端点，输入"D"，输入长度为 420，宽度为 297，如图 6-78 所示。

③ 调用 EXPLODE/X 命令，分解矩形。

④ 调用 OFFSET/O 命令，将左边的线段向右偏移 25，分别将其他三个边长向内偏移 5。修剪多余的线条，如图 6-79 所示。

图 6-78　绘制矩形　　图 6-79　偏移线段

⑤ 调用 RECTANG/REC 命令，绘制一个 200×40 的矩形，作为标题栏的范围。

⑥ 调用 MOVE/M 命令，将绘制的矩形移动至标题框的相应位置，如图 6-80 所示。

⑦ 调用 TABLE【表格】命令，弹出"插入表格"对话框。

⑧ 在"插入方式"选项组中，选择"指定窗口"

方式。在"列和行设置"选项组中，设置为 6 行 6 列，如图 6-81 所示。单击【确定】按钮，返回绘图区。

图 6-80　移动标题栏

图 6-81　"插入表格"对话框

⑨ 在绘图区中，为表格指定窗口。在矩形左上角单击，指定为表格的左上角点，拖动到矩形的右下角点，如图 6-82 所示。指定位置后，弹出"文字格式"编辑器。单击【确定】按钮，关闭编辑器，如图 6-83 所示。

图 6-82　为表格指定窗口

图 6-83　绘制表格

⑩ 删除列标题和行标题。选择列标题和行标题，右击鼠标，选择【行】|【删除】命令，如图 6-84 所示，结果如图 6-85 所示。

图 6-84　删除列标题和行标题

图 6-85　删除结果

⑪ 调整表格。选择表格，对其进行夹点编辑，使其与矩形的大小相匹配，如图 6-86 所示，结果如图 6-87 所示。

图 6-86　调整表格

图 6-87　调整结果

⑫ 合并单元格。选择左侧一列上两行的单元格，如图 6-88 所示。单击右键，选择【合并】|【全部】命令，结果如图 6-89 所示。

图 6-88　合并单元格

图 6-89　合并结果

⑬ 以相同的方法，合并其他单元格，结果如图 6-90 所示。

⑭ 调整表格。对表格进行夹点编辑。结果如图 6-91 所示。

图 6-90　合并单元格

图 6-91　调整表格

⑮ 在需要输入文字的单元格内双击，弹出"文字格式"对话框，单击"多行文字对正"按

钮 , 在下拉列表中选择"正中"选项，输入文字"设计单位"，如图 6-92 所示。

⑯ 继续输入文字，如图 6-93 所示。完成图框的绘制。

⑰ 调用 BLOCK/B 命令，将图框创建成块。

图 6-92　输入文字"设计单位"

图 6-93　文字输入结果

6.2.7　绘制详图索引符号和详图编号

详图索引符号和详图编号也都是绘制施工图经常需要用到的图形。室内平、立、剖面图中，在需要另设详图表示的部位，标注一个索引符号，以表明该详图的位置，这个索引符号就是详图索引符号。

如图 6-94 所示 a、b 为详图索引符号，c、d 为剖面详图索引符号。详图索引符号采用细实线绘制，圆圈直径约 10mm 左右。当详图在本张图样时，采用图 6-94 a、c 的形式，当详图不在本张图样时，采用图 6-94b、d 的形式。

图 6-94　详图索引符号

详图的编号用粗实线绘制，圆圈直径 14mm 左右，如图 6-95 所示。

图 6-95　详图编号

第 **7** 章　绘制常用家具图块

本章导读

　　在室内装饰设计中，经常需要绘制家具、洁具和电器等各种设施，以便能够更真实地表达设计效果。本章讲解室内装饰设计中一些常见的家具及电器设施的绘制方法。通过绘制这些实例，读者可了解常见室内家具的尺寸、规格和结构，并练习前面学习的 AutoCAD 的绘图和编辑命令。

本章重点

> ➢ 绘制转角沙发和茶几
> ➢ 绘制床和床头柜
> ➢ 绘制电脑椅
> ➢ 绘制浴缸
> ➢ 绘制地面拼花
> ➢ 绘制会议桌
> ➢ 绘制冰箱

> ➢ 绘制中式木格窗
> ➢ 绘制饮水机
> ➢ 绘制座便器
> ➢ 绘制台灯
> ➢ 绘制铁艺栏杆

7.1 家具平面图绘制

家具图形各式各样，种类繁多，是室内设计中非常重要的组成部分，能反映空间布局以及整个装潢风格。

7.1.1 绘制转角沙发和茶几

沙发和茶几通常摆放在客厅或者办公空间、酒店休息区等区域。本节详细介绍如图 7-1 所示转角沙发和茶几的绘制方法。

课堂举例 7-1： 绘制转角沙发和茶几

▶ 视频 \ 第 7 章 \ 课堂举例 7-1.mp4

① 绘制沙发组。调用 PLINE/PL 命令，绘制多段线，如图 7-2 所示。

图 7-1 转角沙发和茶几

图 7-2 绘制多段线

② 调用 FILLET/F 命令，对多段线进行圆角，如图 7-3 所示。

③ 调用 EXPLODE/X 命令，对多段线进行分解。

④ 调用 OFFSET/O 命令，将圆弧和线段向内偏移 45 和 90，如图 7-4 所示。

图 7-3 创建圆角

图 7-4 偏移圆弧和线段

⑤ 调用 LINE/L 命令和 OFFSET/O 命令，绘制线段，如图 7-5 所示。

⑥ 调用 RECTANG/REC 命令，绘制一个尺寸为 490×550 的矩形，并移动到相应的位置，如图 7-6 所示。

图 7-5 绘制线段

图 7-6 绘制矩形

⑦ 调用 MIRROR/MI 命令，对矩形进行镜像，如图 7-7 所示。

⑧ 调用 RECTANG/REC 命令和 MIRROR/MI 命令，绘制沙发扶手，如图 7-8 所示。

图 7-7 镜像矩形

图 7-8 绘制扶手

⑨ 调用 HATCH/H 命令，再在命令行中输入 T 命令，弹出【图案填充和渐变色】对话框，在对话框中填充参数设置，在坐垫区域填充 "CROSS" 图案，如图 7-9 所示。

⑩ 调用 RECTANG/REC 命令，绘制尺寸为 900×450 的矩形，表示茶几，如图 7-10 所示。

图 7-9 填充参数设置和效果

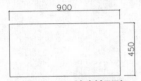

图 7-10 绘制矩形

⑪ 继续调用 RECTANG/REC 命令，绘制尺寸为 930×25，圆角半径为 10 的圆角矩形，并移动至相应的位置，如图 7-11 所示。

⑫ 调用 COPY/CO 命令，将圆角矩形向下复制，如图 7-12 所示。

⑬ 使用同样的方法，绘制两侧的圆角矩形，如图 7-13 所示。

图 7-11 绘制圆角矩形　　图 7-12 复制圆角矩形

图 7-13 绘制圆角矩形

⑭ 调用 PLINE/PL 命令，绘制多段线，如图 7-14 所示。

⑮ 调用 OFFSET/O 命令，将多段线向右偏移 20，然后对多段线进行延伸，如图 7-15 所示。

⑯ 调用 MIRROR/MI 命令，对多段线进行镜像，如图 7-16 所示。

图 7-14 绘制多段线　　图 7-15 偏移多段线

图 7-16 镜像多段线

⑰ 调用 HATCH/H 命令，再在命令行中输入 T 命令，弹出【图案填充和渐变色】对话框，在对话框中填充参数设置，在茶几玻璃矩形内填充 "AR-RROOF" 图案，如图 7-17 所示。

⑱ 调用 MOVE/M 命令，将茶几移动到相应的位置，如图 7-18 所示，完成转角沙发和茶几的绘制。

图 7-17 填充参数设置和效果

图 7-18 移动茶几

7.1.2 绘制床和床头柜

床是卧室的主要家具，本节介绍双人床和床头柜的绘制方法，绘制完成的效果如图 7-19 所示。

图 7-19　床和床头柜

課堂舉例 7-2：　　绘制床和床头柜

▶ 视频 \ 第 7 章 \ 课堂举例 7-2.mp4

① 绘制床。调用 RECTANG/REC 命令，绘制一个尺寸为 1800×2100 的矩形，如图 7-20 所示。

图 7-20　绘制矩形

② 调用 LINE/L 命令，绘制辅助线，如图 7-21 所示。

③ 调用 CIRCLE/C 命令，以辅助线的交点为圆心绘制半径为 50 的圆，然后删除辅助线，如图 7-22 所示。

④ 调用 TRIM/TR 命令，对线段相交的位置进行修剪，如图 7-23 所示。

图 7-21　绘制　　图 7-22　绘　　图 7-23　修剪
　辅助线　　　　制圆　　　　　线段

⑤ 调用 MIRROR/MI 命令，对圆进行两次镜像，然后对线段进行修剪，效果如图 7-24 所示。

⑥ 调用 OFFSET/O 命令和 TRIM/TR 命令，绘制线段，如图 7-25 所示。

⑦ 调用 LINE/L 命令和 OFFSET/O 命令，绘制线段，如图 7-26 所示。

图 7-24　复制圆并　　图 7-25　绘制线段
　修剪线段

图 7-26　绘制线段

⑧ 调用 HATCH/H 命令，再在命令行中输入 T 命令，弹出【图案填充和渐变色】对话框，在对话框中填充参数设置，在线段内填充"STARS"图案，如图 7-27 所示。

图 7-27　填充参数设置和效果

09 绘制床头柜。调用 RECTANG/REC 命令，绘制一个尺寸为 700×450 的矩形，如图 7-28 所示。

10 调用 LINE/L 命令，绘制线段，如图 7-29 所示。

图 7-28　绘制矩形　　　图 7-29　绘制线段

11 调用 RECTANG/REC 命令，绘制矩形，然后将矩形向内偏移 25，如图 7-30 所示。

12 调用 LINE/L 命令，绘制辅助线，如图 7-31 所示。

图 7-30　偏移矩形　　　图 7-31　绘制辅助线

13 调用 CIRCLE/C 命令，以辅助线的交点为圆心，绘制半径为 100 的圆，如图 7-32 所示。

14 调用 OFFSET/O 命令，将圆向内偏移 30，如图 7-33 所示。

图 7-32　绘制圆　　　图 7-33　偏移圆

15 调用 LINE/L 命令，绘制线段，如图 7-34 所示。

16 调用 COPY/CO 命令和 ROTATE/RO 命令，对线段进行复制和旋转，效果如图 7-35 所示。

图 7-34　绘制线段　　　图 7-35　对线段进行复制和旋转

17 调用 MIRROR/MI 命令，将床头柜镜像到床的另一侧，如图 7-36 所示。

18 绘制床尾凳。调用 RECTANG/REC 命令，绘制尺寸为 1660×600 的矩形，如图 7-37 所示。

图 7-36　复制床头柜　　　图 7-37　绘制矩形

19 调用 LINE/L 命令，绘制线段，如图 7-38 所示。

20 绘制地毯。调用 RECTANG/REC 命令，绘制尺寸为 2365×1715，圆角半径为 20 的圆角矩形，如图 7-39 所示。

图 7-38　绘制线段　　　图 7-39　绘制圆角矩形

21 调用 TRIM/TR 命令，对圆角矩形与床相交的位置进行修剪，如图 7-40 所示。

图 7-40　修剪线段

22 调用 OFFSET/O 命令，将圆角矩形向外偏移 50，如图 7-41 所示。

23 调用 HATCH/H 命令，在圆角矩形内填充 CROSS 图案 CROSS，填充比例为 10，角度默认，填充效果如图 7-42 所示。

24 插入图块。按 Ctrl+O 快捷键，打开配套资源提供的"第 7 章 \ 家具图例 .dwg"文件，选择其中的枕头和被子图块，将其复制到床的区域，完成床和床头柜的绘制。

图 7-41 偏移圆角矩形　　图 7-42 填充效果

7.1.3 绘制电脑椅

本例讲解如图 7-43 所示圆形电脑椅的绘制方法及技巧。

课堂举例 7-3：　绘制电脑椅

▶ 视频 \ 第 7 章 \ 课堂举例 7-3.mp4

01 绘制坐垫。调用 CIRCLE/C 命令，绘制一个半径为 250 的圆，如图 7-44 所示。

02 调用 OFFSET/O 命令，将圆向外偏移 20，如图 7-45 所示。

图 7-43 电脑椅　　　图 7-44 绘制圆

03 调用 LINE/L 命令，捕捉内圆象限点，绘制线段如图 7-46 所示。

图 7-45 偏移圆　　图 7-46 绘制线段

04 调用 ARRAY/AR 命令，对线段进行环形阵列，阵列数为 5，如图 7-47 所示。

05 绘制扶手。调用 RECTANG/REC 命令，绘制一个尺寸为 35×325，圆角半径为 10 的圆角矩形，如图 7-48 所示。

图 7-47 环形阵列　　图 7-48 绘制圆角矩形

06 调用 MIRROR/MI 命令，将圆角矩形镜像到右侧，如图 7-49 所示。

07 绘制靠背。调用 PLINE/PL 命令，绘制多段线，如图 7-50 所示。

08 调用 HATCH/H 命令，再在命令行中输入 T 命令，弹出【图案填充和渐变色】对话框，在对话框中填充参数设置，在多段线内填充"DOLMIT"图案，如图 7-51 所示。

图 7-49 镜像圆角矩形　　图 7-50 绘制多段线

图 7-51 填充参数设置和效果

09 调用 RECTANG/REC 命令，绘制尺寸为 460×20，圆角半径为 10 的圆角矩形，并移动至相应的位置，如图 7-52 所示。

10 调用 LINE/L 命令，连接端点绘制线段，如图 7-53 所示。

图 7-52 绘制圆角矩形　　图 7-53 绘制线段

⑪ 调用 EXPLODE/X 命令，对圆角矩形进行分解，然后删除多余的线段，如图 7-54 所示，完成电脑椅的绘制。

图 7-54　删除多余的线段

7.1.4　绘制浴缸

浴缸有心形、圆形、椭圆形、长方形和三角形等，本例讲解如图 7-55 所示心形浴缸的绘制方法。心形浴缸大多放在墙角，以充分利用卫生间的空间。

图 7-55　浴缸

课堂举例 7-4：　绘制浴缸

▶ 视频 \ 第 7 章 \ 课堂举例 7-4.mp4

① 调用 RECTANG/REC 命令，绘制一个边长为 1300 的矩形，如图 7-56 所示。

② 调用 CHAMFER/CHA 命令，对最外侧的矩形进行倒角，倒角的距离为 700，如图 7-57 所示。

图 7-56　绘制矩形　　　图 7-57　创建倒角

③ 调用 OFFSET/O 命令，将倒角后的矩形向内偏移 65、30、150 和 20，如图 7-58 所示。

④ 调用 FILLET/F 命令，对偏移后的矩形进行圆角，如图 7-59 所示。

图 7-58　偏移线段　　　图 7-59　圆角

⑤ 调用 LINE/L 命令，捕捉端点和中点绘制线段，如图 7-60 所示。

⑥ 调用 OFFSET/O 命令，将线段分别向两侧偏移 35，如图 7-61 所示。

图 7-60　绘制线段　　　图 7-61　偏移线段

⑦ 调用 TRIM/TR 命令，修剪多余的线段，如图 7-62 所示。

⑧ 调用 LINE/L 命令，绘制辅助线，如图 7-63 所示。

图 7-62　修剪线段　　　图 7-63　绘制辅助线

⑨ 调用 CIRCLE/C 命令，以辅助线的交点为圆心绘制半径为 25 和 95 的圆，然后删除辅助线，如图 7-64 所示。

⑩ 调用 TRIM/TR 命令，修剪多余的线段和圆，如图 7-65 所示。

⑪ 调用 ARC/A 命令，绘制圆弧，并对线段进行调整，使其效果如图 7-66 所示。

图 7-64 绘制圆 　　图 7-65 修剪线段和圆

图 7-66 绘制圆弧和调整线段

⑫ 调用 HATCH/H 命令，再在命令行中输入 T 命令，弹出【图案填充和渐变色】对话框，在对话框中填充参数设置，在图形内填充"用户定义"图案，如图 7-67 所示。

⑬ 调用 PLINE/PL 命令，绘制多段线，如图 7-68 所示，完成浴缸的绘制。

图 7-67 填充参数设置和效果

图 7-68 绘制多段线

7.1.5 绘制地面拼花

地面拼花是指地面装饰材料的拼接方法，常用于别墅客厅、餐厅等地面装修，本例讲解

如图 7-69 所示地面拼花的绘制方法。

视频 \ 第 7 章 \ 课堂举例 7-5.mp4

① 调用 RECTANG/REC 命令，绘制一个边长为 2500 的矩形，如图 7-70 所示。

图 7-69 地面拼花 　　图 7-70 绘制矩形

② 调用 OFFSET/O 命令，将矩形向内偏移 150、460 和 40，如图 7-71 所示。

③ 调用 LINE/L 命令，绘制线段连接矩形的对角线，如图 7-72 所示。

④ 调用 LINE/L 命令和 OFFSET/O 命令，绘制线段，如图 7-73 所示。

图 7-71 偏移矩形 　　图 7-72 绘制对角线

⑤ 调用 OFFSET/O 命令，将多段线向内偏移 40，如图 7-74 所示。

⑥ 调用 TRIM/TR 命令，对多余的线段进行修剪，然后对线段进行调整，如图 7-75 所示。

图 7-73 绘制多段线 　　图 7-74 偏移多段线

⑦ 调 用 COPY/CO 命 令、ROTATE/RO 命 令，对多段线进行复制和旋转，并对多余的线段进行修剪，如图 7-76 所示。

图 7-75 修剪调整线段　图 7-76 复制和旋转多
段线

⑧ 调用 CIRCLE/C 命令，以矩形的中点为圆心，
绘制半径为 300 和 340 的圆，如图 7-77 所示。

⑨ 调用 LINE/L 命令，绘制线段，如图 7-78 所示。

图 7-77 绘制圆　　　图 7-78 绘制线段

⑩ 调用 TRIM/TR 命令，对线段进行修剪，效
果如图 7-79 所示，完成地面拼花的绘制。

图 7-79 修剪线段

7.1.6　绘制会议桌

　　会议桌通常用于办公空间的会议室内，其
类型有方形、长形、圆形和椭圆形等。本例介
绍如图 7-80 所示椭圆形会议桌的绘制方法。

图 7-80 会议桌

课堂举例 7-6：　　绘制会议桌

▶ 视频＼第 7 章＼课堂举例 7-6.mp4

① 调用 ELLIPSE/EL 命令，绘制长轴长度为
6900，半轴长度为 3900 的椭圆，如图 7-81 所示。

② 调用 OFFSET/O 命令，将椭圆向外偏移 40、
470 和 40，如图 7-82 所示。

③ 调用 LINE/L 命令，绘制线段，如图 7-83 所示。

图 7-81 绘制椭圆　　　图 7-82 偏移椭圆

④ 调用 OFFSET/O 命令，将线段向内偏移，
偏移距离为 30，然后对线段进行调整，如
图 7-84 所示。

⑤ 调用 MIRROR/MI 命令，对线段进行镜像，
如图 7-85 所示。

图 7-83 绘制线段　　　图 7-84 偏移线段

⑥ 调用 TRIM/TR 命令，对线段和椭圆进行修
剪，如图 7-86 所示。

⑦ 从图库中插入办公椅图块，如图 7-87 所示。

图 7-85 镜像线段　　　图 7-86 修剪椭圆和线段

⑧ 调用 ARRAY/AR 命令，对办公椅进行路径
阵列，选择外围椭圆作为路径曲线，设置项
目为 13，距离为 650，效果如图 7-88 所示。

⑨ 调用 MIRROR/MI 命令，对办公椅进行镜像，
完成会议桌的绘制。

图 7-87 插入图块　　　图 7-88 路径阵列

7.2 家具立面图绘制

本节通过介绍各种家具和电器立面图例的绘制方法，使读者可以熟练了解这些家具的立面结构，并掌握其绘制方法。

7.2.1 绘制冰箱

冰箱是家居常备电器，一般摆放在厨房或餐厅墙角位置。本例介绍如图 7-89 所示双开门冰箱的绘制方法。

课堂举例 7-7： 绘制冰箱

▶ 视频 \ 第 7 章 \ 课堂举例 7-7.mp4

01 调用 RECTANG/REC 命令，绘制一个尺寸为 1000×1650 的矩形，如图 7-90 所示。

02 调用 EXPLODE/X 命令，分解矩形。

03 调用 OFFSET/O 命令，向内偏移分解后的矩形线段，然后对线段进行调整，如图 7-91 所示。

图 7-89 冰箱　图 7-90 绘制　图 7-91 分解矩
　　　　　　　　 矩形　　　 形和偏移线段

04 调用 LINE/L 命令和 OFFSET/O 命令，绘制线段，如图 7-92 所示。

05 继续调用 LINE/L 命令和 OFFSET/O 命令，绘制线段，如图 7-93 所示。

06 绘制拉手。调用 RECTANG/REC 命令，绘制尺寸为 95×550 的矩形，如图 7-94 所示。

图 7-92 绘制线段　　　图 7-93 绘制线段

图 7-94 绘制矩形

07 调用 ARA/A 命令，绘制圆弧，如图 7-95 所示。

08 调用 MIRROR/MI 命令，对圆弧进行镜像，如图 7-96 所示。

图 7-95 绘制圆弧　　　图 7-96 镜像圆弧

09 调用 TRIM/TR 命令，修剪多余的线段，如图 7-97 所示。

10 调用 ELLIPSE/EL 命令，绘制椭圆表示商标，如图 7-98 所示，完成冰箱的绘制。

图 7-97 修剪线段　　　图 7-98 绘制椭圆

7.2.2 绘制中式木格窗

中式木格窗以木质为主，讲究雕刻彩绘，造型典雅，多采用酸枝木或大叶檀等高档硬木，本实例介绍如图 7-99 所示中式木格窗图例的绘制方法。

图 7-99 中式木格窗

▶ 视频 \ 第 7 章 \ 课堂举例 7-8.mp4

01 调用 RECTANG/REC 命令，绘制一个尺寸为 2000×1400 的矩形，如图 7-100 所示。

02 调用 CHAMFER/CHA 命令，对矩形进行倒角，倒角距离全部设置为 350，效果如图 7-101 所示。

图 7-100　绘制矩形　　　图 7-101　创建倒角

03 调用 OFFSET/O 命令，将图形向内偏移 60 和 20，如图 7-102 所示。

04 调用 RECTANG/REC 命令，绘制尺寸为 615×1240 的矩形，如图 7-103 所示。

图 7-102　偏移线段　　　图 7-103　绘制矩形

05 调用 RECTANG/REC 命令，绘制尺寸为 455×920 的矩形，并移动到相应的位置，如图 7-104 所示。

06 调用 OFFSET/O 命令，将矩形向内偏移 90 和 20，如图 7-105 所示。

图 7-104　绘制矩形　　　图 7-105　偏移矩形

07 调用 LINE/L 命令和 OFFSET/O 命令，绘制线段，如图 7-106 所示。

08 调用 TRIM/TR 命令，对线段进行修剪，如图 7-107 所示。

图 7-106　绘制线段　　　图 7-107　修剪线段

09 调用 LINE/L 命令，捕捉中点绘制线段，如图 7-108 所示。

10 调用 CIRCLE/C 命令，以线段的交点为圆心绘制半径为 118 的圆，如图 7-109 所示。

图 7-108　绘制线段　　　图 7-109　绘制圆

11 调用 LINE/L 命令，捕捉圆象限点绘制线段，然后修剪多余的线段，如图 7-110 所示。

12 调用 OFFSET/O 命令，对线段和圆进行偏移，偏移距离为 20，如图 7-111 所示。

图 7-110　修剪线段　　　图 7-111　偏移圆和线段 -

13 调用 TRIM/TR 命令，对线段和圆进行修剪，如图 7-112 所示。

14 调用 MIRROR/MI 命令，镜像复制图形，然后对多余的线段进行修剪，效果如图 7-113 所示。

图 7-112　修剪线段和圆　　　图 7-113　镜像图形

15 调用 RECTANG/REC 命令和 OFFSET/O 命令，绘制图形，如图 7-114 所示。

16 调用 COPY/CO 命令，将图形复制到右侧，如图 7-115 所示。

图 7-114　绘制图形　　　图 7-115　复制图形

⑰ 从图库中插入雕花图块到木格窗内，效果如图 7-116 所示，完成中式木格窗的绘制。

图 7-116　插入图块

7.2.3　绘制饮水机

饮水机通常摆放在客厅或餐厅区域，下面讲解如图 7-117 所示饮水机的绘制方法。

课堂举例 7-9：　绘制饮水机

▶ 视频 \ 第 7 章 \ 课堂举例 7-9.mp4

① 调用 RECTANG/REC 命令，绘制一个尺寸为 325×40 的矩形，如图 7-118 所示。

图 7-117　饮水机　　　图 7-118　绘制矩形

② 调用 PLINE/PL 命令，绘制多段线，如图 7-119 所示。

③ 调用 PLINE/PL 命令和 COPY/CO 命令，绘制多段线，如图 7-120 所示。

图 7-119　绘制　　　图 7-120　绘制多段线
多段线

④ 调用 RECTANG/REC 命令，绘制尺寸为 280×572 的矩形，并移动到相应的位置，如图 7-121 所示。

⑤ 调用 RECTANG/REC 命令，绘制尺寸为 245×485 的矩形，如图 7-122 所示。

⑥ 调用 PLINE/PL 命令，绘制多段线，如图 7-123 所示。

图 7-121　绘制　图 7-122　绘制　图 7-123　绘制
矩形　　　　　矩形　　　　　多段线

⑦ 调用 PLINE/PL 命令，绘制多段线，如图 7-124 所示。

⑧ 调用 OFFSET/O 命令，将多段线向内偏移 10，如图 7-125 所示。

⑨ 调用 RECTANG/REC 命令、PLINE/PL 命令和 COPY/CO 命令，绘制其他组件，如图 7-126 所示。

图 7-124　绘　图 7-125　偏移　图 7-126　绘制
制多段线　　　多段线　　　　组件

⑩ 调用 PLINE/PL 命令，绘制多段线，如图 7-127 所示。

⑪ 调用 RECTANG/REC 命令，绘制尺寸为
250×40 的矩形，如图 7-128 所示。
⑫ 调用 FILLET/F 命令，对矩形进行圆角，圆
角半径为 10，如图 7-129 所示。

7.2.4 绘制坐便器

坐便器一般用于主卫生间，其下水口与坐
便器的距离为半米以内。本例讲解如图 7-136
所示坐便器的绘制方法。

图 7-127 绘制　图 7-128 绘制　图 7-129 创建
　多段线　　　　矩形　　　　　圆角

⑬ 调用 COPY/CO 命令，将矩形向上复制，如
图 7-130 所示。
⑭ 调用 FILLET 命令，对矩形进行圆角，圆角
半径为 10，如图 7-131 所示。
⑮ 调用 PLINE/PL 命令，绘制多段线，如图
7-132 所示。

图 7-136 坐便器

课堂举例 7-10： 绘制坐便器

▶ 视频 \ 第 7 章 \ 课堂举例 7-10.mp4

① 调用 RECTANG/REC 命令，绘制一个尺寸
为 525×50 的矩形，如图 7-137 所示。
② 调用 COPY/CO 命令，将矩形向下复制，如
图 7-138 所示。

图 7-130 复制　图 7-131 圆角　图 7-132 绘制
　矩形　　　　　　　　　　　　　多段线

图 7-137 绘制矩形　　图 7-138 复制矩形

③ 调用 LINE/L 命令，绘制线段，如图 7-139
所示。
④ 调用 PLINE/PL 命令，绘制多段线，如图
7-140 所示。

⑯ 调用 LINE/L 命令，绘制线段，如图 7-133
所示。
⑰ 调用 TRIM/TR 命令，对线段相交的位置进
行修剪，如图 7-134 所示。
⑱ 调用 FILLET/F 命令，对多段线进行圆角，
如图 7-135 所示，完成饮水机的绘制。

图 7-139 绘制线段　　图 7-140 绘制多段线

⑤ 调用 LINE/L 命令，绘制辅助线，如图 7-141
所示。
⑥ 调用 CIRCLE/C 命令，以辅助线的交点为圆
心绘制半径为 280 的圆，然后删除辅助线，
如图 7-142 所示。

图 7-133 绘制　图 7-134 修剪　图 7-135 圆角
　线段　　　　　线段

图 7-141 绘制辅助线　　图 7-142 绘制圆

07 调用 TRIM/TR 命令，对圆进行修剪，如图 7-143 所示。

08 调用 RECTANG/REC 命令，绘制尺寸为 300×25 的矩形，如图 7-144 所示。

图 7-143 修剪圆　　　图 7-144 绘制矩形

09 调用 RECTANG/REC 命令，绘制尺寸为 200×25 的矩形，如图 7-145 所示。

10 调用 LINE/L 命令、OFFSET/O 命令和 MIRROR/ MI 命令，绘制线段，如图 7-146 所示，完成座便器的绘制。

图 7-145 绘制矩形　　图 7-146 绘制线段

7.2.5 绘制台灯

台灯通常放置在卧室的床头柜上，或者是书房中，用来辅助照明或装饰空间，以烘托气氛。本例介绍如图 7-147 所示台灯的绘制方法。

图 7-147 台灯

课堂举例 7-11：　　绘制台灯

▶ 视频 \ 第 7 章 \ 课堂举例 7-11.mp4

01 绘制灯罩。调用 CIRCLE/C 命令，绘制半径为 200 的圆，如图 7-148 所示。

02 调用 LINE/L 命令，捕捉圆象限点绘制过圆心线段，如图 7-149 所示。

图 7-148 绘制圆　　图 7-149 绘制线段

03 调用 TRIM/TR 命令，修剪得到半圆，如图 7-150 所示。

04 调用 CIRCLE/C 命令，以线段的端点为圆心绘制半径为 7 的圆，如图 7-151 所示。

图 7-150 修剪圆　　　图 7-151 绘制圆

05 调用 COPY/CO 命令，对圆进行复制，如图 7-152 所示。

06 删除半圆下的水平线段，如图 7-153 所示。

图 7-152 复制圆　　　图 7-153 删除线段

07 调用 LINE/L 命令和 OFFSET/O 命令，绘制辅助线，如图 7-154 所示。

08 调用 CIRCLE/C 命令，以辅助线的交点为圆心，绘制半径为 65 的圆，然后删除辅助线，如图 7-155 所示。

图 7-154 绘制辅助线　　图 7-155 绘制圆

09 调用 TRIM/TR 命令，对圆进行修剪，如图 7-156 所示。

10 调用 LINE/L 命令，绘制线段，如图 7-157 所示。

图 7-156　修剪圆　　　图 7-157　绘制线段

⑪ 调用 COPY/CO 命令，复制圆弧，如图 7-158 所示。

⑫ 调用 ARC/A 命令和 MIRROR/MI 命令，绘制圆弧，如图 7-159 所示。

图 7-158　复制圆弧　　　图 7-159　绘制圆弧

⑬ 调用 ELLIPSE/EL 命令，绘制椭圆，如图 7-160 所示。

⑭ 调用 TRIM/TR 命令，对椭圆进行修剪，如图 7-161 所示。

图 7-160　绘制椭圆　　　图 7-161　修剪椭圆

⑮ 绘制灯柱。调用 RECTANG/REC 命令，绘制一个尺寸为 190×20、圆角半径为 10 的圆角矩形，如图 7-162 所示。

⑯ 调用 RECTANG/REC 命令，绘制尺寸为 135×17、圆角半径为 8 的圆角矩形，如图 7-163 所示。

图 7-162　绘制圆角矩形　图 7-163　绘制圆角矩形

⑰ 使用同样的方法绘制圆角矩形，如图 7-164 所示。

⑱ 调用 LINE/L 命令，绘制线段，如图 7-165 所示，完成台灯的绘制。

图 7-164　绘制圆角矩形　图 7-165　绘制线段

7.2.6　绘制铁艺栏杆

栏杆主要起保护作用。铁艺栏杆在艺术造型上、图案纹理上，都带有西方造型艺术风格的烙印。本例讲解如图 7-166 所示铁艺栏杆的绘制方法。

图 7-166　铁艺栏杆

课堂举例 7-12： 绘制铁艺栏杆

▶ 视频 \ 第 7 章 \ 课堂举例 7-12.mp4

① 调用 RECTANG/REC 命令，绘制一个尺寸为 11×350 的矩形，如图 7-167 所示。

② 调用 PLINE/PL 命令，绘制多段线，如图 7-168 所示。

③ 调用 RECTANG/REC 命令，绘制尺寸为 15×10、圆角半径为 6 的圆角矩形，如图 7-169 所示。

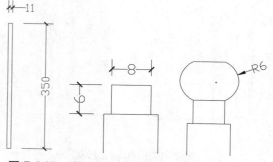

图 7-167　　图 7-168　绘制多　图 7-169　绘制圆
绘制矩形　　　段线　　　　角矩形

04 调用 COPY/CO 命令，将图形复制到右侧，如图 7-170 所示。

05 调用 RECTANG/REC 命令，在图形的下方绘制尺寸为 1022×11 的矩形，如图 7-171 所示。

图 7-170 复制图形

图 7-171 绘制矩形

06 调用 COPY/CO 命令和 STRETCH/S 命令，绘制其他两根栏杆，如图 7-172 所示。

07 调用 PLINE/PL 命令，绘制多段线，如图 7-173 所示。

图 7-172 绘制栏杆

图 7-173 绘制多段线

08 调用 PLINE/PL 命令，绘制多段线，如图 7-174 所示。

09 调用 RECTANG/REC 命令，绘制尺寸为 6×1.5 的矩形，如图 7-175 所示。

10 调用 LINE/L 命令，绘制辅助作用的垂直线段，如图 7-176 所示。

图 7-174 绘制　图 7-175 绘制　图 7-176 绘制辅助线
多段线　　　　矩形

11 调用 CIRCLE/C 命令，捕捉辅助线的上端点作为圆心，绘制半径为 5 的圆，如图 7-177 所示。

12 调用 TRIM/TR 和 ERASE/E 命令，修剪和删除掉多余的线段，如图 7-178 所示。

图 7-177 绘制圆　　　　图 7-178 修剪线段

13 调用 COPY 命令，将图形向右复制，如图 7-179 所示。

图 7-179 复制图形

14 调用 MOVE/M 命令，对图形进行上下移动，并使用夹点功能调整线段，使其效果如图 7-180 所示。

图 7-180 移动并调整图形

⑮ 调用 LINE/L 命令和 OFFSET/O 命令，绘制线段，如图 7-181 所示。

⑯ 调用 TRIM/TR 命令，对线段相交的位置进行修剪，如图 7-182 所示。

图 7-181 绘制线段

图 7-182 修剪线段

⑰ 调用 LINE/L 命令和 OFFSET/O 命令，绘制线段，如图 7-183 所示。

⑱ 调用 RECTANG/REC 命令，绘制尺寸为 45×412 的矩形，如图 7-184 所示。

图 7-183 绘制线段

图 7-184 绘制矩形

⑲ 调用 MIRROR/MI 命令，将矩形和线段镜像到右侧，如图 7-185 所示。

⑳ 从图库中插入雕花图案，然后对线段与图案相交的位置进行修剪，效果如图 7-186 所示，完成铁艺栏杆的绘制。

图 7-185 镜像矩形和线段

图 7-186 插入图块

第8章 小户型室内设计

本章导读

　　小户型的产生和发展是与城市人口结构和状态的变化息息相关的，刚成家的年轻人房型多以小户型为主，小户型的定义是每套建筑面积在 35m² 左右。如何巧妙地在有限空间中创造最大的使用功能是人们追求的设计理念。本章以小户型为例，介绍小户型的设计知识以及施工图的绘制方法。

本章重点

➢ 小户型设计概论
➢ 调用样板新建文件
➢ 绘制小户型原始户型图
➢ 绘制小户型平面布置图
➢ 绘制小户型地材图
➢ 绘制小户型顶棚图
➢ 绘制小户型立面图

8.1 小户型设计概论

小户型设计主要以使用功能为主，在满足生活需要的基础上合理划分区域，尽量在有限的空间里安排出更多的使用空间。

8.1.1 小户型空间布置技巧

1. 色调：浅中色延伸空间

一般可选择浅色调、中间色作为家具及床罩、沙发和窗帘的基调。这些色彩因有扩散和后退性，能延伸空间，让空间看起来更大，使居室能给人以清新开朗、明亮宽敞的感受。

当整个空间有很多相对不同的色调安排时，房间的视觉效果将大大提高。但在同一空间内最好不要过多地采用不同的材质及色彩，以柔和亮丽的色彩为主调，如图 8-1 所示。

2. 家具：造型小巧妙布置

家具是居室布置的基本要素，可以利用空间的死角，摆放造型简单、质感轻、小巧的家具，尤其是可随意组合、拆装和收纳的家具，比较适合小户型。或选用占地面积小、比较高的家具，既可容纳大量物品，又不浪费空间，如图 8-2 所示。

图 8-1 小户型色调设计

图 8-2 小户型家具布置

如房间狭小，又希望拥有自己独立的空间，那么可以在居室中采用隔屏、滑轨拉门或采用可移动家具来取代原有隔断墙，如图 8-3 所示。

3. 空间分割：细化分工

小户型居室，对于性质类似的活动空间可进行统一布置，对性质不同或相反的活动空间进行分离。如会客区、用餐区等都是人比较多、热闹的活动区，可以布置在同一空间，如客厅内；而睡眠、学习则需要相对安静，可纳入统一空间。因此，会客、进餐与睡眠、学习就应该在空间上有硬性或软性的分隔，如图 8-4 所示。

图 8-3 使用隔屏　　图 8-4 软性分隔空间

8.1.2 小户型设计注意事项

1. 不够周全的强弱电布置

小户型年轻人居住较多，对网络需求较高，所以在前期设计时需要充分考虑各种使用需求，避免后期家具和格局变动后造成接口不足。

2. 复杂的天花吊顶

小户型的居室大多较矮，所以天花吊顶应选用较薄、造型小的吊顶装饰，或者不做吊顶。如果吊顶形状太规则，会使天花的空间区域感太强，可以考虑做异形吊顶、木质、铝制或格栅吊顶。

3. 划分区域的地面装饰

地面的颜色应统一成明度较强而纯度较低的色系，略重于家具的颜色，才不会产生头重脚轻的感觉。也可以使用一些马赛克、鹅卵石做一点带有导向性的波打线，打破沉闷的视觉效果。

4. 单调的布光

由于顶棚的造型简单，区域感不强。小空间的布光应有主有次，主灯应大气明亮，以造型简洁的吸顶灯为主，辅之以台灯、壁灯和射灯等加以补充。要强调灯具的功能性和层次感，不同的光源效果交叉使用，主体突出，功能明确。

5．镜子的盲目运用

镜子因对参照物的反射作用在狭小的空间中被广泛运用，使空间在视觉上有扩大的感觉。但过多会让人产生晕眩，没有安全感，要选择合适的位置进行点缀运用，比如在视觉的死角或光线暗角，以块状或条状布置为宜。

6．过多占用空间的电器

小户型在选购电器时需进行合理的规划，如冰箱，小户型应根据厨房的结构与面积进行科学选择，不能图大图宽，应尽量选用横向适中高度可延的款式，这样不但节省了地面有限的使用面积，还不影响食物的储藏。电视可以选择体薄质轻，能够壁挂的产品，尽量减少电视柜占用空间。音响设备尽量在墙面与顶面安装，即可获得非常好的音效，又不会让面积紧张的地面更加繁杂琐碎。

8.2 调用样板新建文件

本书第 6 章创建了室内装潢施工图样板，该样板已经设置了相应的图形单位、样式、图层和图块等，原始户型图可以直接在此样板的基础上进行绘制。

课堂举例 8-1：　调用样板新建文件

▶ 视频 \ 第 8 章 \ 课堂举例 8-1.mp4

01 启动 AutoCAD 2018 软件，单击【新建】按钮，打开"选择样板"对话框，如图 8-5 所示。

图 8-5 "选择样板"对话框

02 选择"室内装潢施工图模板"，单击【打开】按钮，以样板创建图形，新图形中包含了样板中创建的图层、样式和图块等内容。

03 单击【保存】按钮，打开"图形另存为"对话框，在"文件名"框中输入文件名，单击【保存】按钮保存图形。

8.3 绘制小户型原始户型图

原始户型图由墙体、预留门洞、窗、柱子和尺寸标注等图形元素组成。墙体是原始户型图的主体，同时也是住宅各功能空间划分的主要依据。在绘制原始户型图时，一般先绘制墙体图形，之后再绘制门、窗等固定设施，如图 8-6 所示为绘制完成的小户型原始户型图。

图 8-6 原始户型图

8.3.1 绘制墙体

小户型墙体结构较为简单，这里直接使用【矩形】、【直线】和【偏移】命令绘制。

课堂举例 8-2：　绘制小户型墙体

▶ 视频 \ 第 8 章 \ 课堂举例 8-2.mp4

01 设置"QT_墙体"图层为当前图层。

02 绘制外墙。通常房屋的外墙宽度为 240。调用 RECTANG/REC 命令，绘制一个尺寸为 10150×3700 的矩形，如图 8-7 所示。

03 调用 OFFSET/O 命令，将矩形向外偏移 240，如图 8-8 所示。

图 8-7 绘制矩形

图 8-8　偏移矩形

④ 绘制内墙。调用 PLINE/PL 命令，在距离左侧内墙线 1980 的位置绘制多段线，如图 8-9 所示。

⑤ 调用 OFFSET/O 命令，将多段线向外偏移 120，得到内墙线，如图 8-10 所示。

图 8-9　绘制多段线　　　图 8-10　偏移多段线

8.3.2　修剪墙体

初步绘制的墙体还需要经过修剪才能得到理想的效果。

> 课堂举例 8-3：　修剪小户型墙体

视频 \ 第 8 章 \ 课堂举例 8-3.mp4

① 单击【标准】工具栏中【窗口缩放】按钮，放大显示小户型左下角墙体区域。

② 调用 TRIM/TR 命令，修剪多余的墙体线，如图 8-11 所示。

图 8-11　修剪墙体

8.3.3　尺寸标注

此处所标注的是房间内空，即墙体内部之间的尺寸，这也是目前室内装潢设计最常用的标注方式。标注内空尺寸可以更直观地了解房间大小，方便设计师进行室内布置和设计。

> 课堂举例 8-4：　标注墙体尺寸

视频 \ 第 8 章 \ 课堂举例 8-4.mp4

① 在"样式"工具栏中选择"室内标注样式"为当前标注样式，如图 8-12 所示。

图 8-12　设置当前标注样式

② 在状态栏右侧设置当前注释比例为 1:100，设置"BZ_ 标注"图层为当前图层，如图 8-13 所示。

图 8-13　设置注释比例

③ 调用 RECTANG/REC 命令，绘制一个比户型图形稍大的矩形作为尺寸标注辅助图形，如图 8-14 所示。

④ 调用 DIMLINEAR/DLI【线性标注】命令，进行尺寸标注，结果如图 8-15 所示。

图 8-14　绘制矩形　　　图 8-15　标注尺寸

⑤ 使用同样的方法标注其他尺寸，标注后删除前面绘制的辅助矩形，结果如图 8-16 所示。

图 8-16　尺寸标注

8.3.4　绘制墙柱

墙柱作为建筑的承重支撑结构，是室内设计的重要参考，需要在户型图中清晰地表达出来。

课堂举例 8-5： 绘制墙柱

▶ 视频 \ 第 8 章 \ 课堂举例 8-5.mp4

① 建立图层。建立新图层,命名为"ZZ_ 柱子",设置图层颜色为灰色,并设置为当前图层。

② 绘制柱子。调用 RECTANG/REC 命令, 在任意位置绘制一个边长为 700 的矩形,如图 8-17 所示。

③ 填充图案。调用 HATCH/H 命令,在弹出的"图案填充创建"面板中,选择"SOLID"图案,如图 8-18 所示;在矩形内部单击,最后按 Enter 键完成填充,如图 8-19 所示。

图 8-17　　图 8-18 设置填充参　图 8-19 填
绘制矩形　　　　数　　　　充结果

④ 调用 MOVE/M 命令,捕捉墙柱矩形左上角端点作为移动基点,如图 8-20 所示,将柱子移动到墙体位置,如图 8-21 所示。

⑤ 调用 COPY/CO 命令,将柱子复制到其他位置,如图 8-22 所示。

图 8-20 拾取端点　　　图 8-21 移动柱子

图 8-22 复制柱子

8.3.5　绘制门窗

　　毛坯房一般都预留了门洞,所以在绘制原始户型图的时候需要将这些门洞的位置和大小准确的表达出来。

课堂举例 8-6： 绘制小户型门窗

▶ 视频 \ 第 8 章 \ 课堂举例 8-6.mp4

① 开门洞和窗洞。设置"QT_ 墙体"图层为当前图层。

② 调用 EXPLODE/X 命令,分解墙体。

③ 调用 OFFSET/O 命令,向下偏移如图 8-23 箭头所示墙体,偏移距离为 620 和 900。

④ 使用夹点功能,分别延长线段至另一侧墙体,如图 8-24 所示。

图 8-23　偏移　图 8-24　延长　图 8-25　修剪
　　　线段　　　　线段　　　　门洞

⑤ 调用 TRIM/TR 命令,修剪出门洞,如图 8-25 所示。

⑥ 使用同样的方法,绘制其他门洞和窗洞,如图 8-26 所示。

图 8-26　开门洞和窗洞

⑦ 绘制门。下面以入口处的门为例,介绍门图块的调用方法。调用 INSERT/I 命令,打开"插入"对话框,在"名称"栏中选择"门(1000)"图块,设置"X"轴方向的缩放比例为 0.9(门宽为 900),旋转角度为 90,如图 8-27 所示。

⑧ 单击【确定】按钮关闭对话框,将门图块定位在如图 8-28 所示位置,门绘制完成。

图 8-27　"插入"对话框　　　图 8-28
　　　　　　　　　　　　　　　插入门图块

⑨ 绘制窗。下面以绘制平开窗为例介绍"窗

（1000）"图块的调用方法。由于尺寸不符，在插入"窗（1000）"图块时，需要对缩放比例进行调整，在创建绘图样板时绘制的"窗（1000）"图块尺寸如图 8-29 所示。

⑩ 设置"C_ 窗"图层为当前图层。

⑪ 调用 INSERT/I 命令，打开"插入"对话框，在"插入"对话框的"名称"列表中选择"窗（1000）"图块。

⑫ 设置"X"轴的缩放比例为 3.5，"角度"设置为 90。

⑬ 单击【确定】按钮关闭对话框，将窗图块定位到如图 8-30 所示位置。

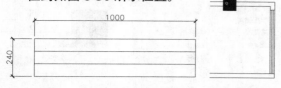

图 8-29 平开窗尺寸　　图 8-30 插
入窗图块

8.3.6 绘制图名和管道

课堂举例 8-7： 绘制图名和管道图形

▶ 视频 \ 第 8 章 \ 课堂举例 8-7.mp4

① 绘制管道。调用 RECTANG/REC 命令、OFFSET/O 命令和 LINE/L 命令，绘制管道。

② 绘制图名。调用 INSERT/I 命令，插入"图名"图块，设置"图名"为"原始户型图"，设置"比例"为"1:100"，原始户型图绘制完成。

8.4 绘制小户型平面布置图

平面布置图是室内装饰施工图的关键性图，它是在原始户型图的基础上，根据业主的要求和设计师的设计意图，对室内空间进行详细的功能划分和室内设置定位。如图 8-31 所示为小户型平面布置图。

图 8-31 平面布置图

8.4.1 功能空间划分

空间功能的划分，是绘制平面布置图的第一步，它实际上是根据室内空间的使用要求对子空间进行分割和调整，这种分割既要赋予艺术想象，又要科学合理。

本例小户型将客厅和卧室布置在同一空间，厨房和餐厅布置在房间的右侧，具体布局如图 8-32 所示。

划分各空间功能后，需要为房间注上文字说明，即房间名称。下面以"卫生间"为例，介绍说明文字的标注方法。

课堂举例 8-8： 标注小户型空间类型

▶ 视频 \ 第 8 章 \ 课堂举例 8-8.mp4

① 设置"ZS_ 注释"图层为当前图层，设置当前注释比例为 1:100。

② 调用 MTEXT/MT/T 命令，对房间进行文字标注，如图 8-33 所示。

图 8-32 空间功能划分　　图 8-33 客厅和
卧室平面布置图

⚙ 提示

在大多数情况下，建筑设计师在建筑规划阶段就已经确定好了各空间的基本用途，如客厅、卧室、厨房和卫生间的位置及它们的连接方式，并设置好了相关水电设备，室内设计师只需要在该布局的基础上，进行细微的调整即可。

8.4.2 绘制客厅和卧室平面布置图

如图 8-34 所示为客厅和卧室平面布置图，下面讲解其绘制方法。

图 8-34 绘制矩形

课堂举例 8-9： 绘制客厅和卧室平面布置图

▶ 视频\第8章\课堂举例 8-9.mp4

① 绘制鞋柜。调用 RECTANG/REC 命令，在距离柱子 340 的位置，绘制尺寸为 850×300 的矩形表示鞋柜，如图 8-35 所示。

② 调用 LINE/L 命令，在矩形中绘制一条直线，表示鞋柜是不到顶的，如图 8-36 所示。

图 8-35 绘制矩形 　　图 8-36 绘制线段

 提示

在装修中，可以订做鞋柜或直接购买鞋柜。鞋柜可根据实际情况来设定内部搁板，深度在 350 左右，家居生活中，常用木质鞋柜。如图 8-37 所示为不同类型鞋柜的效果。

图 8-37 鞋柜效果

③ 绘制装饰柱。本例装饰柱采用的材质是玻璃，调用 PLINE/PL 命令，绘制如图 8-38 所示多段线。

图 8-38 绘制多段线

 提示

装饰柱是在原有柱子的外表添加装饰，使其更加美观，如图 8-39 所示为装饰柱效果。

图 8-39 装饰柱效果

④ 调用 HATCH/H 命令，再在命令行中输入 T 命令，弹出【图案填充和渐变色】对话框，在对话框中设置参数，在段线内填充"ANSI31"图案，如图 8-40 所示。

图 8-40 填充参数和效果

⑤ 使用同样的方法绘制右侧装饰柱，效果如图 8-41 所示。

⑥ 绘制搁板。调用 PLINE/PL 命令，绘制搁板，效果如图 8-42 所示。

图 8-41 绘制装饰柱 　　图 8-42 绘制搁板

 提示

搁板常用来放置照片、书籍或小型装饰品，常用材质有木质或铁艺，如图 8-43 所示为搁板效果。

图 8-43 搁板效果

⓻ 绘制电视柜。调用 PLINE/PL 命令，绘制如图 8-44 所示多段线，表示电视柜。

图 8-44 绘制电视柜

⚙ 提示

电视柜有地柜式、组合式和板架结构几种类型。常用材质有钢木结构、玻璃、钢管及板式。随着时代的发展，越来越多的新材料新工艺用在了电视柜的造型设计上，体现出电视柜在家具装饰和实用上的重要性。如图 8-45、图 8-46 和图 8-47 所示为电视柜效果。

图 8-45 地柜式

图 8-46 组合式

图 8-47 板式结构

⓼ 绘制玻璃隔墙。调用 PLINE/PL 命令，绘制如图 8-48 所示多段线。

图 8-48 绘制多段线

⓽ 调用 OFFSET/O 命令，将多段线向外偏移 120，如图 8-49 所示。

⓾ 调用 PLINE/PL 命令，在隔墙内绘制如图 8-50 所示图形。

图 8-49 偏移多段线　　图 8-50 绘制隔墙

⚙ 提示

隔墙是指不起承重作用，只用来分隔房间和空间的墙体。对于不同功能的房间隔墙有不同的要求，如厨房的隔墙应具有耐火性能；卫生间的隔墙应具有防潮能力。本例卫生间与客厅之间的隔墙采用的材质是玻璃，中间夹镂空雕花墙体，既美观又实用。如图 8-51 所示为隔墙效果。

图 8-51 隔墙效果

⓫ 绘制弧形墙隔断。绘制辅助线。调用 OFFSET/O 命令，偏移如图 8-52 箭头所示线段。

图 8-52　绘制辅助线

 提示

室内隔断是分割空间的重要构件，是非承重墙体的一种。常用隔断材料有百叶帘、玻璃、石膏板和珠帘等。本例客厅和卧室布置在同一空间，采用弧形帘子进行隔断，增强了卧室的私密性，如图 8-53 所示。

图 8-53　隔断效果图

⑫ 调用 CIRCLE/C 命令，以辅助线的交点为圆心，绘制半径为 1965 的圆，如图 8-54 所示。

⑬ 使用同样的方法，绘制同类型的圆，结果如图 8-55 所示。

图 8-54　绘制圆

图 8-55　绘制圆

⑭ 调用 TRIM/TR 命令，对圆进行修剪，如图 8-56 所示。

⑮ 由于卧室处的弧形造型表示的是帘子，可以使用虚线表示，效果如图 8-57 所示。

图 8-56　修剪圆

图 8-57　设置虚线

⑯ 调用 PLINE/PL 命令，绘制多段线，如图 8-58 所示。

⑰ 调用 MIRROR/MI 命令，通过镜像得到另一侧相同造型，如图 8-59 所示。

图 8-58　绘制多段线　　图 8-59　镜像结果

⑱ 调用 HATCH/H 命令，再在命令行中输入
T 命令，弹出【图案填充和渐变色】对话
框，在对话框中设置参数，在弧形墙内填充
"ANSI31"图案，表示造型墙剖面，如图 8-60
所示。

⑲ 插入图块。客厅和卧室中的床、电视、沙发、
茶几和植物等图形，可以从本书配套资源中
的"第 8 章\家具图例.dwg"文件中直接
调用，完成后的效果如图 8-33 所示。

图 8-60 填充参数和效果

8.4.3 绘制卫生间平面布置图

本例卫生间设计采用的是干湿分区，用推
拉门进行隔断。如图 8-61 所示为卫生间效果图。

如图 8-62 所示为卫生间平面布置图，下面
讲解绘制方法。

图 8-61 洗手间效果

图 8-62 卫生间平面布置图

① 绘制洗手台面。调用 PLINE/PL 命令，绘制
洗手台面，如图 8-63 所示。

② 绘制推拉门。调用 LINE/L 命令，绘制门槛线，
如图 8-64 所示。

图 8-63 绘制洗手台面　　图 8-64 绘制门槛线

③ 调用 RECTANG/REC 命令，绘制尺寸为
35×990 的矩形，如图 8-65 所示。

④ 调用 MIRROR/MI 命令，对矩形进行镜像，
得到推拉门，如图 8-66 所示。

⑤ 插入图块。卫生间中需要的花洒、洗手盆和
坐便器图块可以从本书配套资源中的"第 8
章\家具图例.dwg"文件中直接调用，并
调用 TRIM/TR 命令，对插入的图块和绘制
的图形相交的位置进行修剪，完成后的效果
如图 8-62 所示。

图 8-65 绘制矩形　　图 8-66 镜像矩形

8.5 绘制小户型地材图

地材图是用来表示地面做法的图样，包括
地面铺设材料和形式（如分格和图案等），地材
图形成方法与平面布置图相同，不同的是不需
要绘制家具，只需绘制地面所使用的材料和固
定于地面设备与设施图形。

如图 8-67 所示为本例小户型地材图，下面
讲解绘制方法。

地材图 1：100

图 8-67 地材图

课堂举例 8-11： 绘制小户型地材图

▶ 视频 \ 第 8 章 \ 课堂举例 8-11.mp4

01 复制图形。调用 COPY/CO 命令，复制小户型平面布置图，并删除与地材图无关的图形，如图 8-68 所示。

图 8-68 整理图形

02 绘制门槛线。设置"DM_ 地面"图层为当前图层。

03 调用 LINE/L 命令，在门洞处绘制门槛线，以方便进行填充操作，如图 8-69 所示。

图 8-69 绘制门槛线

04 调用 RECTANG/REC 命令，绘制矩形框住文字，如图 8-70 所示，矩形内的区域不予填充。

图 8-70 绘制矩形

05 绘制地面图例。调用 HATCH/H 命令，再在命令行中输入 T 命令，弹出【图案填充和渐变色】对话框，在对话框中设置参数，对除卫生间外的区域填充"用户定义"图案，如图 8-71 所示。

图 8-71 填充地面效果

06 调用 HATCH/H 命令，再在命令行中输入 T 命令，弹出【图案填充和渐变色】对话框，在对话框中设置参数，对餐厅和厨房区域填充"AR-SAND"图案，如图 8-72 所示。

图 8-72 填充参数和效果

07 绘制卫生间地面。卫生间地面使用的材质是马赛克和防滑砖，调用 HATCH/H 命令，对淋浴区填充"用户定义"图案，效果如图 8-73 所示，间距为 100。对其他区域填充 ANGLE 图案 ，效果如图 8-74 所示。

08 填充后删除前面绘制的矩形。

图 8-73 填充淋浴区　图 8-74 填充其他区域
　　　　　地面　　　　　　　　地面

09 文字说明。调用 MLEADER/MLD 命令，对

地面材料进行名称标注，效果如图 8-75 所示，小户型地材图绘制完成。

图 8-75 文字注释

8.6 绘制小户型顶棚图

顶棚图是用来表达室内顶棚造型、灯具及相关电气布置的顶面水平镜像投影图。本节将讲解如何绘制顶面造型、灯具布置、文字尺寸标注和符号标注等内容。

如图 8-76 所示为本例小户型顶棚图，下面讲解绘制方法。

顶棚图　1:100

图 8-76 顶棚图

8.6.1 绘制客厅和卧室顶棚图

如图 8-77 所示为客厅和卧室顶棚图，主要是以圆弧造型为主。

图 8-77 客厅和卧室顶棚图

课堂举例 8-12： 绘制客厅和卧室顶棚图

▶ 视频 \ 第 8 章 \ 课堂举例 8-12.mp4

01 复制图形。顶棚图可以在平面布置图的基础上进行绘制，调用 COPY/CO 命令，复制小户型平面布置图，并删除与顶棚图无关的图形，效果如图 8-78 所示。

02 绘制墙体线。根据顶棚图的形成原理，水平剖切面在门的位置，顶棚图中门图形需要将门梁的内外边缘表示出来，门页和开启方向可以省略，调用 LINE 命令，绘制线段连接门洞，如图 8-79 所示。

图 8-78　整理图形

图 8-79　绘制墙体线

03 绘制吊顶造型。设置 "DD_ 吊顶" 图层为当前图层。

04 调用 OFFSET/O 命令，将圆弧向上分别偏移 120 和 80，如图 8-80 所示。

05 由于灯带位于灯槽内，在顶棚图中为不可见，选择灯带的轮廓线，在【默认】|【特性】面板，单击线型列表框，将偏移 120 后的圆弧设置为虚线，表示灯带，效果如图 8-81 所示。

图 8-80　偏移圆弧

图 8-81　设置线型

06 打断圆弧。下面讲解对右侧圆弧进行打断的方法，调用 BREAK/BR 命令，在右侧弧形墙顶点单击，如图 8-82 所示，圆弧被打断，效果如图 8-83 所示。

图 8-82　拾取打断点

图 8-83　打断结果

07 调用 OFFSET/O 命令，将圆弧向右分别偏移 150、170、220 和 300，并进行修剪，效果如图 8-84 所示。

08 并将偏移 300 后的圆弧设置为虚线，表示灯带，效果如图 8-85 所示。

图 8-84　偏移圆弧

图 8-85 设置线型

09 使用同样的方法得到同类型吊顶造型，效果如图 8-86 所示。

10 调用 OFFSET/O 命令，将圆弧向上偏移，效果如图 8-87 所示。

图 8-86 绘制圆弧吊顶造型

图 8-87 偏移圆弧

11 使用夹点功能，连接圆弧，效果如图 8-88 所示。

12 调用 ARC/A 命令和 OFFSET/O 命令，绘制左侧圆弧吊顶造型，效果如图 8-89 所示。

图 8-88 连接圆弧

图 8-89 绘制圆弧

13 调用 LINE/L 命令，绘制如图 8-90 所示线段。

14 绘制窗帘。在圆弧吊顶造型中设置了窗帘轨道，需要在轨道中绘制窗帘图形。

15 窗帘平面图形如图 8-91 所示，主要使用 PLINE/PL 命令绘制，命令行操作如下。

图 8-90 绘制线段

图 8-91 窗帘图形

命令 :PLINE ✓
// 调用【多段线】命令
指定起点 :
// 在任意位置拾取一点，确定多段线的起点
当前线宽为 0.0000
指定下一个点或 [圆弧 (A)/ 半宽 (H)/ 长度 (L)/ 放弃 (U) 宽度 (W)]:
/ 向右移动光标到 0° 极轴追踪线上，在适当位置拾取一点，确定多段线的第二点 /
指定下一个点或 [圆弧 (A)/ 半宽 (H)/ 长度 (L)/ 放弃 (U) 宽度 (W)]:AI // 选择 "圆弧 (A)" 选项
指定圆弧的端点或 [角度 (A)/ 圆心 (CE)/ 方向 (D)/ 半宽 (H)/ 直线 (L)/ 半径 (R)/ 第二个点 (S)/ 放弃 (U)/ 宽度 (W)]:A ✓
// 选择 "角度 (A)" 选项
指定包含角 :180 ✓
// 设置圆弧角度为 180°

指定圆弧的端点或 [圆心 (CE)/ 半径 (R)]:30 ✓

// 向右移动光标到 0° 极轴追踪线上, 输入 30, 并按回车键, 确定圆弧端点, 如图 8-92 所示

指定圆弧的端点或 [角度 (A)/ 圆心 (CE)/ 闭合 (CL)/ 方向 (D)/ 半宽 (H)/ 直线 (L)/ 半径 (R)/ 第二个点 (S)/ 放弃 (U)/ 宽度 (W)]:30 ✓

// 使光标在 0° 极轴追踪线上, 输入 30 并回车, 确定第二个圆弧端点

……

// 重复上述操作, 绘制出若干个圆弧, 如图 8-93 所示

图 8-92 确定圆弧端点

图 8-93 绘制圆弧

指定圆弧的端点或 [角度 (A)/ 圆心 (CE)/ 闭合 (CL)/ 方向 (D)/ 半宽 (H)/ 直线 (L)/ 半径 (R)/ 第二个点 (S)/ 放弃 (U)/ 宽度 (W)]:L ✓

// 选择 "直线 (L)" 选项

指定下一点或 [圆弧 (A)/ 闭合 (C)/ 半宽 (H)/ 长度 (L)/ 放弃 (U)/ 宽度 (W)]:

// 向右移动光标到 0° 极轴追踪线上, 在适当的位置拾取一点, 如图 8-94 所示

指定下一点或 [圆弧 (A)/ 闭合 (C)/ 半宽 (H)/ 长度 (L)/ 放弃 (U)/ 宽度 (W)]:W ✓

// 选择 "宽度 (W)" 选项

指定起点宽度 <0.0000>:20

指定端点宽度 <10.0000>:0.1

// 分别设置多段线起点宽为 20, 端点宽为 0.1

指定下一点或 [圆弧 (A)/ 闭合 (C)/ 半宽 (H)/ 长度 (L)/ 放弃 (U)/ 宽度 (W)]:

// 在适当的位置拾取一点, 完成窗帘绘制

指定下一点或 [圆弧 (A)/ 闭合 (C)/ 半宽 (H)/ 长度 (L)/ 放弃 (U)/ 宽度 (W)]: ✓

// 按空格键退出命令

⑯ 对绘制完后的窗帘图形进行旋转。调用 ROTATE/RO 命令, 命令行操作如下。

命令 : ROTATE ✓

// 调用【旋转】命令

UCS 当前的正角方向: ANGDIR= 逆时针 ANGBASE=0

找到 1 个

// 选择窗帘图形

指定基点 :

指定旋转角度, 或 [复制 (C)/ 参照 (R)] <52>: 52 ✓

// 捕捉窗帘的端点, 输入旋转角度 52°, 效果如图 8-95 所示

图 8-94 指定多段线端点

图 8-95 旋转窗帘

⑰ 调用 MOVE/M 命令, 将窗帘图形移动到窗帘轨道中, 如图 8-96 所示。

⑱ 调用 MIRROR/MI 命令, 对窗帘图形进行镜像, 得到另一侧的窗帘图形, 效果如图 8-97 所示。

图 8-96 移动窗帘

客厅

图 8-97 镜像窗帘

⑲ 标注标高。此时标出标高可以方便后面的相关操作，比如可以比较直观地分辨吊顶的层次关系。标注标高可以直接调用 INSERT/I 命令插入"标高"图块，如图 8-98 所示。

⑳ 使用同样的方法，对其他区域进行标注标高，效果如图 8-99 所示。

图 8-98　插入标高

图 8-99　标注其他区域标高

㉑ 布置灯具。打开配套资源提供的"第 8 章 \ 家具图例 .dwg"文件，将灯具图例复制到客厅和卧室顶棚图中，效果如图 8-100 所示。

图 8-100　复制灯具图例

㉒ 填充顶面。调用 HATCH/H 命令，再在命令行中输入 T 命令，弹出【图案填充和渐变色】对话框，在对话框中设置参数，对吊顶区域填充"ANSI32"图案，如图 8-101 所示。

图 8-101　填充吊顶区域

㉓ 文字说明。调用 MTEXT/MT 命令和 MLEADER/MLD 命令，标注顶面材料，效果如图 8-77 所示。

图 8-102　卫生间顶棚图

8.6.2　绘制卫生间顶棚图

卫生间顶棚为铝扣板吊顶，属于无造型顶面。由于没有造型，可以直接用图案表示顶面的材料和分格，并布置灯具、标注标高和文字说明，如图 8-102 所示。

课堂举例 8-13：　绘制卫生间顶棚图

▶ 视频 \ 第 8 章 \ 课堂举例 8-13.mp4

① 调用 LINE/L 命令，绘制如图 8-103 所示线段。

图 8-103　绘制线段

② 调用 HATCH/H 命令，再在命令行中输入 T 命令，弹出【图案填充和渐变色】对话框，在对话框中设置参数，对卫生间区域填充"用户定义"图案，如图 8-104 所示。

图 8-104　填充参数和效果

③ 调用 INSERT/I 命令，插入"标高"图块，效果如图 8-105 所示。

④ 从配套资源提供的"第 8 章\家具图例.dwg"文件，复制灯具图例图形到顶棚图中的相应位置，效果如图 8-106 所示。

⑤ 调用 MLEADER/MLD【多重引线】命令，标注顶面材料，完成卫生间顶棚图的绘制。

图 8-105　插入标高　　图 8-106　复制灯具图例

8.7　绘制小户型立面图

　　立面图所要表达的内容有四个面（左右墙、地面和顶面）所围合成的垂直界面的轮廓和轮廓里面的内容，包括正投影原理能够投影到画面上的所有构配件，如门、窗、隔断、窗帘、壁饰、灯具、家具、设备和陈设等。

8.7.1　绘制客厅和餐厅 B 立面图

　　客厅和餐厅 B 立面图如图 8-107 所示。需要表现的内容有装饰柱的做法、鞋柜、搁板、电视柜及橱柜的造型做法。

　　课堂举例 8-14：　绘制客厅和餐厅 B 立面图
　　▶ 视频\第 8 章\课堂举例 8-14.mp4

① 复制图形。调用 COPY/CO 命令，复制小户型平面布置图上客厅和餐厅 B 立面的平面部分。

② 绘制立面基本轮廓。设置"LM_立面"图层为当前图层。

③ 调用 LINE/L 命令，绘制 B 立面左、右侧墙体和地面轮廓线，如图 8-108 所示。

客厅和餐厅B立面图　1:50

图 8-107　客厅和餐厅 B 立面图

图 8-108　绘制墙体和地面轮廓线

④ 根据顶棚图客厅和餐厅的标高，调用 OFFSET/O 命令，向上偏移地面的轮廓线，偏移高度为 3250，如图 8-109 所示。

⑤ 调用 TRIM/TR 命令，修剪多余线段，并将立面轮廓转换至"QT_墙体"图层，如图 8-110 所示。

图 8-109　偏移地面轮廓线

图 8-110　修剪线段

06 绘制装饰柱。调用 OFFSET/O 命令，偏移左侧墙体线，偏移距离为 20、660 和 20，并将偏移后的线段转换至"LM_ 立面"图层，如图 8-111 所示。

07 调用 LINE/L 命令，绘制如图 8-112 所示线段。

08 调用 OFFSET/O 命令，将线段向下偏移，效果如图 8-113 所示。

图 8-111 偏移　图 8-112 绘制　图 8-113 偏移
　　　线段　　　　　　线段　　　　　　线段

09 调用 HATCH/H 命令，再在命令行中输入 T 命令，弹出【图案填充和渐变色】对话框，在对话框中设置参数，对柱子填充"AR-RROOF"图案，表示镜子材质，如图 8-114 所示。

图 8-114 填充参数和效果

10 调用 COPY/CO 命令，对装饰柱进行复制，得到右侧同类型装饰柱，如图 8-115 所示。

图 8-115 复制装饰柱

11 绘制鞋柜。调用 RECTANG/REC 命令，绘制尺寸为 850×940 的矩形，如图 8-116 所示。

12 调用 RECTANG/REC 命令，在矩形内绘制尺寸为 350×180 的矩形，如图 8-117 所示。

图 8-116 绘制矩形　　　图 8-117 绘制矩形

13 调用 LINE/L 命令，绘制如图 8-118 所示线段。

14 调用 OFFSET/O 命令，将矩形向内偏移 50，如图 8-119 所示。

图 8-118 绘制线段　　　图 8-119 偏移矩形

15 调用 CIRCLE/C 命令和 COPY/CO 命令，绘制鞋柜柜门拉手，如图 8-120 所示。

16 调用 HATCH/H 命令，对鞋柜填充"ANSI31"图案，效果如图 8-121 所示。

图 8-120 绘制拉手　　　图 8-121 填充图案

17 调用 RECTANG/REC 命令，绘制鞋柜柜脚，如图 8-122 所示。

18 绘制搁板。绘制辅助线。调用 OFFSET/O 命令，通过偏移得到辅助线，如图 8-123 所示。

图 8-122　绘制柜脚

图 8-123　绘制辅助线

⑲ 调用 RECTANG/REC 命令，以辅助线的交点为矩形的第一个角点，绘制尺寸为 1500×50 的矩形，然后删除辅助线，如图 8-124 所示。

⑳ 调用 COPY/CO 命令，将矩形向下复制，效果如图 8-125 所示。

图 8-124　绘制矩形　　图 8-125　复制结果

㉑ 绘制电视柜。电视柜的造型比较简单，调用 RECTANG/REC 命令、COPY/CO 命令和 LINE/L 命令，绘制电视柜，在这里就不做详细的讲解，电视柜的尺寸如图 8-126 所示。

㉒ 绘制橱柜。绘制地柜。调用 LINE/L 命令，绘制线段，如图 8-127 所示。

图 8-126　绘制电视柜

图 8-127　绘制线段

㉓ 调用 OFFSET/O 命令，将线段向上偏移 620 和 40，如图 8-128 所示。

㉔ 调用 DIVIDE/DIV 命令，将线段等为 5 份，如图 8-129 所示。

图 8-128　偏移线段　　图 8-129　定数等分

提示

如果看不到等分点，只需调用 DDPTYPE【点样式】命令，在打开的"点样式"对话框中选择一种特殊的点样式即可，如图 8-130 所示。

㉕ 调用 LINE/L 命令，绘制线段，然后删除等分点，如图 8-131 所示。

图 8-130　"点样　　图 8-131　绘制线段
式"对话框

㉖ 调用 RECTANG/REC 命令和 COPY/CO 命令，绘制柜门拉手，如图 8-132 所示。

㉗ 调用 PLINE/PL 命令和 MIRROR/MI 命令，绘制地柜柜脚，如图 8-133 所示。

图 8-132　绘制柜门拉手　　图 8-133　绘制柜脚

㉘ 绘制吊柜。调用 OFFSET/O 命令，将地柜台面线段向上偏移 700 和 650，如图 8-134 所示。

㉙ 调用 LINE/L 命令，划分吊柜，如图 8-135 所示。

图 8-134 偏移线段　　图 8-135 划分吊柜

㉚ 调用 RECTANG/REC 命令，绘制矩形，并将矩形向内偏移 15，如图 8-136 所示。

㉛ 调用 RECTANG/REC 命令和 COPY/CO 命令，绘制吊柜柜门拉手，如图 8-137 所示。

图 8-136 偏移矩形　　图 8-137 绘制
吊柜拉手

㉜ 调用 LINE/L 命令和 OFFSET/O 命令，绘制墙面造型，如图 8-138 所示。

㉝ 调用 HATCH/H 命令，再在命令行中输入 T 命令，弹出【图案填充和渐变色】对话框，在对话框中设置参数，对墙面填充"DOTS"图案，如图 8-139 所示。

图 8-138 绘制墙面造型

图 8-139 填充参数和效果

㉞ 插入图块。按 Ctrl+O 快捷键，打开配套资源提供的"第 8 章 \ 家具图例 .dwg"文件，选择其中的装饰品、电视、盆栽等图块，将其复制至立面区域，如图 8-140 所示。

图 8-140 插入图块

㉟ 标注尺寸和材料说明。设置"BZ_ 标注"为当前图层。设置当前注释比例为 1:50。

㊱ 调用 DIMLINEAR/DLI 命令标注尺寸，本图应该在垂直方向和水平方向分别进行标注，标注结果如图 8-141 所示。

图 8-141 尺寸标注

㊲ 调用 MLEADER/MLD 命令标注材料说明，标注结果如图 8-142 所示。

图 8-142 材料说明

㊳ 调用 INSERT/I 命令，插入"图名"图块，设置 B 立面图名称为"客厅和餐厅 B 立面图"，客厅和餐厅 B 立面图绘制完成。

8.7.2 绘制卧室 A 立面图

卧室 A 立面图是床和入口门所在的立面，如图 8-143 所示，下面讲解其绘制方法。

课堂举例 8-15：　绘制卧室 A 立面图

视频 \ 第 8 章 \ 课堂举例 8-15.mp4

① 绘制立面外轮廓。设置"LM_ 立面"图层为当前图层。

卧室A立面图 1:50

图 8-143 卧室 A 立面图

02 立面图绘制常借助于平面布置图。复制小户型平面布置图上 A 立面的平面部分，并对图形进行旋转。

03 调用 LINE/L 命令，应用投影法绘制小户型卧室 A 立面左、右侧轮廓和地面，结果如图 8-144 所示。

04 调用 OFFSET/O 命令，向上偏移地面线 3250，得到顶面，如图 8-145 所示。

图 8-144 绘制墙面和   图 8-145 绘制顶面
地面

05 调用 TRIM/TR 命令，修剪出 A 立面的外轮廓线，并转换至"QT_墙体"图层，如图 8-146 所示。

06 划分区域。调用 LINE/L 命令和 OFFSET/O 命令，划分区域，如图 8-147 所示。

图 8-146 修剪立面外轮廓   图 8-147 划分区域

07 绘制装饰柱。调用 LINE/L 命令、OFFSET/O 命令和 HATCH/H 命令，绘制装饰柱，效果如图 8-148 所示。

08 绘制卧室所在墙面造型。调用 LINE/L 命令，绘制如图 8-149 所示线段。

图 8-148 绘制装饰柱

图 8-149 绘制线段

09 调用 HATCH/H 命令，再在命令行中输入 T 命令，弹出【图案填充和渐变色】对话框，在对话框中设置参数，对线段下方填充"AR-SAND"图案，如图 8-150 所示。

图 8-150 填充参数和效果

⑩ 调用 LINE/L 命令和 OFFSET/O 命令，绘制线段上方墙面造型，如图 8-151 所示。

⑪ 调用 HATCH/H 命令，在造型内填充"SOL-ID"图案，填充效果如图 8-152 所示。

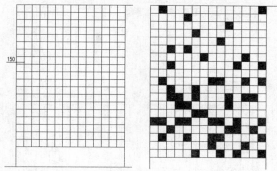

图 8-151　绘制墙面造型　图 8-152　填充参数和效果

⑫ 绘制入户门和门所在的墙面造型。调用 RECTANG/REC 命令，绘制门的外轮廓，如图 8-153 所示。

⑬ 调用 OFFSET/O 命令，将矩形向内偏移 30，表示门套，如图 8-154 所示。

图 8-153　绘制门的外　图 8-154　绘制门套
　　　　　　轮廓

⑭ 调用 RECTANG/REC 命令和 COPY/CO 命令，绘制门板造型，如图 8-155 所示。

⑮ 调用 CIRCLE/C 命令和 OFFSET/O 命令，绘制门把手，如图 8-156 所示。

图 8-155　绘制门板造型　图 8-156　绘制圆

⑯ 调用 TRIM/TR 命令，对门板造型和门把手相交的位置进行修剪，效果如图 8-157 所示。

⑰ 调用 HATCH/H 命令，再在命令行中输入 T 命令，弹出【图案填充和渐变色】对话框，在对话框中设置参数，对门所在的墙面填充 ANSI32 图案，如图 8-158 所示。

图 8-157　修剪图形

图 8-158　填充参数和效果

⑱ 插入图块。从图库中插入床图形，将其复制至立面区域，并进行修剪，结果如图 8-159 所示。

⑲ 标注尺寸和材料说明。设置"BZ_标注"为当前图层。设置当前注释比例为 1:50。

⑳ 调用 DIMLINEAR/DLI 命令标注尺寸，本图应该在垂直方向和水平方向分别进行标注，标注结果如图 8-160 所示。

图 8-159　插入图块

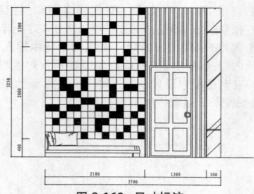

图 8-160　尺寸标注

提示

当图块与立面图形重叠时，应修剪被遮挡的图形，以体现前后的层次关系。

㉑ 调用 MLRADER/MLD 命令进行材料标注，标注结果如图 8-161 所示。

㉒ 插入图名。调用 INSERT/I 命令，插入"图名"图块，设置名称为"卧室A立面图"。卧室A立面图绘制完成。

图 8-161　材料标注

8.7.3　绘制其他立面图

卧室、客厅和厨房 B 立面图、卫生间 C 立

面图和卫生间 D 立面图如图 8-162、图 8-163、和图 8-164 所示，其绘制方法比较简单，请读者参考前面讲解的方法进行绘制。

图 8-162　卧室、客厅和厨房 D 立面图

图 8-163　卫生间 C 立面图　　图 8-164　卫生间 D 立面图

第9章

现代风格两居室室内设计

本章导读

现代设计，追求的是空间的实用性和灵活性。居住空间是根据相互间的功能关系组合而成的，而且功能空间相互渗透，空间的利用率更高。

本章重点

➤ 调用样板新建文件
➤ 绘制两居室原始户型图
➤ 墙体改造
➤ 绘制两居室平面布置图
➤ 绘制两居室地材图
➤ 绘制两居室顶棚图
➤ 绘制两居室立面图

现代风格的居室重视个性和创造性的表现，不主张追求高档豪华，而着力表现区别于其他住宅的东西。住宅小空间多功能是现在室内设计的重要特征。与主人兴趣爱好相关联的功能空间包括家庭视听中心、迷你酒吧、健身角和家庭计算机工作室等。这些个性化功能空间完全可以按主人的个人喜好进行设计，从而表现出与众不同的效果。如图 9-1 和图 9-2 所示。

图 9-1　迷你酒吧

图 9-2　家庭计算机工作室

9.1　调用样板新建文件

本书第 6 章创建了室内装潢施工图样板，该样板已经设置了相应的图形单位、样式、图层和图块等，原始户型图可以直接在此样板的基础上进行绘制。

课堂举例 9-1： 新建两居室室内设计文件

　视频＼第 9 章＼课堂举例 9-1.mp4

01 启动 AutoCAD 2018 软件，单击【新建】按钮，打开"选择样板"对话框，如图 9-3所示。

02 选择"室内装潢施工图模板"，单击【打开】按钮，以样板创建图形，新图形中包含了样板中创建的图层、样式和图块等内容。

03 单击【保存】按钮，打开"图形另存为"对话框，在"文件名"框中输入文件名，单击【保存】按钮保存图形。

图 9-3　"选择样板"对话框

9.2　绘制两居室原始户型图

两居室的原始户型图需要绘制的内容有房屋平面的形状、大小、墙、柱子的位置和尺寸，门窗的类型和位置等。图 9-4 所示为两居室原始户型图。

图 9-4　原始户型图

9.2.1　绘制轴线

如图 9-5 所示为绘制完成的轴网，下面讲解使用 PLINE/PL 命令绘制轴线的方法。

图 9-5　完整的轴网

课堂举例 9-2： 绘制两居室原始户型图轴线

▶ 视频 \ 第 9 章 \ 课堂举例 9-2.mp4

01 设置"ZX_ 轴线"图层为当前图层。

02 调用 PLINE/PL 命令，绘制轴线的外轮廓，如图 9-6 所示。

03 继续调用 PLINE/PL 命令，绘制轴线内部，如图 9-7 所示。

图 9-6 绘制轴线外轮廓

图 9-7 绘制轴线内部

9.2.2 多线绘制墙体

两居室有区分明确的客厅、卧室、厨房、卫生间等功能空间，墙线较为复杂，这里使用【多线】命令进行绘制。

课堂举例 9-3： 绘制两居室墙体

▶ 视频 \ 第 9 章 \ 课堂举例 9-3.mp4

01 设置"QT_ 墙体"图层为当前图层。

02 调用 MLINE/ML 命令，设置多线比例为 240，选择"对正 (J)"选项和"无 (Z)"选项，然后捕捉端点绘制墙体，效果如图 9-8 所示。

03 继续指定多线端点，绘制外墙线如图 9-9 所示。

图 9-8 捕捉第端点　　　图 9-9 绘制外墙线

04 继续调用 MLINE/ML 命令，绘制其他墙线，效果如图 9-10 所示。

图 9-10 绘制其他墙体线

⚙ 提示

内墙线的宽度为 120，在绘制时需要设置多线比例为 120。

9.2.3 修剪墙体

课堂举例 9-4： 修剪两居室墙体

▶ 视频 \ 第 9 章 \ 课堂举例 9-4.mp4

01 隐藏"ZX_ 轴线"图层。

02 调用 EXPLODE/X 命令，分解多线。

03 多线分解之后，即可调用 TRIM/TR 命令和 CHAMFER/CHA 命令进行修剪，效果如图 9-11 所示。

04 调用 LINE/L 命令，绘制线段封闭墙体，如图 9-12 所示。

图 9-11 修剪线段　　　图 9-12 绘制线段

9.2.4 尺寸标注

课堂举例 9-5： 标注两居室尺寸

▶ 视频 \ 第 9 章 \ 课堂举例 9-5.mp4

01 设置"BZ_ 标注"图层为当前图层。

02 调用 RECTANG/REC 命令，绘制一个比图形稍大的矩形，如图 9-13 所示。

03 调用 DIMLINEAR/DLI 命令标注尺寸，标注尺寸后删除矩形，结果如图 9-14 所示。

图 9-13 绘制矩形

图 9-14　标注尺寸

9.2.5　绘制柱子

课堂举例 9-6：　　　绘制两居室墙柱

📹 视频 \ 第 9 章 \ 课堂举例 9-6.mp4

① 隐藏"ZX_轴线"图层。

② 设置"ZZ_柱子"图层为当前图层。

③ 调用 RECTANG/REC 命令，绘制尺寸为 370×545 的矩形，如图 9-15 所示。

④ 调用 TRIM/TR 命令，修剪矩形内的线段，如图 9-16 所示。

图 9-15　绘制矩形　　　图 9-16　修剪线段

⑤ 调用 HATCH/H 命令，对柱子内填充"SOL-ID"图案，填充效果如图 9-17 所示。

⑥ 调用 RECTANG/REC 命令、HATCH/H 命令和 COPY/CO 命令，绘制其他柱子，效果如图 9-18 所示。

图 9-17　填充矩形

图 9-18　绘制其他矩形

9.2.6　绘制门窗

课堂举例 9-7：　　　绘制两居室门窗

📹 视频 \ 第 9 章 \ 课堂举例 9-7.mp4

① 开门洞。设置"QT_墙体"图层为当前图层。

② 调用 OFFSEST/O 命令，偏移墙体线，偏移距离分别为 120 和 990，如图 9-19 所示。

图 9-19　偏移线段

③ 使用夹点功能，延长偏移后的线段至另一侧墙体线，如图 9-20 所示。然后调用 TRIM/TR 命令，修剪出如图 9-21 所示效果。

图 9-20　延长线段　　　图 9-21　修剪门洞

④ 使用相同的方法，开启其他门洞，效果如图 9-22 所示。

⑤ 绘制门。设置"M_门"图层为当前图层。

⑥ 调用 INSERT/I 命令，插入门图块，效果如图 9-23 所示。

图 9-22　开其他门洞

图 9-23 插入门

07 绘制窗。调用 OFFSET/O 命令和 TRIM/TR 命令，开窗洞，如图 9-24 所示。

08 绘制平开窗。调用 INSERT/I 命令，插入窗图块，如图 9-25 所示。

图 9-24 开窗洞

图 9-25 插入窗图块

09 绘制飘窗。调用 LINE/L 命令，绘制如图 9-26 所示线段。

10 调用 PLINE/PL 命令，绘制多段线，如图 9-27 所示。

图 9-26 绘制线段 　　图 9-27 绘制多段线

11 调用 OFFSET/O 命令，将多段线向外偏移 80，偏移 3 次，得到飘窗，如图 9-28 所示。

图 9-28 偏移多段线

12 使用同样的方法，绘制其他飘窗。

13 绘制弧形窗。调用 PLINE/PL 命令，绘制如图 9-29 所示线段。

图 9-29 绘制线段

14 调用 ARC/A 命令，命令行操作如下。

> 命令：ARC ↙
> // 调用绘制圆弧命令
> 指定圆弧的起点或 [圆心 (C)]:
> // 捕捉并单击左侧线段的端点作为圆弧的起点
> 指定圆弧的第二个点或 [圆心 (C)/ 端点 (E)]: from ↙
> // 输入 "from" 并按 Enter 键，进入指定基点方式
> 基点：m2p ↙
> // 输入 "m2p" 并按 Enter 键，设置捕捉两点之间的中点模式
> 中点的第一点：中点的第二点：< 偏移 >:@0,585 ↙
> // 分别拾取左侧线段的端点和右侧线段的端点，然后输入相对坐标 "@0,585"，并按 Enter 键，确定圆弧第二点
> 指定圆弧的端点：
> // 捕捉右侧线段的端点，得到圆弧如图 9-30 所示

15 调用 OFFSET/O 命令，偏移线段和圆弧，并对圆弧和线段进行调整，得到效果如图 9-31 所示。

图 9-30 绘制圆弧

图 9-31　偏移圆弧和线段

9.2.7　文字标注

课堂举例 9-8：　标注两居室功能空间
视频 \ 第 9 章 \ 课堂举例 9-8.mp4

① 调用 MTEXT/MT 命令，对某一房间空间类型进行标注。

② 调用 COPY/CO 命令，将文字复制到其他功能空间，并修改文字内容，最终效果如图9-32所示。

图 9-32　文字标注

9.2.8　绘制图名和管道

课堂举例 9-9：　绘制两居室图名称管道
视频 \ 第 9 章 \ 课堂举例 9-9.mp4

① 调用 INSERT/I 命令，插入"图名"图块，需要注意的是，应将当前的注释比例设置为1:100，使之与整个注释比例相符。

② 绘制厨房的管道图形，完成两居室原始户型图的绘制。

9.3　墙体改造

　　在进行室内设计时，很多住户都会对房屋墙体进行一些改造，以便增强房间的功能性和追求设计的艺术性。冲破视觉的阻隔，扩大居室的视觉范围，以便在同等面积内获得更为宽阔的空间体验。

　　本例两居室墙体改造的位置在客厅、餐厅、小孩房和主卧位置，图 9-33 所示为墙体改造后的效果，下面讲解绘制方法。

图 9-33　墙体改造前后对比

课堂举例 9-10：　两居室墙体改造

① 改造客厅、餐厅与茶室、洗衣房之间的墙体。如图 9-34 所示为改造前后的对比，选择需要删除的墙体，按 Delete 键即可。

图 9-34　改造前后对比

② 改造小孩房。小孩房的右侧墙体被改造，用来做衣柜和书柜，如图 9-35 所示为改造前后的对比。

图 9-35 改造前后对比

03 调用 OFFSET/O 命令，偏移线段，偏移距离为 80，如图 9-36 所示。

04 调用 TRIM/TR 命令，修剪线段右侧的墙体，效果如图 9-37 所示。

图 9-36 偏移线段

图 9-37 修剪墙体

05 改造主卧与书房之间的墙体。如图 9-38 所示为改造前后的对比。

图 9-38 改造前后对比

06 调用 OFFSET/O 命令，偏移线段，偏移的距离分别为 50 和 400，如图 9-39 所示。

07 调用 TRIM/TR 命令，修剪多余的线段，效果如图 9-40 所示。

图 9-39 偏移线段

图 9-40 修剪线段

9.4 绘制两居室平面布置图

本节将采用各种方法，逐步完成本例两居室平面布置图的绘制，绘制完成的平面布置图如图 9-41 所示。

图 9-41 平面布置图

9.4.1 绘制客厅和餐厅平面布置图

本例将客厅和餐厅布置在同一空间，采用电视背景墙作为分隔，这样布置的优点是缩短就座进餐的交通路线，如图9-42所示。

如图9-43所示为客厅和餐厅平面布置图，下面讲解绘制方法。

图 9-42 餐厅

图 9-43 客厅和餐厅平面布置图

📖 课堂举例9-11： 绘制客厅和餐厅平面布置图

▶ 视频\第9章\课堂举例9-11.mp4

① 绘制装饰柱。调用 OFFSET/O 命令，将柱子轮廓向外偏移 20，如图9-44所示。

② 绘制分隔珠帘。调用 PLINE/PL 命令，绘制如图9-45所示多段线，并对多段线进行偏移。

图 9-44 绘制装饰柱

图 9-45 绘制多段线

③ 调用 HATCH/H 命令，再在命令行中输入 T 命令，弹出【图案填充和渐变色】对话框，在对话框中设置参数，在多段线内填充"STEEL"图案，表示柱子剖面结构，如图9-46所示，然后将【家具】图层置于当前。

④ 调用 LINE/L 命令和 OFFSET/O 命令，绘制珠帘轮廓，如图9-47所示。

图 9-46 填充参数和效果

图 9-47 绘制珠帘轮廓

⑤ 调用 CIRCLE/C 命令，绘制半径为 11.5 的圆，如图9-48所示。

⑥ 调用 ARRAY/AR 命令，对圆进行阵列，阵列结果如图9-49所示。

图 9-48 绘制圆　　　　图 9-49 阵列结果

⑦ 绘制酒柜和玻璃隔断。调用 RECTANG/REC 命令，绘制酒柜轮廓，如图9-50所示。

⑧ 调用 OFFESET/O 命令，将轮廓向内偏移 20，如图9-51所示。

图 9-50 绘制矩形　　　图 9-51 偏移矩形

⑨ 调用 EXPLODE/X 命令，分解矩形。

⑩ 调用 DIVIDE/DIV 命令，将分解后的线段分成 3 等份，如图 9-52 所示。

⑪ 调用 LINE/L 命令，绘制线段，然后删除等分点，如图 9-53 所示。

图 9-52 定数等分　　图 9-53 绘制线段

⑫ 调用 LINE/L 命令，在矩形内绘制对角线，如图 9-54 所示。

⑬ 调用 RECTANG/REC 命令，绘制玻璃隔断，如图 9-55 所示。

⑭ 调用 RECTANG/REC 命令、OFFSET/O 命令和 HATCH/H 命令，绘制装饰柱，如图 9-56 所示。

图 9-54 绘制对角线

图 9-55 绘制玻璃隔断　　图 9-56 绘制装饰柱

⚙ **提示**

目前市场酒柜样式较多，各有特色。美式酒柜大多讲究侧面装饰，喜欢把酒柜的各个部位细化、美化和复杂化，但大都做得轻巧，常用不锈钢和玻璃等材质。追求简约风格，用料少，讲究外部线条和装饰。中式酒柜做的比较隆重，一般适合较大面积的居室。豪华欧式酒柜，更多注重外部的装饰，外观追求宫廷式华贵，比如，线条的考究、金粉的涂抹，来增加华贵的感觉，不管使用哪种酒柜，都应以实用为主，如图 9-57 所示。

图 9-57 酒柜

⑮ 绘制电视柜背景墙和电视柜。电视背景墙是最能反映客厅装饰风格的部位，是家庭装饰中的重点，如图 9-58 所示。

图 9-58 电视背景墙

⑯ 调用 RECTANG/REC 命令，绘制尺寸为 200×2805 的矩形，如图 9-59 所示。

图 9-59 绘制矩形

⑰ 调用 LINE/L 命令和 OFFSET/O 命令，绘制如图 9-60 所示线段。

⑱ 调用 PLINE/PL 命令，绘制多段线表示电视背景墙，如图 9-61 所示。

图 9-60 绘制线段　　图 9-61 绘制多段线

⑲ 绘制水族箱。调用 LINE/L 命令和 OFFSET/O 命令，绘制如图 9-62 所示线段。

图 9-62　绘制线段

 提示

水族箱是室内重要的观赏品，具有良好的观赏性。对于大居室，可选择高度在 70~90cm、宽度在 1.5m 以上产品的水族箱，这种尺寸的水族箱具有宽大的可视面，能够产生较强的视觉冲击，如图 9-63 所示。

图 9-63　水族箱

⑳ 调用 CIRCLE/C 命令，以两条线段之间的中点为圆心，绘制圆，如图 9-64 所示。

㉑ 调用 TRIM/TR 命令，修剪多余的部分，如图 9-65 所示。

㉒ 调用 OFFSET/O 命令，将线段和半圆向外偏移 20，如图 9-66 所示，水族箱绘制完成。

图 9-64　绘制　　图 9-65　修剪　　图 9-66　偏移
　　　　圆　　　　　　　圆　　　　　　线段和半圆

㉓ 绘制餐厅墙面造型。调用 LINE/L 命令，绘制如图 9-67 所示线段。

㉔ 调用 HATCH/H 命令，在线段右侧填充 STEEL 图案，填充效果如图 9-68 所示。

㉕ 插入图块。按 Ctrl+O 键，打开配套资源提供的"第 9 章 \ 家具图例 .dwg"文件，选择其中的沙发组、壁挂电视、餐桌椅和水族等图块，将其复制至客厅和餐厅区域，效果如图 9-43 所示，客厅和餐厅平面布置图绘制完成。

图 9-67　绘制线段　　　图 9-68　填充效果

9.4.2　绘制玄关和厨房平面布置图

玄关是脱、换鞋之处，也是挂外衣、放置鞋、伞和提包等物品的最佳空间，玄关的大小要根据住房的面积和家庭人口而定。玄关所选择的材料和颜色应稳重，选用暖色调的较为合适，如图 9-69 所示。

如图 9-70 所示为玄关和厨房平面布置图，本例玄关空间比较大，设置了鞋柜和衣柜等家具。厨房采用的是开放式厨房，并布置了吧台，下面讲解绘制方法。

图 9-69　玄关

图 9-70　玄关和厨房平面布置图

课堂举例 9-12： 绘制玄关和厨房平面布置图

▶视频 \ 第 9 章 \ 课堂举例 9-12.mp4

① 绘制鞋柜。调用 RECTANG/REC 命令、OFFSET/O 命令和 LINE/L 命令，绘制鞋柜，如图 9-71 所示。

② 绘制衣柜。调用 RECTANG/REC 命令，绘制衣柜和挂衣杆，如图 9-72 所示。

图 9-71 绘制鞋柜　　图 9-72 绘制衣柜

③ 绘制推拉门。调用 LINE/L 命令和 OFFSET/O 命令，绘制门槛线，如图 9-73 所示。

图 9-73 绘制门槛线

④ 调用 RECTANG/REC 命令，绘制尺寸为 40×950 的矩形，如图 9-74 所示。

⑤ 调用 COPY/CO 命令，对矩形进行镜像，如图 9-75 所示。

图 9-74 绘制矩形　　图 9-75 镜像矩形

⑥ 绘制橱柜。调用 PLINE/PL 命令，绘制多段线，如图 9-76 所示。

⑦ 调用 FILLET/F 命令，进行圆角，圆角半径为 330，如图 9-77 所示。

图 9-76 绘制多段线　　图 9-77 圆角结果

💡 提示

　　本例采用的是开放式厨房，并在厨房的一角设置了吧台。吧台座不受材质限制，木质、混凝土、玻璃砖、石材和贴皮都可以互相运用，原则是尽量使吧台看起来轻盈一些，并且与空间风格相吻合，如图 9-78 所示。

图 9-78 吧台

⑧ 绘制吧台。调用 OFFSET/O 命令，绘制辅助线，如图 9-79 所示。

图 9-79 绘制辅助线

⑨ 调用 CIRCLE/C 命令，以辅助线的中点为圆心绘制半径为 872 的圆，然后删除辅助线，如图 9-80 所示。

⑩ 调用 OFFSET/O 命令，将圆向外分别偏移

50，如图 9-81 所示。

图 9-80　绘制圆

图 9-81　偏移圆

⓫ 调用 OFFSET/O 和 CIRCLE/C 命令，绘制辅助线和圆，如图 9-82 所示。

图 9-82　绘制圆

图 9-83　绘制线段

⓬ 调用 LINE/L 命令，以圆的顶点为起点，绘制线段，如图 9-83 所示。调用 OFFSET/O 命令，将线段向左侧偏移 35，向右侧偏移

15 并对线段进行调整，然后删除前面绘制的线段，效果如图 9-84 所示。

⓭ 调用 OFFSET/O 命令，偏移右下侧墙体线，偏移距离为 50，并将偏移后的线段转换至"JJ_ 家具"图层，如图 9-85 所示。

图 9-84　偏移线段

图 9-85　偏移线段

⓮ 调用 TRIM/TR 命令，对圆进行修剪，并进行调整，效果如图 9-86 所示。

图 9-86　修剪圆

⓯ 调用 HATCH/H 命令，再在命令行中输入 T 命令，弹出【图案填充和渐变色】对话框，在对话框中设置参数，对吧台填充"AR-RROOF"图案，填充参数和效果如图 9-87 所示。

⓰ 插入图块。厨房中的燃气灶、洗菜盆、冰箱

和吧椅图形，可以从本书配套资源中的"第9章 \ 家具图例 .dwg"文件中直接调用，完成后的效果如图 9-70 所示，玄关和厨房平面布置图绘制完成。

图 9-87　填充参数和效果

图 9-90　实木地板　　图 9-91　仿　　图 9-92　文
　　　　　　　　　　　　古砖　　　　化砖

文化砖，顾名思义就是砖具有文化内涵和艺术性。现代新型装饰砖，砖面都作了艺术仿真处理。不论仿天然还是仿古、仿洋，都达到了极高的逼真性，使砖在某种程度上已经变成了可供人欣赏的艺术品，如图 9-92 所示。

如图 9-93 所示为两居室地材图，下面讲解绘制方法。

9.5　绘制两居室地材图

本例两居室的地面使用了大理石、防滑砖、实木地板、仿古砖和文化砖。

大理石是指一切有各种颜色花纹的，用来做建筑装饰材料的石灰岩。主要用于加工成各种形材、板材和建筑物的墙面、地面、台、柱，是家具镶嵌的珍贵材料，如图 9-88 所示。

防滑砖是一种陶瓷地板砖，正面有褶皱条纹或凹凸点，以增加地板砖面与人体脚底或鞋底的摩擦力，防止打滑摔倒。多用于铺设卫生间与厨房的地板。如图 9-89 所示。

图 9-93　两居室地材图

📖 课堂举例 9-13：　绘制两居室地材图

▶ 视频 \ 第 9 章 \ 课堂举例 9-13.mp4

01 复制图形。地材图可以在平面布置图的基础上进行绘制，调用 COPY/CO 命令，将平面布置图复制一份。

02 删除平面布置图中与地材图无关的图形，结果如图 9-94 所示。

图 9-88　大理石　　　图 9-89　防滑砖

实木地板是天然木材经烘干、加工后形成的地面装饰材料。呈现出天然原木纹理和色彩图案，给人以自然、柔和、富有亲和力的质感，同时拥有冬暖夏凉、触感好的特性使其成为卧室、客厅和书房等地面装修的理想材料，如图9-90 所示。

仿古砖通常指的是有釉装饰砖，色调则以黄色、咖啡色、暗红色、土色、灰色和灰黑色等为主。通过样式、颜色、图案，营造出怀旧的氛围，如图 9-91 所示。

图 9-94　整理图形

03 绘制门槛线。设置"DM_地面"图层为当前图层。

04 调用 LINE/L 命令和 OFFFSET/O 命令，在门洞处绘制门槛线，如图 9-95 所示。

图 9-95　绘制门槛线

05 绘制地面材质图例。为了使填充的图案与文字不会重叠交叉，调用 RECTANG/REC 命令，绘制矩形框住文字，如图 9-96 所示。

图 9-96　绘制矩形

06 调用 HATCH/H 命令，再在命令行中输入 T 命令，弹出【图案填充和渐变色】对话框，在对话框中设置参数，在客厅、餐厅、厨房和玄关区域填充"用户定义"图案，表示文化砖，填充参数和效果如图 9-97 所示。

07 调用 HATCH/H 命令，再在命令行中输入 T 命令，弹出【图案填充和渐变色】对话框，在对话框中设置参数，在主卧、小孩房和书房填充"DOLMIT"图案，表示实木地板，填充参数和效果如图 9-98 所示。

图 9-97　文化砖填充参数和效果

图 9-98　实木地板填充参数和效果

⑧ 在主卫和次卫填充 ANGLE 图案，表示防滑砖，填充参数和效果如图 9-99 所示。

图 9-99 防滑砖填充参数和效果

⑨ 在茶室和洗衣房填充 AR-BRSTD 图案，表示仿古砖，填充参数和效果如图 9-100 所示。

图 9-100 仿古砖填充参数和效果

⑩ 在飘窗窗台位置填充 AR-CONC 图案，表示大理石，填充参数和效果如图 9-101 所示。

图 9-101 大理石填充参数和效果

⑪ 填充完成后，删除前面绘制的框住文字的矩形，如图 9-102 所示。

图 9-102 删除矩形

⑫ 材料说明。调用 MLEADER/MLD 命令，以此对地面材质进行文字标注，效果如图 9-103所示，两居室地材图绘制完成。

图 9-103 材料说明

9.6 绘制两居室顶棚图

如图 9-104 所示为两居室顶棚图，下面讲解绘制方法。

顶棚图 1：100

图 9-104 顶棚图

9.6.1 绘制客厅和餐厅顶棚图

如图 9-105 所示为客厅和餐厅顶棚图。

图 9-105 客厅和餐厅顶棚图

📖 **课堂举例 9-14：** 绘制客厅和餐厅顶棚图

▶ 视频 \ 第 9 章 \ 课堂举例 9-14.mp4

01 复制图形。顶棚图可在平面布置图的基础上绘制，复制两居室平面布置图，删除与顶面无关的图形。并在门洞处绘制墙体线，如图

9-106 所示。

02 绘制顶棚造型。设置"DD_顶棚"图层为当前图层。

03 调用 LINE/L 命令，绘制线段，如图 9-107 所示。

图 9-106 整理图形

图 9-110 偏移矩形　　　图 9-111 填充图案

⑧ 调用 LINE/L 命令，在最大的矩形两侧绘制两条虚线，表示灯带，如图 9-112 所示。

⑨ 调用 OFFSET/O 命令，绘制辅助线，如图 9-113 所示。

图 9-107 绘制线段

④ 调用 OFFSET/O 命令，将线段向内偏移 80，并设置为虚线，表示灯带，如图 9-108 所示。

⑤ 调 用 RECTANG/REC 命 令，绘制尺寸为 2830×2675 的矩形，如图 9-109 所示。

图 9-112 绘制灯带　　　图 9-113 绘制辅助线

⑩ 调 用 RECTANG/REC 命 令，以 辅 助 线 的交 点 为 矩 形 的 第 一 个 角 点，绘 制 尺 寸 为 2560×1875 的矩形，然后删除辅助线，如图 9-114 所示。

⑪ 调用 OFFSET/O 命令，将矩形向内偏移 150 和 50，如图 9-115 所示。

图 9-108 绘制灯带　　　图 9-109 绘制矩形

⑥ 调用 OFFSET/O 命令，将矩形分别向内偏移 300 和 80，并将偏移 80 后的线段设置为虚线，表示灯带，如图 9-110 所示。

⑦ 调 用 HATCH/H 命 令，在 矩 形 内 填 充 `AR-RROOF` 图案，填充效果如图 9-111 所示。

图 9-114 绘制矩形

图 9-115 偏移矩形

⑫ 调用 LINE/L 命令，绘制线段，如图 9-116
所示。

⑬ 调用 HATCH/H 命令，在矩形内填充
AR-RROOF 图案，填充效果如图 9-117 所示。

⑭ 绘制水晶帘。调用 CIRCLE/C 命令，在如图
9-118 所示位置绘制半径为 6 的圆。

图 9-116　绘制线段

图 9-117　填充图案　　　图 9-118　绘制圆

⑮ 调用 ARRAY/AR 命令，对圆进行阵列，如
图 9-119 所示。

⑯ 继续调用 COPY/CO 命令，将圆图形复制到
矩形的下方，如图 9-120 所示。

图 9-119　阵列圆

图 9-120　复制圆

⑰ 使用同样的方法绘制两侧的水晶帘图形，如
图 9-121 所示。

⑱ 调用 LINE/L 命令和 OFFSET/O 命令，绘制
其他顶棚造型，如图 9-122 所示。

图 9-121　绘制两侧水晶帘

图 9-122　绘制其他顶棚造型

⑲ 布置灯具。打开配套资源提供的"第 9 章 \ 家
具图例 .dwg"文件，将该文件中绘制的图例
表复制到顶棚图中，如图 9-123 所示。灯具
图例表具体绘制方法这里就不详细讲解了。

⑳ 绘制筒灯。首先绘制辅助线确定筒灯位置。
调用 OFFSET/O 命令，偏移线段得到辅助线，
辅助线的交点即筒灯位置，如图 9-124 所示。

图标	名称
☀	水晶吊垂灯
✹	艺术吊灯
⊞	方形筒灯
▣	嵌入式双头筒灯
⊕	吸顶灯
▦	浴霸

图 9-123　图例表　　　图 9-124　绘制辅助线

㉑ 复制筒灯图形。调用 COPY/CO 命令，将筒灯图形复制到筒灯位置，然后删除辅助线，如图 9-125 所示。

㉒ 调用 ARRAY/AR 命令，对筒灯图形进行阵列，如图 9-126 所示。

㉓ 绘制客厅吊灯。为了将客厅吊灯位置于客厅矩形区域的中心，需要绘制一条辅助线，调用 LINE/L 命令，绘制客厅吊灯所在矩形区域的对角线，如图 9-127 所示。

图 9-125　复制灯具　　图 9-126　阵列筒灯

㉔ 调用 COPY/CO 命令，复制吊灯图形到客厅吊灯位置，吊灯中心点与辅助线的中点对齐，如图 9-128 所示。再删除辅助线。

㉕ 使用同样的方法，从图例表中复制灯具图形，并根据设计要求放置到客厅和餐厅顶棚适当位置，结果如图 9-129 所示。

图 9-127　绘制对角线　　图 9-128　复制吊灯图例

图 9-129　布置灯具

㉖ 插入图块。从图库中插入雕花图案到餐厅顶棚位置，如图 9-130 所示。

㉗ 标注标高。调用 INSERT/I 命令，插入标高图块，如图 9-131 所示。

图 9-130　插入图块

图 9-131　插入标高

㉘ 标注尺寸和文字标注。设置"BZ_标注"图层为当前图层，设置当前注释比例为 1:100。

㉙ 调用 MLEADER/MLD 命令和 MTEXT/MT 命令，标注顶棚材料说明，完成后的效果如图 9-105 所示。

💡 提示

　　顶棚图的尺寸和文字说明应标注清楚，以方便施工人员施工，其中说明文字用于说明顶棚的用材和做法。

9.6.2　绘制主卧顶棚图

　　如图 9-132 所示为主卧顶棚图，采用的是圆弧顶棚造型，下面讲解绘制方法。

📖 课堂举例 9-15：　绘制主卧顶棚图

▶ 视频 \ 第 9 章 \ 课堂举例 9-15.mp4

① 绘制顶棚造型。调用 LINE/L 命令，绘制线段，并将线段向右偏移 80，将偏移 80 后的线段设置为虚线，如图 9-133 所示。

图 9-132　主卧顶棚图

⑫ 调用 OFFSET/O 命令, 绘制辅助线, 调用
RECTANG/REC 命令, 以辅助线的交点为
矩形的第一个角点, 绘制尺寸为 360×1400
的矩形, 然后删除辅助线, 如图 9-134 所示。

图 9-133 绘制线段　　　图 9-134 绘制矩形

⑬ 调用 OFFSET/O 命令, 将矩形向内偏移 50,
如图 9-135 所示。

⑭ 调用 HATCH/H 命令, 在矩形内填充
ANSI36 图案, 填充效果如图 9-136 所示。

图 9-135 偏移矩形　　　图 9-136 填充图案

⑮ 调用 OFFSET/O 命令, 绘制辅助线, 如图
9-137 所示。

⑯ 调用 CIRCLE/C 命令, 以辅助线的交点为圆
心绘制半径为 3392 的圆, 然后删除辅助线,
如图 9-138 所示。

⑰ 调用 OFFSET/O 命令, 将圆向外偏移 100,
如图 9-139 所示。

图 9-137 绘制辅助线

图 9-138 绘制圆　　　图 9-139 偏移圆

⑱ 调用 TRIM/TR 命令, 对圆进行修剪, 再将
外侧的圆弧设置为虚线, 如图 9-140 所示。

⑲ 使用同样的方法, 绘制下方同样类型的圆
弧, 效果如图 9-141 所示。

图 9-140 修剪圆弧　　　图 9-141 绘制圆弧

⑩ 调用 HATCH/H 命令, 在圆弧内填充
AR-SAND 图案, 填充效果如图 9-142 所示。

图 9-142 填充图案

⑪ 绘制窗帘和标高。调用 PLINE/PL 命令, 绘
制窗帘盒, 如图 9-143 所示。

⑫ 调用 PLINE/PL 命令, 绘制窗帘, 然后移动
到窗帘盒内, 如图 9-144 所示。

⑬ 调用 MIRROR/MI 命令, 对窗帘图形进行镜
像, 如图 9-145 所示。

图 9-143 绘制窗帘盒

图 9-144 绘制窗帘　　图 9-145 镜像窗帘图形

⑭ 调用 INSERT/I 命令，插入标高图块创建标高，如图 9-146 所示。

⑮ 布置灯具。调用 COPY/CO 命令，从灯具图例表中复制灯具图形到顶棚图中，如图 9-147所示。

⑯ 标注尺寸和文字说明。标注尺寸和文字说明的方法与客厅、餐厅顶棚图相同，完成后的效果如图 9-132 所示。

图 9-146 插入标高　　图 9-147 复制灯具图形

9.7 绘制两居室立面图

　　施工立面图是室内墙面与装饰物的正投影图，它表明了墙面装饰的式样及材料、位置尺寸，墙面与门、窗、隔断的高度尺寸，墙与顶、地的衔接方式等。

　　本节以客厅、主卧和主卧衣柜立面为例，介绍立面图的画法和相关规则。

9.7.1 绘制客厅 C 立面图

　　如图 9-148 所示为客厅 C 立面图，C 立面

图主要表达了电视背景墙的做法、尺寸和材料等，下面讲解绘制方法。

客厅C立面图 1：50

图 9-148 客厅 C 立面图

课堂举例 9-16： 绘制客厅 C 立面图

视频 \ 第 9 章 \ 课堂举例 9-16.mp4

① 绘制立面轮廓。调用 COPY/CO 命令，复制平面布置图上客厅 C 立面图的平面部分，并对图形进行旋转。

② 调用 LINE/L 命令，绘制客厅 C 立面的投影线，并在投影线的下方绘制一条水平线段表示地面，如图 9-149 所示。调用 OFFSET/O 命令，向上偏移地面，得到标高为 2500 的顶面轮廓。如图 9-150 所示。

图 9-149 绘制墙体和　　图 9-150 绘制顶面
地面

③ 调用 TRIM/TR 命令，修剪得到客厅 C 立面外轮廓，并转换至"QT_墙体"图层，如图 9-151 所示。

④ 绘制背景墙。调用 PLINE/PL 命令，绘制如图 9-152 所示多段线。

图 9-151　修剪立面外　图 9-152　绘制多段线
　　　　　轮廓

05 调用 LINE/L 命令，在多段线上方绘制线段，并设置为虚线，表示灯带，如图 9-153 所示。

06 分解多段线，调用 LINE/L 命令和 OFFSET/O 命令，绘制线段，如图 9-154 所示。

图 9-153　绘制灯带　　　图 9-154　绘制线段

07 绘制电视柜。调用 PLINE/PL 命令和 LINE/L 命令，绘制电视柜，如图 9-155 所示。

图 9-155　绘制电视柜

08 调用 TRIM/TR 命令，对电视柜与电视背景墙相交的位置进行修剪，如图 9-156 所示。

09 调 用 HATCH/H 命 令，在 电 视 柜 填 充
AR-RROOF　图案，填充效果如图 9-157 所示。

图 9-156　修剪线段

图 9-157　填充图案

10 插入图块。按 Ctrl+O 快捷键，打开配套资源提供的"第 9 章 \ 家具图例 .dwg"文件，选择其中的雕花、电视和影碟机等图块复制至客厅区域，并对重叠的图形进行修剪，效果如图 9-158 所示。

11 尺寸标注。设置"BZ_ 标注"图层为当前图层，设置当前注释比例为 1：50。

12 调用 DIMLINEAR/DLI 命令或执行【标注】|【线性】命令标注尺寸，如图 9-159 所示。

图 9-158　插入图块

图 9-159　尺寸标注

13 调用 MLEADER/MLD 命令进行材料标注，标注结果如图 9-160 所示。

14 插入图名。调用 INSERT/I 命令，插入"图名"图块，设置名称为"客厅 C 立面图"，客厅 C 立面图绘制完成。

图 9-160　材料标注

9.7.2 绘制主卧 A 立面图

主卧 A 立面图如图 9-161 所示，主要表达了床所在墙面的做法，下面讲解绘制方法。

图 9-161 主卧 A 立面图

课堂举例 9-17：　绘制主卧 A 立面图

▶ 视频 \ 第 9 章 \ 课堂举例 9-17.mp4

① 复制图形。复制两居室平面布置图上主卧 A 立面图的平面部分，并对图形进行旋转。

② 绘制立面基本轮廓。设置"LM_ 立面"图层为当前图层。

③ 调用 LINE 命令，绘制 A 立面左、右侧墙体和地面轮廓线，如图 9-162 所示。

图 9-162 绘制墙体和地面

④ 根据顶棚图主卧的标高，调用 OFFSET/O 命令，向上偏移地面轮廓线，偏移距离为 2800，得到顶面轮廓线，如图 9-163 所示。

⑤ 调用 TRIM/TR 命令，修剪多余线段，并转换至"QT_ 墙体"图层，结果如图 9-164 所示。

图 9-163 绘制顶面

图 9-164 立面外轮廓

⑥ 绘制顶棚造型。根据顶棚图顶棚的高度，调用 PLINE 命令，绘制主卧顶棚轮廓，如图 9-165 所示。

⑦ 调用 HATCH/H 命令，对顶棚内填充 STEEL ⌄ 图案，表示剖面结构，效果如图 9-166 所示。

图 9-165 绘制顶棚轮廓

图 9-166　填充顶棚图案

⑧ 绘制床背景墙面造型。调用 LINE/L 命令，绘制如图 9-167 所示线段。

⑨ 调用 LINE/L 命令和 OFFSET/O 命令，绘制软包造型，如图 9-168 所示。

图 9-167　绘制线段

图 9-168　绘制软包造型

⑩ 插入图块。床、台灯、床头柜、灯管和雕花板等图形可直接从图库中调用，并对图形重叠的位置进行修剪，效果如图 9-169 所示。

图 9-169　插入图块

⑪ 填充软包造型。调用 HATCH/H 命令，对两侧软包造型填充 AR-SAND 图案，效果如图 9-170 所示。

图 9-170　填充图案

⑫ 标注尺寸、材料说明。设置"BZ_标注"为当前图层，设置当前注释比例为 1∶50。调用线性标注命令 DIMLINEAR/DLI 进行尺寸标注，如图 9-171 所示。

⑬ 调用多重引线命令对材料进行标注，结果如图 9-172 所示。

⑭ 插入图名。调用插入图块命令 INSERT/I，插入"图名"图块，设置 A 立面图名称为"主卧 A 立面图"。

图 9-171　尺寸标注

图 9-172　材料说明

9.7.3　绘制其他立面图

运用上述方法完成其他立面图的绘制，如图 9-173、图 9-174、图 9-175、图 9-176、图 9-177和图 9-178 所示。

图 9-173　餐厅 C 立面图

图 9-174　主卧 C 立面图

图 9-175　书房 C 立面图

图 9-176　鞋柜立面图

木线条做白色混油
截条铁锈仿古砖
挂式红酒架 ── 杆式明装射灯
砂面不锈钢

吧台正立面墙面展开图   1:50

图 9-177 吧台正立面墙面展开图

木龙骨、石膏板吊顶
刷浅紫灰色墙漆   艺术手绘墙   原顶面贴黑镜

客厅A立面图   1:50

图 9-178 客厅 A 立面图

第10章

错层四居室室内设计

本章导读

　　随着人们生活水平的提高，对房型的要求越来越挑剔，精明的开发商摸透消费者的心理，在建房时也越来越把精力注重于居住生活空间的舒适性，因而相继有了多层住宅、中高层住宅、高层住宅，联体别墅、独立别墅，错层住宅也应运而生。

　　本章讲解错层设计和施工图的绘制方法。

本章重点

➢ 错层设计概述

➢ 调用样板新建文件

➢ 绘制错层原始户型图

➢ 墙体改造

➢ 绘制错层平面布置图

➢ 绘制错层地材图

➢ 绘制错层顶棚图

➢ 绘制错层立面图

10.1 错层设计概述

错层是指其不同使用功能不在同一平面层上，形成多个不同标高平面的使用空间和变化的视觉效果。住宅室内环境错落有致，极富韵律感。通常进门的第一层面为公共区域，往里上几级楼梯形成第二区域，不同的错层形成了不同的功能区。

错层不同于现在流行的复式或跃层式住宅。虽然错开了住宅的层次，但可以合理有效地控制单套住宅的面积，错层房屋丰富了居家生活的画面层次，在动静分区、私密性，舒适性方面有了提高和完善。

10.1.1 错层住宅的错层方式

1. 左右错层

即东西错层，一般为起居室和卧室错层。

2. 前后错层

即南北错层，一般为客厅和餐厅的错层。利用平面上的错层，是静与动、食寝、会客与餐厅的功能分区布置，避免相互干扰，有利形成具有个性的室内环境，如图 10-1 所示。

10.1.2 错层设计原则

1. 设计上

目前比较流行的装修风格主要有以下三种：一种是可以采用铁艺栏杆装饰错层，这种风格感觉大方，且不占用空间和影响采光；第二种是采用玻璃隔断、地柜或者楼梯栏杆，这种风格比较实用；第三种是设计一个小吧台，这种设计时尚感强。

2. 色彩上

大部分错层的处于居室的中心位置，很多情况下起到了客厅与餐厅隔断的作用。因此，错层的色彩应该与客厅保持协调一致，这样居室的整体效果会好一些。错层的设计不妨别致一些，让这一块空间成为住宅的一个亮点。比如，可以考虑将这部分空间做绿化处理，在错层附近摆放一些绿色植物，这样可以把视觉吸引到空间上而不是仅限于地面，如图 10-2 所示。

图 10-1 前后错层示例

图 10-2 错层示例

3. 安全上

首先从材料上讲无论是选用木质的、玻璃的还是铁质的，都不能忽略材料的安全性，其安全性主要指是否有污染和材料是否光滑，其次，如家里有老人和孩子，一定要注意他们上下错层时的安全问题，如图 10-3 所示。

10.1.3 错层的上下尺度

➢ 错层上下尺度以 30~60mm 为宜。因为目前住宅通常层高 2.8m，净高 2.62m 左右，错层若大于 60mm，注意上下楼板结构梁或板底的相对高度关系，避免碰头或产生压迫感。

➢ 错层上下高差较大时，可采用其他错层形式，如 "L" 和 "ㄇ" 形。

10.2 调用样板新建文件

本书第 6 章创建了室内装潢施工图样板，该样板已经设置了相应的图形单位、样式、图层和图块等，原始户型图可以直接在此样板的基础上进行绘制。

课堂举例 10-1： 新建错层室内设计文件

视频 \ 第 10 章 \ 课堂举例 10-1.mp4

01 启动 AutoCAD 2018 软件，单击【新建】按钮，打开 "选择样板" 对话框，如图 10-4 所示。

图 10-3　错层示例

图 10-4　"选择样板"对话框

02 选择"室内装潢施工图模板"模板,单击【打开】按钮,以样板创建图形,新图形中包含了样板中创建的图层、样式和图块等内容。

03 单击【保存】按钮，打开"图形另存为"对话框，在"文件名"框中输入文件名，单击【保存】按钮保存图形。

10.3　绘制错层原始户型图

如图 10-5 所示为错层的原始户型图，房间各功能空间划分为客厅、餐厅、厨房、主卧、儿童房、书房、卫生间、阳台、休闲区、储物间和客房，请使用前面讲解的方法绘制。

图 10-5　错层原始户型图

10.4　墙体改造

本例进行墙体改造后的空间如图 10-6 所示，其改造的空间有儿童房、储物间、主卧、厨房和卫生间，下面依次讲解如何进行墙体改造。

图 10-6　墙体改造

10.4.1　改造儿童房和储物间

儿童房和储物间改造前后如图 10-7 所示，下面讲解绘制方法。

图 10-7　儿童房和储物间改造前后

课堂举例 10-2： 改造儿童房和储物间

视频 \ 第 10 章 \ 课堂举例 10-2.mp4

01 调用 LINE/L 命令，绘制如图 10-8 所示。

02 调用 TRIM/TR 命令，对线段两则多余的线段进行修剪，并使用夹点功能闭合线段，如图 10-9 所示。

图 10-8　绘制线段

图 10-9　修剪线段

⑬ 调用 MOVE/M 命令，将下端的墙体向右移动 1010，并使用夹点功能闭合线段，如图 10-10 所示。

⑭ 调用 PLINE/PL 命令，绘制如图 10-11 箭头所示墙体。

图 10-10　移动墙体

图 10-11　绘制墙体

⑮ 调用 PLINE/PL 命令和 OFFSET/O 命令，绘制儿童房和储物间之间的隔断，隔断的宽度为 60，如图 10-12 所示。

图 10-12　绘制隔断

10.4.2　改造主卧

主卧改造前后如图 10-13 所示，下面讲解绘制方法。

图 10-13　主卧改造前后

课堂举例 10-3：　改造主卧空间

▶ 视频 \ 第 10 章 \ 课堂举例 10-3.mp4

⑪ 使用夹点功能，延长衣帽间下端的墙体，并删除多余的线段，如图 10-14 所示。

图 10-14　延长线段

02 调用 TRIM/TR 命令，对主卧中的墙体进行修剪，效果如图 10-15 所示。

图 10-15　修剪线段

10.4.3　改造厨房和卫生间

厨房和卫生间改造前后如图 10-16 所示，下面讲解绘制方法。

图 10-16　厨房和卫生间改造前后

课堂举例 10-4： 改造厨房和卫生间

▶ 视频 \ 第 10 章 \ 课堂举例 10-4.mp4

01 调用 OFFSET/O 命令，将如图 10-17 所示线段向上偏移 800。

02 调用 TRIM/TR 命令，修剪线段下方的墙体，如图 10-18 所示。

图 10-17　偏移线段

图 10-18　修剪线段

03 使用同样的方法改造另一端的墙体，效果如图 10-19 所示。

图 10-19　改造墙体

04 删除卫生间中的墙体，并使用夹点功能闭合线段，效果如图 10-20 所示。

图 10-20 删除墙体

10.5 绘制错层平面布置图

本例错层平面布置图如图 10-21 所示，下面讲解错层平面布置图的绘制方法。

图 10-21 错层平面布置图

10.5.1 绘制门厅平面布置图

如图 10-22 所示为门厅平面布置图，门厅采用的形式是弧形，并在门厅处设置了装饰柜，充分地利用了空间。

课堂举例 10-5： 绘制门厅平面布置图

📹 视频\第 10 章\课堂举例 10-5.mp4

01 设置"JJ_家具"图层为当前图层。

02 调用 LINE/L 命令，绘制如图 10-23 所示辅助线。

图 10-22 门厅平面布置图

图 10-23 绘制辅助线

03 调用 CIRCLE/C 命令，以辅助线的交点为圆心绘制一个半径为 1234 的圆，然后删除辅助线，如图 10-24 所示。

04 调用 OFFSET/O 命令，将圆向外偏移 80，如图 10-25 所示。

图 10-24 绘制圆 图 10-25 偏移圆

05 调用 LINE/L 命令，绘制如图 10-26 箭头所示线段。

06 调用 TRIM/TR 命令，对多余的线段进行修剪，效果如图 10-27 所示。

图 10-26 绘制线段 图 10-27 修剪线段

07 调用 LINE/L 命令，以圆心为起点绘制一条线段。

08 调用 OFFSET/O 命令和 TRIM/TR 命令，得到如图 10-28 所示图形。

09 调用 TRIM/TR 命令，对弧线与多段线相交的位置进行修剪，效果如图 10-29 所示。

图 10-28 绘制线段　　图 10-29 修剪线段

10 调用 OFFSET/O 命令，将下端弧线向右偏移 240，如图 10-30 所示。

11 调用 DIVIDE/DIV 命令，将弧线分成四等份，如图 10-31 所示。

图 10-30 偏移弧线　　图 10-31 等分弧线

12 调用 LINE/L 命令绘制直线，并删除等分点，效果如图 10-32 所示。

13 调用 LINE/L 命令，绘制对角线，效果如图 10-33 所示。

图 10-32 绘制线段　　图 10-33 绘制对角线

14 调用 HATCH/H 命令，再在命令行中输入 T 命令，弹出【填充图案和渐变色】对话框，在对话框中设置参数，对弧线内填充 ANSI33 图案，如图 10-34 所示。

图 10-34 填充参数和效果

15 调用 OFFSET/O 命令，偏移上端弧线，向内偏移 35 和 10，如图 10-35 所示。

16 调用 LINE/L 命令和 TRIM/TR 命令，细化门厅隔断结构，效果如图 10-36 所示。

图 10-35 偏移弧线　　图 10-36 细化隔断

17 绘制门厅右侧图形。调用 PLINE/PL 命令，绘制如图 10-37 所示多段线。

图 10-37 绘制多段线

18 调用 HATCH/H 命令，再在命令行中输入 T 命令，弹出【填充图案和渐变色】对话框，在对话框中设置参数，对图形内填充 ANSI33 图案，如图 10-38 所示。

19 从图库中插入门厅中需要的图块，效果如图 10-39 所示，门厅平面布置图绘制完成。

图 10-38 填充参数和效果

图 10-39 插入图例

10.5.2 绘制客厅平面布置图

客厅未布置前如图 10-40 所示，布置完成的平面布置图如图 10-41 所示。

图 10-40 客厅未布置前

图 10-41 客厅平面布置图

课堂举例 10-6： 绘制客厅平面布置图

▶ 视频\第 10 章\课堂举例 10-6.mp4

① 绘制推拉门。推拉门的绘制方法在前面的章节已经讲解过了，请读者自行完成，效果如图 10-42 所示。

② 绘制台阶。删除原始户型图中的台阶，效果如图 10-43 所示。

图 10-42 绘制推拉门

图 10-43 删除原有台阶

③ 调用 OFFSET/O 命令，将如图 10-44 所示线段依次向右偏移 60、15、45 和 120。

④ 调用 CIRCLE/C 命令，绘制一个半径为 225 的圆，并移动到相应的位置，如图 10-45 所示。

图 10-44 偏移线段

图 10-45　绘制圆

05 调用 LINE/L 命令，绘制如图 10-46 所示辅助线。

06 调用 CIRCLE/C 命令，以辅助线的交点为圆心绘制一个半径为 1630 的圆，并删除辅助线，如图 10-47 所示。

图 10-46　绘制辅助线　　图 10-47　绘制圆

07 调用 TRIM/TR 命令，对圆进行修剪，效果如图 10-48 所示。

08 调用 OFFSET/O 命令，将圆弧向下偏移 300，向上偏移 300 和 240，并使用夹点功能对圆弧进行调整，效果如图 10-49 所示。

图 10-48　修剪圆

图 10-49　偏移圆弧

09 调用 CIRCLE/C 命令、LINE/L 命令和 TRIM/TR 命令，绘制台阶两侧的圆弧，效果如图 10-50 所示。

10 从图库中插入灯具到图形中，效果如图 10-51 所示。

图 10-50　绘制圆弧

图 10-51　插入灯具

11 绘制指向箭头和说明文字。调用 PLINE 命令绘制台阶的指向箭头，命令选项如下。

命令 :PLINE ✓
// 调用【多段线】命令
指定起点 :
// 在如图 10-52 所示光标位置拾取一点作为多段线的起点
当前线宽为 1.0000
指定下一个点或 [圆弧 (A)/ 半宽 (H)/ 长度 (L)/ 放弃 (U)/ 宽度 (W)]: < 正交 关 > A ✓
// 选择"圆弧（A）"选项
指定圆弧的端点或 [角度 (A)/ 圆心 (CE)/ 方向 (D)/ 半宽 (H)/ 直线 (L)/ 半径 (R)/ 第二个点 (S)/ 放弃 (U)/ 宽度 (W)]: A ✓
// 选择"角度 (A)"选项
指定包含角 :-90 ✓
// 设置弧形角度为 -90
指定圆弧的端点或 [圆心 (CE)/ 半径 (R)]://
在如图 10-53 所示光标位置拾取一点作为圆的端点

图 10-52　指定多段线的起点

图 10-53　指定多段线的端点

指定圆弧的端点或 [角度 (A)/ 圆心 (CE)/ 闭
合 (CL)/ 方向 (D)/ 半宽 (H)/ 直线 (L)/ 半径 (R)/
第二个点 (S)/ 放弃 (U)/ 宽度 (W)]:L ✓

// 选择"直线 (L)"选项

指定下一点或 [圆弧 (A)/ 闭合 (C)/ 半宽 (H)/
长度 (L)/ 放弃 (U)/ 宽度 (W)]: W ✓

// 选择"宽度 (W)"选项

指定起点宽度 <1.0000>: 30 ✓

指定端点宽度 <30.0000>: 0 ✓

*// 分别设置多段线起点宽为 30, 端点宽为 0, 得到箭
头效果*

指定下一点或 [圆弧 (A)/ 闭合 (C)/ 半宽 (H)/
长度 (L)/ 放弃 (U)/ 宽度 (W)]:

// 在适当位置拾取一点, 得到多段线如图 10-54 所示

指定下一点或 [圆弧 (A)/ 闭合 (C)/ 半宽 (H)/
长度 (L)/ 放弃 (U)/ 宽度 (W)]: ✓

// 按空格键或按 Enter 键退出命令

⑫ 调用 MTEXT/MT 命令编写文字说明, 效果
如图 10-55 所示。

图 10-54　绘制多段线

图 10-55　文字说明

⑬ 绘制电视背景墙。调用 LINE/L 命令, 绘制
如图 10-56 所示辅助线。

⑭ 调用 ARC/A 命令, 绘制背景墙圆弧, 命令
行操作如下。

命令 : A ✓

// 调用【圆弧】命令

指定圆弧的起点或 [圆心 (C)]: 220 ✓

*// 捕捉如图 10-56 所示点 1, 垂直向下移动光标到 270°
极轴追踪线上, 输入 220, 确定圆弧起点*

指定圆弧的第二个点或 [圆心 (C)/ 端点 (E)]:
m2p ✓

// 输入 "_m2p", 设置当前捕捉点为"两点之间的中点"

中点的第一点 : 中点的第二点 :

*// 分别拾取如图 10-56 所示点 1 和点 2, 系统将自动取
这两个点的中点作为圆弧的第二个点*

指定圆弧的端点 : 220 ✓

*// 捕捉如图 10-56 所示点 2, 垂直向下移动光标到 270°
极轴追踪线上, 输入 220, 确定圆弧端点, 然后删除
辅助线, 结果如图 10-57 所示*

图 10-56　绘制线段

图 10-57　绘制弧线

⑮ 调用 OFFSET/O 命令，将弧线向上偏移 80，如图 10-58 所示。

⑯ 调用 LINE/L 命令和 OFFSET/O 命令，细化背景墙，并调用 TRIM/TR 命令进行修剪，效果如图 10-59 所示。

图 10-58　偏移弧线

图 10-59　细化背景墙

⑰ 调用 HATCH/H 命令，再在命令行中输入 T 命令，弹出【填充图案和渐变色】对话框，在对话框中设置参数，对背景墙内填充 ANSI33 图案，如图 10-60 所示。

⑱ 绘制弧形造型。调用 LINE/L 命令绘制辅助线，如图 10-61 所示。

图 10-60　填充参数和效果

图 10-61　绘制辅助线

⑲ 调用 CIRCLE/C 命令，以辅助线的交点为圆心绘制一个半径为 2695 的圆，然后删除辅助线，如图 10-62 所示。

⑳ 调用 OFFSET/O 命令，将圆向外偏移 20，效果如图 10-63 所示。

图 10-62　绘制圆

图 10-63　偏移圆

㉑ 调用 TRIM/TR 命令，对圆进行修剪，效果如图 10-64 所示。

㉒ 插入图块。按 Ctrl+O 快捷键，打开配套资源提供的"第 10 章\家具图例 .dwg"文件，选择其中的沙发组、植物和电视等图块，将其复制至客厅区域，如图 10-65 所示，客厅平面布置图绘制完成。

图 10-64　修剪圆

图 10-65 插入图块

10.5.3 绘制书房、主卧、衣帽间和主卫平面布置图

书房、主卧、衣帽间和主卫未布置前如图 10-66 所示，布置完成的平面布置图如图 10-67 所示。

图 10-66 书房、主卧、衣帽间和主卫未布置前

图 10-67 书房、主卧、衣帽间和主卫平面布置图

① 绘制书房双开门。调用 INSERT/I 命令，插入门图块，如图 10-68 所示。

② 调用 MIRROR/MI 命令，镜像单开门得到双开门，如图 10-69 所示。

图 10-68 插入门

图 10-69 镜像门

③ 绘制书柜。调用 RECTANG/REC 命令，绘制一个尺寸为 1480×300 的矩形，如图 10-70 所示。

④ 调用 LINE/L 命令，在矩形中绘制对角线，表示书柜是到顶的，如图 10-71 所示。

图 10-70 绘制矩形

图 10-71 绘制对角线

⑤ 调用 MIRROR/MI 命令，将书柜镜像到另一侧，如图 10-72 所示。

⑥ 调用 LINE/L 命令，绘制线段连接书柜，如图 10-73 所示。

图 10-72 镜像书柜

图 10-73 绘制线段

⑦ 绘制推拉门。调用 LINE/L 命令和 OFFSET/O 命令，绘制线段，如图 10-74 所示。

⑧ 调用 RECTANG/REC 命令和 COPY/CO 命令，绘制矩形表示推拉门，如图 10-75 所示。

图 10-74 绘制线段

图 10-75 绘制矩形

⑨ 绘制电视柜。调用 PLINE/PL 命令，绘制电视柜，如图 10-76 所示。

⑩ 绘制衣帽间。调用 PLINE/PL 命令，绘制多段线，如图 10-77 所示。

图 10-76 绘制电视柜

图 10-77 绘制多段线

⑪ 调用 LINE/L 命令，绘制线段划分衣柜，如图 10-78 所示。

⑫ 调用 LINE/L 命令，绘制对角线，如图 10-79 所示。

图 10-78 绘制线段

图 10-79 绘制多段线

⑬ 绘制主卫门和隔断墙。调用 PLINE/PL 命令，绘制多段线，如图 10-80 所示。

⑭ 调用 OFFSET/O 命令，将多段线向外偏移 120，如图 10-81 所示。

图 10-80　绘制多段线　　　图 10-81　偏移线段

⑮ 调用 LINE/L 命令和 PLINE/PL 命令，绘制线段，如图 10-82 所示。

⑯ 调用 LINE/L 命令，绘制一条对角线，如图 10-83 所示。

图 10-82　绘制线段　　　图 10-83　绘制对角线

⑰ 调用 RECTANG/REC 命令，绘制一个尺寸为 850×15 的矩形，如图 10-84 所示。

⑱ 绘制洗手盆。调用 RECTANG/REC 命令，绘制一个尺寸为 60×1000 的矩形，如图 10-85 所示。

图 10-84　绘制矩形　　　图 10-85 绘制矩形

⑲ 调用 PLIE/PL 命令，绘制多段线，如图 10-86 所示。

⑳ 调用 MOVE 命令，将洗手盆移动到相应位置，并对图形相交的位置进行修剪，如图 10-87 所示。

图 10-86　绘制多段线　　图 10-87　移动洗手盆

㉑ 绘制装饰台。调用 PLINE/PL 命令，绘制多段线，如图 10-88 所示。

㉒ 调用 OFFSET/O 命令，将多段线偏移 150，并对线段进行调整，如图 10-89 所示。

图 10-88　绘制多段线　　图 10-89　偏移多段线

㉓ 调用 CIRCLE/C 命令，绘制半径为 55 的圆表示下水管道，如图 10-90 所示。

㉔ 调用 HATCH/H 命令，对装饰台填充 ANSI33 ▽ 图案，填充效果如图 10-91 所示。

㉕ 插入图块。按 Ctrl+O 快捷键，打开配套资源提供的"第 10 章 \ 家具图例 .dwg"文件，选择其中的双人床、计算机和电视等图块，将其复制至书房、主卧、主卫区域，如图 10-67 所示，书房、主卧、衣帽间和主卫平面布置图绘制完成。

图 10-90　绘制圆

图 10-91 填充效果

10.6 绘制错层地材图

错层地材图如图 10-92 所示,使用了实木地板、玻化砖、亚光砖、防滑砖和仿古砖等地面材料。

图 10-92 错层地材图

10.6.1 绘制厨房地材图

厨房地材图如图 10-93 所示,采用的地面材料是亚光砖,下面介绍其绘制方法。

课堂举例 10-8: 绘制厨房地材图

▶ 视频 \ 第 10 章 \ 课堂举例 10-8.mp4

① 复制图形。复制错层的平面布置图并且删除里面的家具。

② 绘制门槛线。

③ 设置"DM_地面"图层为当前图层。

④ 调用 LINE/L 命令,连接门洞,效果如图 10-94 所示。

图 10-93 厨房地材图 图 10-94 绘制门槛线

⑤ 文字标注。调用 MTEXT/MT 命令,对厨房地面材料进行文字标注,如图 10-95 所示。

⑥ 绘制地面图例。调用 LINE/L 命令和

OFFSET/O 命令，绘制地面图案，并对图形与文字相交的位置进行修剪，效果如图 10-96 所示。

图 10-95　文字标注　　图 10-96　绘制地面图形

⑦ 调用 HATCH/ 命令，再在命令行中输入 T 命令，弹出【填充图案和渐变色】对话框，在对话框中设置参数，对厨房地面填充 AR-SAND 图案，如图 10-97 所示，厨房地材图绘制完成。

图 10-97　填充参数和效果

10.6.2　绘制景观阳台地材图

景观阳台地材图如图 10-98 所示，采用的地面材料有仿古砖和木地板。

课堂举例 10-9：　绘制景观阳台地材图
▶ 视频 \ 第 10 章 \ 课堂举例 10-9.mp4

① 文字标注。调用 MTEXT/MT 命令，对阳台地面材料进行文字标注，如图 10-99 所示。

图 10-98　景观阳台地材图　　图 10-99　文字标注

② 绘制地面图例。调用 RECTANG/REC 命令，绘制一个尺寸为 2400×3900 的矩形，并移动到相应的位置，如图 10-100 所示。

③ 调用 HATCH/H 命令，再在命令行中输入 T 命令，弹出【填充图案和渐变色】对话框，在对话框中设置参数，对矩形内填充 LINE 图案，填充参数和效果如图 10-101 所示。

图 10-100　绘制矩形

图 10-101　填充参数和效果

④ 调用 HATCH/H 命令，再在命令行中输入 T 命令，弹出【填充图案和渐变色】对话框，在对话框中设置参数，对矩形外区域填充 AR-B816 图案，如图 10-102 所示，景观阳台地材图绘制完成。

图 10-102　填充参数和效果

10.6.3 绘制其他房间地材图

其他的房间如客厅、餐厅、卧室、和书房等,请大家应用前面所介绍的方法完成绘制,此处就不再详细讲解了。

10.7 绘制错层顶棚图

错层顶棚图如图 10-103 所示,在本节中以客厅和卧室为例讲解错层顶棚图的绘制方法。

图 10-103 错层顶棚图

10.7.1 绘制客厅顶棚图

客厅顶棚图如图 10-104 所示,该顶棚在电视上方采用了磨砂玻璃顶棚,既简洁又时尚。

课堂举例 10-10: 制错层顶棚图

▶ 视频 \ 第 10 章 \ 课堂举例 10-10.mp4

01 复制图形。顶棚图可以在平面布置图的基础上绘制,复制错层的平面布置图,并删除与顶棚图无关的图形,并在门洞处绘制墙体线。

02 绘制顶棚造型。设置"DD_顶棚"图层为当前图层。

03 调用 LINE/L 命令绘制辅助线,如图 10-105 所示。

图 10-104 客厅顶棚图 图 10-105 绘制辅助线

04 调用 CIRCLE/C 命令,以辅助线的交点为圆心绘制一个半径为 2590 的圆,然后删除辅助线,如图 10-106 所示。

05 调用 OFFSET 命令,将圆向外偏移 100,效果如图 10-107 所示。

06 调用 TRIM/TR 命令,对圆进行修剪,效果如图 10-108 所示。

图 10-106 绘制圆　　图 10-107 偏移圆

图 10-108 修剪圆

07 调用 HATCH/H 命令,再在命令行中输入 T 命令,弹出【填充图案和渐变色】对话框,在对话框中设置参数,对圆弧内填充 AR-RROOF 图案,填充参数和效果如图 10-109 所示。

08 调用 PLINE/PL 命令,绘制如图 10-110 所示多段线。

图 10-109 填充参数和效果

图 10-110　绘制线段

⑨ 布置灯具。按 Ctrl+O 快捷键，打开配套资源提供的"第 10 章 \ 家具图例 .dwg"文件，选择其中的灯具图块，将其复制至顶棚内，结果如图 10-111 所示。

⑩ 标注标高和文字说明。调用 INSERT/I 命令，插入"标高"图块标注标高，如图 10-112 所示。

⑪ 调用 MLEADER/MLD 命令和 MTEXT/MT 命令，对顶棚材料进行文字说明，完成后的效果如图 10-104 所示，客厅顶棚图绘制完成。

图 10-111　布置灯具　　图 10-112　插入标高

10.7.2　绘制主卧顶棚图

主卧顶棚采用了常见的方形顶棚，内藏灯带，如图 10-113 所示。

图 10-113　主卧顶棚图

课堂举例 10-11：　绘制主卧顶棚图

视频 \ 第 10 章 \ 课堂举例 10-11.mp4

① 绘制顶棚造型

② 调用 LINE/L 命令，绘制如图 10-114 所示线段，表示线段两侧高度不同。

图 10-114　绘制线段

③ 调用 RECTANG/REC 命令，绘制一个尺寸为 3660×3090 的矩形，并移动到相应的位置，效果如图 10-115 所示。

④ 调用 OFFSET/O 命令，将矩形向外偏移 60，并设置为虚线，表示灯带，效果如图 10-116 所示。

图 10-115　绘制矩形

图 10-116　绘制灯带

⑤ 布置灯具。主卧中的灯具由吊灯和灯带产生照明，吊灯图形从图库中调用，主卧中的主卫和衣帽间采用的是直接式顶棚，直接调入灯具即可，完成后的效果如图 10-117 所示。

⑥ 标注标高和文字说明。调用 INSERT/I 命令，插入"标高"图块标注标高，如图 10-118 所示。

07 调用 MTEXT/MT 命令，对顶棚材料进行文字说明，完成后的效果如图 10-113 所示，主卧顶棚图绘制完成。

图 10-117 布置灯具

图 10-118 标注标高

10.8 绘制错层立面图

本节以客厅、儿童房和卫生间典型立面施工图为例，讲解错层立面施工图的画法，并简单介绍相关结构和工艺。

10.8.1 绘制客厅 B 立面图

客厅 B 立面图是客厅装饰的重点，该立面是电视所在墙面，如图 10-119 所示。

图 10-119 客厅 B 立面图

课堂举例 10-12： 绘制客厅 B 立面图

视频 \ 第 10 章 \ 课堂举例 10-12.mp4

01 复制图形。绘制立面需要借助平面布置图，复制错层平面布置图上客厅 B 立面的平面部分。

02 绘制 A 立面基本轮廓。设置"LM_立面"图层为当前图层。

03 调用 LINE/L 命令，绘制 B 立面左、右侧墙体和地面轮廓线，如图 10-120 所示。

04 根据顶棚图的客厅标高，调用 OFFSET/O 命令，向上偏移地面轮廓线，偏移距离为 2860，得到顶面轮廓线，如图 10-121 所示。

图 10-120 绘制墙体和地面

图 10-121 绘制顶棚

05 调用 TRIM/TR 命令修剪立面轮廓，并将立面外轮廓转换至"QT_墙体"图层，如图 10-122 所示。

06 绘制造型墙。根据造型尺寸，调用 LINE/L 命令，划分墙面区域，结果如图 10-123 所示。

图 10-122 修剪立面外轮廓

图 10-123 划分墙面区域

07 绘制电视柜。调用 RECTANG/REC 命令，在多段线的上方绘制一个尺寸为 3260×30 的矩形，如图 10-124 所示。

08 调用 TRIM/TR 命令，对矩形下方的线段进行修剪，如图 10-125 所示。

图 10-124 绘制矩形

图 10-125 修剪线段

09 调用 LINE/L 命令和 MIRROR/MI 命令，在矩形下方绘制线段，如图 10-126 所示。

10 调用 CHAMFER/CHA 命令，对矩形进行倒角，倒角距离为 6，如图 10-127 所示。

图 10-126 绘制线段

图 10-127 倒角矩形

11 调用 LINE/L 命令，绘制线段，如图 10-128 所示。

图 10-128 绘制线段

12 填充造型墙。调用 HATCH/H 命令，再在命令行中输入 T 命令，弹出【填充图案和渐变色】对话框，在对话框中设置参数，对造型墙填充 AR-PARQ1 图案，如图 10-129 所示。

图 10-129 填充参数和效果

13 调用 HATCH/H 命令，再在命令行中输入 T 命令，弹出【填充图案和渐变色】对话框，在对话框中设置参数，填充 AR-RROOF 图案，如图 10-130 所示。

图 10-130 填充参数和效果

14 绘制台阶和圆柱。调用 RECTANG/REC 命令，绘制一个尺寸为 2315×120 的矩形表示一级台阶，如图 10-131 所示。

图 10-131 绘制矩形

15 调用 PLINE/PL 和 CHAMFER/CHA 命令，绘制台阶的台面，效果如图 10-132 所示。

16 调用 TRIM/TR 命令，修剪掉多余的线段，如图 10-133 所示。

图 10-132 绘制台面

图 10-133 修剪线段

17 绘制圆柱。调用 LINE/L 命令，绘制圆柱的投影线，再调用 TRIM/TR 命令，进行修剪，效果如图 10-134 所示。

⑱ 调用 LINE/L 命令和 OFFSET/O 命令，细化圆柱，效果如图 10-135 所示。

图 10-134 绘制圆柱轮廓　图 10-135 细化圆柱

⑲ 调用 RECTANG/REC 命令，绘制一个边长为 450 的矩形，效果如图 10-136 所示。

⑳ 调用 LINE/L 命令、PLINE/PL 命令和 TRIM/TR 命令，绘制二、三级台阶，效果如图 10-137 所示。

图 10-136 绘制矩形

图 10-137 绘制台阶

㉑ 插入图块。按 Ctrl+O 快捷键，打开配套资源提供的"第 10 章 \ 家具图例 .dwg"文件，选择其中的盆栽、电视、电视柜、陈设品和音响等图块，将其复制至客厅立面内，并将与前面所绘制的图形相交的位置进行修剪，结果如图 10-138 所示。

㉒ 标注尺寸和材料说明。设置"BZ_ 标注"图层为当前图层，设置当前注释比例为 1∶50。

图 10-138 插入图块

㉓ 调用 DIMLINEAR/DLI 命令或执行【标注】|【线型】命令标注尺寸，结果如图 10-139 所示。

图 10-139 尺寸标注

㉔ 调用 MLEADER/MLD 命令进行材料标注，标注结果如图 10-140 所示。

㉕ 插入图名。调用插入图块命令 INSERT/I，插入"图名"图块，设置 B 立面图名称为"客厅 B 立面图"，客厅 B 立面图绘制完成。

图 10-140 材料标注

10.8.2 绘制儿童房 B 立面图

儿童房立面图如图 10-141 所示，儿童房的书桌是布置在阳台上的，其立面反映了各空间的位置关系和过渡方式。

图 10-141 儿童房 B 立面图

📖 课堂举例 10-13： 绘制儿童房 B 立面图

▶ 视频 \ 第 10 章 \ 课堂举例 10-13.mp4

① 复制图形。复制错层平面布置图上儿童房 B 立面的平面部分。

② 绘制基本轮廓。设置"LM_ 立面"图层为当前图层。

③ 调用 LINE/L 命令，绘制儿童房墙体投影线和地面轮廓，如图 10-142 所示。

④ 根据顶棚标高，调用 OFFSET/O 命令，向上偏移地面轮廓线，偏移距离分别为 2860 和 2560，结果如图 10-143 所示。

图 10-142　　　图 10-143　绘制顶棚
绘制墙体和地面

⑤ 调用 TRIM/TR 命令，修剪多余线段，得到儿童房基本轮廓，并转换至"QT_ 墙体"图层，如图 10-144 所示。

图 10-144　立面基本轮廓

⑥ 填充墙体。调用 HATCH/H 命令，再在命令行中输入 T 命令，弹出【填充图案和渐变色】对话框，在对话框中设置参数，对墙体填充 ANSI31 图案，填充参数和效果如图 10-145 所示。

图 10-145　填充参数和效果

⑦ 绘制衣柜。调用 RECTANG/REC 命令，绘制衣柜轮廓，如图 10-146 所示。

⑧ 调用 LINE/L 命令，绘制矩形的对角线，如图 10-147 所示。

⑨ 绘制地台和书架。阳台的地面抬高了 150，调用 RECTANG/REC 命令，绘制台面，如图 10-148 所示。

图 10-146　　　图 10-147　绘制对角线
绘制衣柜轮廓

图 10-148　绘制台面

⑩ 调用 HATCH/H 命令，再在命令行中输入 T 命令，弹出【填充图案和渐变色】对话框，在对话框中设置参数，对台面填充 ANSI38 图案，填充参数和效果如图 10-149 所示。

⑪ 调用 RECTANG/REC 命令，绘制书架，效果如图 10-150 所示。

图 10-149　填充参数和效果

图 10-150　绘制书架

⑫ 绘制墙面。儿童房墙面使用的是墙纸，直接填充图案即可，调用 HATCH/REC 命令，再在命令行中输入 T 命令，弹出【填充图案和渐变色】对话框，在对话框中设置参数，对儿童房墙面填充 CROSS 图案，填充参数和效果如图 10-151 所示。

图 10-151　填充墙面

⑬ 插入图块。从图块中调入相关图形，包括装饰画、床、床头柜、书本、书桌和台灯等图形，并进行修剪，结果如图 10-152 所示。

图 10-152　插入图块

⑭ 标注尺寸、材料说明。设置"BZ_标注"为当前图层，设置当前注释比例为 1∶50。调用线性标注命令 DIMLINEAR/DLI 进行尺寸标注，如图 10-153 所示。

图 10-153　尺寸标注

⑮ 调用多重引线命令，对材料进行标注，结果如图 10-154 所示。

⑯ 插入图名。调用插入图块命令 INSERT/I，插入"图名"图块，设置 B 立面图名称为"儿童房 B 立面图"。儿童房 B 立面图绘制完成。

图 10-154　材料说明

10.8.3　绘制其他立面图

请读者参考前面讲解的方法绘制如图 10-155、图 10-156、图 10-157 和图 10-158 所示立面图，它们的绘制方法都比较简单，这里就不再详细讲解了。

图 10-155　客厅 D 立面图

图 10-156　门厅立面图

图 10-157　主卧 D 立面图

图 10-158　主卫 C 立面图

第11章

欧式风格别墅室内设计

本章导读

　　随着经济水平的提高，人们对生活品质的追求也越来越高，购买别墅的业主越来越多，别墅设计的重点是对功能和风格的把握。别墅设计首先以理解别墅居住群体的生活方式为前提，才能够真正将空间功能划分到位。

　　欧式风格强调线形流动变化，色彩华丽。在形式上以浪漫主义为基础，装修材料常用大理石、多彩的植物、精美的地毯、精致的壁挂，整个风格豪华、富丽，充满强烈的动感效果。欧式风格最适合大面积房间，若空间太小，不但无法展现其风格气势，反而造成一种压迫感。

　　本章以欧式风格别墅为例，介绍别墅施工图的绘制方法。欧式风格的主基调为白色，主要的用材为石膏线、石材、铁艺、玻璃、壁纸和涂料等，体现出欧式的美感。

本章重点

➢ 调用样板新建文件
➢ 绘制别墅原始户型图
➢ 绘制别墅平面布置图
➢ 绘制别墅地材图
➢ 绘制别墅顶棚图
➢ 绘制别墅立面图

11.1 调用样板新建文件

本书第 6 章创建了室内装潢施工图样板,该样板已经设置了相应的图形单位、样式、图层和图块等,原始户型图可以直接在此样板的基础上进行绘制。

课堂举例 11-1: 新建别墅室内设计文件

▶ 视频 \ 第 11 章 \ 课堂举例 11-1.mp4

① 启动 AutoCAD 2018 软件,单击【新建】按钮□,打开"选择样板"对话框,如图 11-1 所示。

图 11-1 "选择样板"对话框

② 选择"室内装潢施工图模板",单击【打开】按钮,以样板创建图形,新图形中包含了样板中创建的图层、样式和图块等内容。

③ 单击【保存】按钮□,打开"图形另存为"对话框,在"文件名"框中输入文件名,单击【保存】按钮保存图形。

11.2 绘制别墅原始户型图

别墅的原始户型图需要绘制的内容有房屋平面的形状、大小、墙的位置和尺寸、楼梯、门窗的类型和位置以及下水道的位置等。

如图 11-2 所示为本例别墅一层原始户型图,下面以一层原始户型图为例,介绍别墅原始户型图的方法。

11.2.1 绘制轴线

如图 11-3 所示为绘制完成的轴线,下面讲解使用 OFFSET/O 命令绘制轴线的方法。

图 11-2 一层原始户型图

图 11-3 别墅轴网

课堂举例 11-2: 绘制别墅户型图轴线

▶ 视频 \ 第 11 章 \ 课堂举例 11-2.mp4

① 设置"ZX_轴线"图层为当前图层。

② 调用 LINE/L 命令。在图形窗口中绘制长度为 13000(略大于原始平面最大尺寸)的水平线段,确定水平方向尺寸范围,如图 11-4 所示。

③ 继续调用 LINE/L 命令,在如图 11-4 所示位置绘制一条长约 13000 的垂直线段,确定垂直方向尺寸范围,如图 11-5 所示。

④ 调用 OFFSET/O 命令,根据轴网尺寸,依

次向右偏移上开间、下开间墙体的垂直线段
和依次向上偏移上进深、下进深墙体水平线
段，结果如图 11-6 所示。

图 11-4 绘制水平线段 图 11-5 绘制水平线段

图 11-6 偏移线段

11.2.2 标注尺寸

课堂举例 11-3： 标注轴线尺寸

视频 \ 第 11 章 \ 课堂举例 11-3.mp4

01 设置"BZ_ 标注"图层为当前图层，设置
当前注释比例为 1:100。

02 调用 RECTANG/REC 命令，绘制一个比图形
稍大的矩形，如图 11-7 所示。

图 11-7 绘制矩形

03 调用 DIM 命令，进行尺寸标注，然后删除
前面绘制的矩形，结果如图 11-8 所示。

图 11-8 尺寸标注

11.2.3 修剪轴线

课堂举例 11-4： 修剪别墅轴线

视频 \ 第 11 章 \ 课堂举例 11-4.mp4

01 调用 TRIM/TR 命令，对轴线进行修剪。

02 修剪后的效果如图 11-9 所示，别墅一层的
空间结构大致就表现出来了。

图 11-9 修剪轴线

11.2.4 绘制墙体

课堂举例 11-5： 绘制别墅墙体

视频 \ 第 11 章 \ 课堂举例 11-5.mp4

01 调用 OFFSET/O 命令，墙体的宽度是 240
和 120，将轴线向两侧偏移。

02 将偏移后的线段转换为"QT_ 墙体"图层，
即可得到墙体，效果如图 11-10 所示。

图 11-10　绘制墙体

图 11-11　对齐前后对比

⚙ 提示

在绘制墙体的过程中，可能会遇到不同宽度的墙体不能对齐的问题，此时可以使用 MOVE 命令手动将墙体线对齐，如图 11-11 所示。

11.2.5　修剪墙体

📖 课堂举例 11-6：　修剪别墅墙体

▶ 视频＼第 11 章＼课堂举例 11-6.mp4

① 隐藏 "ZX_ 轴线" 图层。

② 调用 TRIM/TR 命令和 CHAMFER/CHA 命令，修剪墙体，效果如图 11-12 所示。

③ 调用 LINE/L 命令，绘制线段封闭墙体，如图 11-13 所示。

图 11-12　修剪墙体　　　图 11-13　封闭墙体

11.2.6　绘制承重墙

承重墙是建筑的承重结构，在室内装修时，不能进行任何的改造，所以在原始户型图中应将其准确地标出。

📖 课堂举例 11-7：　绘制别墅承重墙

▶ 视频＼第 11 章＼课堂举例 11-7.mp4

① 调用 LINE/L 命令，封闭承重墙区域，如图 11-14 所示。

② 调用 HATCH/H 命令，在封闭的区域内填充 SOLID　▾ 图案，填充效果如图 11-15 所示。

③ 使用同样的方法绘制其他承重墙，效果如图 11-16 所示。

图 11-14　封闭承重墙　　图 11-15　填充承重墙
　　　　　区域　　　　　　　　　区域

图 11-16　绘制其他承重墙

11.2.7　绘制门窗

📖 课堂举例 11-8：　绘制别墅门窗

▶ 视频＼第 11 章＼课堂举例 11-8.mp4

① 开门洞和窗洞。调用 OFFSET/O 命令和 TRIM/TR 命令，开门洞和窗洞，效果如图 11-17 所示。

② 绘制子母门。子母门是一种特殊的双门扇对开门，由一个宽度较小的门扇（子门）与一个宽度较大的门扇（母门）构成。一般在门洞宽度较大时，为了门整体的美观，门扇设

计成一大一小的子母形式, 如图 11-18 所示。

图 11-17 开门洞和窗洞　　图 11-18 子母门

03 调用 INSERT/I 命令, 插入门图块, 如图
11-19 所示。

04 绘制窗。调用 OFFSET/O 命令、LINE/L 命
令和 PLINE/PL 命令, 绘制窗, 效果如图
11-20 所示。

图 11-19 插入门图块

图 11-20 绘制窗

11.2.8　绘制阳台

　课堂举例 11-9：　　绘制阳台

　视频 \ 第 11 章 \ 课堂举例 11-9.mp4

01 设置 "C_窗" 图层为当前图层。

02 调用 PLINE/PL 命令, 绘制多段线, 如图
11-21 所示。

03 调用 OFFSET/O 命令, 将多段线向内偏移
120, 如图 11-22 所示。

04 使用同样的方法, 绘制其他同类型阳台, 如
图 11-23 所示。

图 11-21 绘制多段线　　图 11-22 偏移多段线

图 11-23 绘制阳台

11.2.9　绘制楼梯

　　楼梯平面图是各层楼梯的水平剖面图, 水
平剖面图应通过每层上行第一梯段, 因此通向
二层的楼梯应被断开, 而通向底层的楼梯段应
绘制完整, 如图 11-24 所示。

　　楼梯尺寸如图 11-24 所示, 下面介绍绘制
方法。

　课堂举例 11-10：　绘制楼梯

　视频 \ 第 11 章 \ 课堂举例 11-10.mp4

01 设置 "LT_楼梯" 图层为当前图层。

02 调用 LINE/L 命令, 绘制一层楼板边界线,
如图 11-25 所示。

03 调用 OFFSET/O 命令，向上偏移刚才绘制的线段，偏移距离为 250（每一踏面宽为 250mm），偏移次数为 6，得到踏步平面图如图 11-26 所示。

图 11-24　一层楼梯平　图 11-25　绘制楼板边
　　　　　　面图　　　　　　　　　界线

04 调用 RECTANG/REC 命令，在踏步中心线上绘制扶手，如图 11-27 所示。

图 11-26　偏移线段　　　图 11-27　绘制扶手

05 调用 TRIM/TR 命令，修剪矩形内部和左侧的踏步线，得到效果如图 11-28 所示。

06 调用 PLINE/PL 命令，绘制折断线，调用 TRIM/TR 命令，进行修剪，得到如图 11-29 所示效果。

图 11-28　修剪线段　　　图 11-29　绘制折断线

07 为了区分上、下梯段，需要标注箭头注释。需要创建一个新的多重引线样式，调用

MLEADERSTYLE/MLS 命令，创建"箭头"多重引线样式，设置箭头符号为"实心闭合"，如图 11-30 所示。

08 设置当前多重引线样式为"箭头"，绘制一层楼梯平面箭头注释，如图 11-31 所示，一层楼梯绘制完成。

图 11-30　创建多重引线样式　图 11-31　绘制
　　　　　　　　　　　　　　　　箭头

11.2.10 文字标注和绘制管道

课堂举例 11-11：　绘制文字标注和管道

　视频 \ 第 11 章 \ 课堂举例 11-11.mp4

01 调用 MTEXT/MT 命令，对各房间进行文字标注，如图 11-32 所示。

02 将【水电】图层设置为当前，调用 RECTANG/REC、LINE/L、OFFSET/O 命令，绘制管道，完成一层原始户型图的绘制。

图 11-32　文字标注

11.2.11　绘制其他层原始户型图

　　用上述方法绘制别墅二层和三层原始户型图，绘制完成的效果如图 11-33 和图 11-34 所示。

图 11-33　二层原始户型图

图 11-34　三层原始户型图

11.3　绘制别墅平面布置图

　　本节将采用各种方法，逐步完成本例欧式风格别墅平面布置图的绘制。绘制完成的一层、二层和三层平面布置图如图 11-35、图 11-36 和图 11-37 所示。

图 11-35　一层平面布置图

图 11-36　二层平面布置图

图 11-37　三层平面布置图

11.3.1 绘制客厅平面布置图

客厅是指专门接待客人的地方，往往最能体现一个人的个性和品位。本例采用的是欧式风格，在客厅中设置了壁炉，如图 11-38 所示。如图 11-39 所示为最终完成的客厅平面布置图。

图 11-38 客厅　　图 11-39
客厅平面布置图

课堂举例 11-12：　绘制客厅平面布置图

视频 \ 第 11 章 \ 课堂举例 11-12.mp4

① 调用 RECTANG/REC 命令和 LINE/L 命令。绘制装饰柜和鞋柜。
② 从配套资源"第 11 章 \ 家具图例 .dwg"中调用沙发等图块，完成客厅平面布置图绘制。

11.3.2 绘制主卧和主卫平面布置图

如图 11-40 所示为主卧和主卫平面布置图，下面讲解绘制方法。

图 11-40 主卧和主卫平面布置图

课堂举例 11-13：　绘制主卧和主卫平面布置图

视频 \ 第 11 章 \ 课堂举例 11-13.mp4

① 插入门图块。调用 INSERT/I 命令，插入门图块，效果如图 11-41 所示。

图 11-41 插入门图块

② 绘制推拉门。设置"M_ 门"图层为当前图层。
③ 调用 LINE/L 命令，绘制线段表示门槛线，如图 11-42 所示。
④ 调用 RECTANG/REC 命令，绘制一个尺寸为 1350×50 的矩形，如图 11-43 所示。

图 11-42 绘制门槛线

图 11-43 绘制矩形

⑤ 调用 MIRROR/MI 命令，对矩形进行镜像，如图 11-44 所示。

06 绘制床背景墙。调用 LINE/L 命令和 OFFSET/
O 命令，绘制辅助线，如图 11-45 所示。

图 11-44 镜像矩形

图 11-45 绘制辅助线

07 调用 PLIN/PL 命令，绘制多段线，然后删
除辅助线，如图 11-46 所示。

08 调用 LINE/L 命令和 OFFSET/O 命令，绘制
辅助线，如图 11-47 所示。

图 11-46 绘制多段线

图 11-47 绘制辅助线

09 调用 CIRCLE/C 命令，以辅助线的交点为圆
心绘制半径为 460 的圆，然后删除辅助线，
如图 11-48 所示。

10 调用 TRIM/TR 命令，对圆进行修剪，如图
11-49 所示。

图 11-48 绘制圆　　　　图 11-49 修剪圆

11 调用 MIRROR/MI 命令，将圆弧镜像到下方，
如图 11-50 所示。

12 绘制衣柜。调用 LINE/L 命令，绘制线段，
如图 11-51 所示。

图 11-50 镜像圆弧　　　　图 11-51 绘制线段

13 调用 LINE/L 命令和 OFFSET/O 命令，绘制
线段，如图 11-52 所示。

14 调用 LINE/L 命令，绘制线段得到衣柜门板
厚度，如图 11-53 所示。

图 11-52 绘制线段　　　　图 11-53 绘制线段

⑮ 调用 LINE/L 命令和 OFFSET/O 命令，绘制线段表示挂衣杆，如图 11-54 所示。

⑯ 绘制主卫门。调用 RECTANG/REC 命令，绘制一个尺寸为 40×800 的矩形表示门，如图 11-55 所示。

⑰ 调用 LINE/L 命令，绘制线段表示洗手台面和浴缸台面，如图 11-56 所示。

⑱ 插入图块。从图库中插入电视、沙发、床、书桌、衣架、坐便器、洗手盆和浴缸图块，如图 11-40 所示，主卧和主卫平面布置图绘制完成。

图 11-54 绘制挂衣杆

图 11-55 绘制矩形   图 11-56 绘制台面

11.3.3 绘制视听室平面布置图

视听室可以称作家庭影院，在设计的时候需要注意隔声，常在墙体中填入吸声棉，达到隔声效果，如图 11-57 所示。

如图 11-58 所示为别墅三层视听室的平面布置图，下面介绍绘制方法。

图 11-57 视听室

图 11-58 视听室平面布置图

课堂举例 11-14： 绘制视听室平面布置图

视频 \ 第 11 章 \ 课堂举例 11-14.mp4

① 调用 INSERT/I 命令，插入门图块，如图 11-59 所示。

② 调用 RECTANG/REC 命令，绘制高柜和电视柜，如图 11-60 所示。

③ 从图库中插入电视、茶几和沙发组图块，如图 11-58 所示，视听室平面布置图绘制完成。

图 11-59 插入门图块

图 11-60 绘制高柜和电视柜

11.4 绘制别墅地材图

本例别墅地面使用了大理石、防滑砖、实木地板、防腐木地板和地毯。如图 11-61 所示为绘制完成的别墅二层地材图，下面讲解绘制方法。

课堂举例 11-15： 绘制别墅地材图

▶ 视频 \ 第 11 章 \ 课堂举例 11-15.mp4

① 复制图形。地材图在平面布置图的基础上进行绘制，因此调用 COPY/CO 命令，将平面布置图复制一份。

② 删除平面布置图中与地材图无关的图形，结果如图 11-62 所示。

图 11-61　二层地材图

图 11-62　整理图形

③ 绘制门槛线。设置"DM_地面"图层为当前图层。

④ 调用 LINE/L 命令，在门洞处绘制门槛线，如图 11-63 所示。

⑤ 绘制收藏室地面。调用 RECTANG/REC 命令，绘制矩形框住房间名称，如图 11-64 所示。

图 11-63　绘制门槛线

图 11-64　绘制矩形

⑥ 继续调用 RECTANG/REC 命令，捕捉收藏室各墙角顶点，绘制矩形，如图 11-65 所示。

⑦ 调用 OFFSET/O 命令，将矩形向内偏移 200，然后删除前面绘制的矩形，如图 11-66 所示。

图 11-65　绘制矩形　　图 11-66　偏移矩形

08 调用 HATCH/H 命令, 在矩形内填充 [AR-SAND] 图案, 表示地毯, 效果如图 11-67 所示。

09 绘制过道地面。调用 OFFSET/O 命令, 绘制辅助线, 如图 11-68 所示。

图 11-67 填充收藏室地面

图 11-68 绘制辅助线

10 调用 RECTANG/REC 命令, 以辅助线的交点为矩形的第一个角点, 绘制尺寸为 660×970 的矩形, 然后删除辅助线, 如图 11-69 所示。

11 调用 OFFSET/O 命令, 将矩形向内偏移 100, 如图 11-70 所示。

图 11-69 绘制矩形

图 11-70 偏移矩形

12 调用 H 命令, 在两个矩形之间区域填充 [AR-CONC] 图案, 表示大理石, 如图 11-71 所示。

13 继续调用 H 命令, 在矩形内填充 [AR-PARQ1] 图案, 表示实木地板, 如图 11-72 所示。

图 11-71 填充图案

图 11-72 填充图案

14 调用 ARRAY/AR 命令, 对绘制的图形进行阵列, 行数为 1, 列数为 6, 列距为 1300, 效果如图 11-73 所示。

图 11-73 阵列结果

15 调用 LINE/L 命令, 绘制如图 11-74 所示线段, 封闭填充区域。

图 11-74 阵列结果

⑯ 调用 HATCH/H 命令，对过道其他区域填充 `DOLMIT` ∨ 图案，表示实木地板，如图 11-75 所示。

图 11-75 填充过道地面

⑰ 填充其他房间地面。调用 HATCH/H 命令，在阳台和主卧露台区域填充 `AR-PARQ1` ∨ 图案，表示防腐木地板，效果如图 11-76 所示。

图 11-76 填充阳台和露台地面

⑱ 调用 HATCH/H 命令，在主卫和客卫区域填充 `ANGLE` ∨ 图案，表示防滑砖，效果如图 11-77 所示。

图 11-77 填充主卫和客卫地面

⑲ 调用 HATCH/H 命令，在书房和主卧区域填充 `DOLMIT` ∨ 图案，表示实木地板，效果如

图 11-78 所示。

⑳ 填充图案后，删除文字周围的矩形，效果如图 11-79 所示。

图 11-78 填充书房和主卧地面

图 11-79 删除矩形

㉑ 材料说明。调用 MLEADER/MLD 命令，标注地面材料，效果如图 11-61 所示，完成别墅二层地材图的绘制。

㉒ 绘制其他层地材图。使用同样的方法，绘制别墅一层和三层地材图，如图 11-80 和图 11-81 所示。

图 11-80　一层地材图

图 11-81　三层地材图

图 11-82　一层顶棚图

图 11-83　二层顶棚图

11.5　绘制别墅顶棚图

欧式风格家具顶棚设计一般较为复杂，常用大型灯池，并用华丽的吊灯营造气氛。如图 11-82、图 11-83 和图 11-84 所示为本例别墅绘制完成的顶棚图，下面讲解具体绘制方法。

11.5.1　绘制客厅中空顶棚图

如图 11-85 所示为客厅中空顶棚图，下面讲解绘制方法。

图 11-84　三层顶棚图

图 11-85　客厅中空顶棚图

课堂举例 11-16：　绘制客厅中空顶棚图

视频 \ 第 11 章 \ 课堂举例 11-16.mp4

01 复制图形。顶棚图可在平面布置图的基础上进行绘制，复制平面布置图，删除与顶棚图无关的图形，如图 11-86 所示。

图 11-86　整理图形

02 绘制墙体线。设置"DM_ 地面"图层为当前图层。

03 调用 LINE/L 命令，绘制墙体线，如图 11-87 所示。

04 绘制顶棚造型。设置"DD_ 顶棚"图层为当前图层。

05 调用 LINE/L 命令，绘制如图 11-88 所示线段。

06 调用 OFFSET/O 命令，绘制辅助线，如图 11-89 所示。

图 11-87　绘制墙体线

图 11-88　绘制线段

图 11-89　绘制辅助线

07 调用 RECTANG/REC 命令，以辅助线的交点为矩形的第一个角点绘制边长为 1610 的矩形，然后删除辅助线，如图 11-90 所示。

⑧ 调用 OFFSET/O 命令，将矩形向内偏移 20 和 30，如图 11-91 所示。

图 11-90　绘制矩形　　　图 11-91　偏移矩形

⑨ 调用 COPY/CO 命令，对矩形进行复制，如图 11-92 所示。

⑩ 调用 CIRCLE/C 命令，以矩形的中点为圆心绘制半径为 700 的圆，如图 11-93 所示。

图 11-92　复制矩形

图 11-93　绘制圆

⑪ 调用 OFFSET/O 命令，将圆依次向外偏移 180、240、440、470、790、820 和 880，如图 11-94 所示。

图 11-94　偏移圆

⑫ 调用 TRIM/TR 命令，对圆和线段进行修剪，如图 11-95 所示。

图 11-95　修剪线段

⑬ 将顶棚造型中的灯带图形设置为虚线，如图 11-96 所示。

⑭ 调用 HATCH/H 命令，在最小的圆内填充 AR-RROOF 图案，效果如图 11-97 所示。

图 11-96　设置线型

图 11-97　填充图案

⑮ 绘制空调出风口。调用 OFFSET/O 命令、RECTANG/REC 命令、HATCH/H 命令和 COPY/CO 命令，绘制空调出风口，如图 11-98 所示。

⑯ 布置灯具。调用 COPY/CO 命令，复制灯具图例表到图形中，如图 11-99 所示。

⑰ 调用 COPY/CO 命令，将吊灯图形复制到顶棚中，如图 11-100 所示。

图 11-98 绘制空调出风口

图例	名称
✦	吊灯
⊗	吸顶灯
●	天花暗藏音响
✦	筒灯
☒	排气扇

图 11-99 图例表　　图 11-100 复制吊灯图形

⑱ 继续调用 COPY/CO 命令，将灯具复制到顶棚中，如图 11-101 所示。

⑲ 调用 ARRAY/AR 命令，对灯具图形进行环形阵列，阵列结果如图 11-102 所示。

图 11-101 复制灯具图形

图 11-102 阵列结果

⑳ 调用 COPY/CO 命令，布置其他灯具，结果如图 11-103 所示。

㉑ 标高和文字说明。调用 INSERT/I 命令，插入"标高"图块标注标高，如图 11-104 所示。

㉒ 调用 MLEADER/MLD 命令，对顶棚材料进行文字说明，客厅中空顶棚图绘制完成。

图 11-103 布置灯具

图 11-104 插入标高

11.5.2 绘制主卧顶棚图

如图 11-105 所示为主卧顶棚图，下面讲解绘制方法。

📖 **课堂举例 11-17：** 绘制主卧顶棚图

▶️ 视频 \ 第 11 章 \ 课堂举例 11-17.mp4

① 绘制主卧顶棚造型。调用 LINE/L 命令和 OFFSET/O 命令，绘制如图 11-106 所示线段，适当的进行调整，然后将其转换至【顶棚】图层。

图 11-105 主卧顶棚图

白橡木饰面
夹板天花刷白
白色长毛地毯
主卫
主卧

图 11-106 绘制线段

② 继续调用 LINE/L 命令和 OFFSET/O 命令，绘制顶棚造型，如图 11-107 所示。

图 11-107 绘制顶棚造型

③ 调用 PLINE/PL 命令，绘制窗帘，并调用 MIRROR/MI 命令和 MOVE/M 命令，将窗帘放置在窗帘盒中，如图 11-108 所示。

图 11-108 放置窗帘

④ 填充顶棚图案。调用 HATCH/H 命令，在两侧顶棚区域填充 EARTH 图案，填充效果如图 11-109 所示。

⑤ 继续调用 HATCH/H 命令，在中间顶棚区域填充 EARTH 图案，填充效果如图 11-110 所示。

⑥ 布置灯具。调用 COPY/CO 命令，复制灯具图形到顶棚图中，并对灯具图形与填充图案相交的位置进行修剪，如图 11-111 所示。

图 11-109 填充图案

图 11-110 填充图案

⑦ 标高和说明文字。调用 INSERT/I 命令，插入"标高"图块标注标高，如图 11-112 所示。

图 11-111 复制灯具

图 11-112 插入标高图块

⑧ 调用 MLEADER/MLD 命令，对顶棚材料进行文字说明，主卧顶棚图绘制完成。

⑨ 其他空间的顶棚图可以使用上述方法进行绘制，这里就不一一讲解了。

11.6 绘制别墅立面图

欧式强调线性流动的变化，顶、壁和门窗等装饰角线丰富复杂，工艺繁杂。本节选择了客厅、餐厅和主卫典型立面施工图，详细讲解欧式立面施工图的画法。

11.6.1 绘制客厅 C 立面图

如图 11-113 所示为客厅 C 立面图，C 立面图表达了电视所在墙面和壁炉的做法，下面讲解绘制方法。

客厅C立面图　1：100

图 11-113 客厅 C 立面图

📖 **课堂举例 11-18：** 绘制客厅 C 立面图

▶ 视频 \ 第 11 章 \ 课堂举例 11-18.mp4

① 复制图形。调用 COPY/CO 命令，复制别墅平面布置图上客厅 C 立面的平面部分，并对图形进行旋转。

② 绘制 C 立面基本轮廓。设置"LM_立面"图层为当前图层。

③ 调用 LINE/L 命令，绘制 C 立面左、右侧墙

体和地面轮廓线，如图 11-114 所示。

04 根据顶棚图客厅的标高，调用 OFFSET/O 命令，向上偏移地面轮廓线，偏移高度为 5900，如图 11-115 所示。

图 11-114　绘制墙体
　　　　　和地面
图 11-115　偏移线段

05 调用 TRIM/TR 命令，修剪多余线段，并将立面轮廓转换至"QT_墙体"图层，如图 11-116 所示。

06 绘制顶棚。调用 OFFSET/O 命令，将顶棚轮廓线向下偏移 300 和 20，并将偏移后的线段转换至"LM_立面"图层，如图 11-117 所示。

图 11-116　修剪立面轮廓　　图 11-117　偏移线段

07 绘制壁炉。调用 RECTANG/REC 命令、LINE/L 命令、MOVE/M 命令、ARC/A 和 COPY/CO 命令，绘制壁炉上方造型，如图 11-118 所示。

图 11-118　绘制壁炉上方造型

08 壁炉是在室内靠墙砌的生火取暖的设备。并根据不同国家的文化分为：美式壁炉、英式壁炉、法式壁炉等，造型因此各异。如图 11-119 所示。

09 调用 PLINE/PL 命令，绘制多段线，如图 11-120 所示。

图 11-119　壁炉

图 11-120　绘制多段线

10 调用 ARC/A 命令和 PLINE/PL 命令，绘制圆弧和多段线连接图形，如图 11-121 所示。

11 调用 OFFSET/O 命令，将多段线向内偏移两次 30，如图 11-122 所示。

图 11-121　绘制圆弧和多段线

图 11-122　偏移多段线

12 调用 PLINE/PL 命令，绘制壁炉下方造型，如图 11-123 所示。

13 调用 HATCH/H 命令，在壁炉内填充 AR-CONC 图案，填充效果如图 11-124 所示。

图 11-123　绘制壁炉下方造型

图 11-124　填充壁炉

⑭ 绘制墙面装饰造型。调用 RECTANG/REC 命令、LINE/L 命令和 OFFSET/O 命令，绘制如图 11-125 所示造型。

⑮ 调用 COPY/CO 命令，对图形进行复制，如图 11-126 所示。

图 11-125　绘制墙面造型

图 11-126　复制图形

⑯ 调用 LINE/L 命令和 OFFSET/O 命令，绘制如图 11-127 所示线段。

图 11-127　绘制线段

⑰ 调用 PLINE/PL 命令，绘制如图 11-128 所示图形。

图 11-128　绘制图形

⑱ 调用 OFFSET/O 命令，将图形向内偏移两次 10，如图 11-129 所示。

⑲ 调用 LINE/L 命令和 OFFSET/O 命令，在图形内绘制线段，并对线段进行调整，如图 11-130 所示。

图 11-129　偏移　　　　图 11-130　绘制线段

⑳ 调用 RECTANG/REC 命令，绘制如图 11-131 所示矩形。

㉑ 调用 OFFSET/O 命令，对矩形偏移 15，如图 11-132 所示。

图 11-131　绘制矩形　　图 11-132　偏移矩形

㉒ 调用 RECTANG/REC 命令、OFFSET/O 命令和 MOVE/M 命令，在矩形内绘制如图 11-133 所示图形。

㉓ 继续调用 OFFSET/O 命令，绘制辅助线，如图 11-134 所示。

图 11-133 绘制图形

图 11-134 绘制辅助线

㉔ 调用 CIRCLE/C 命令，绘制半径为 955 的圆，如图 11-135 所示。

㉕ 调用 OFFSET/O 命令，将圆向外偏移 15、80、15、100 和 15，如图 11-136 所示。

图 11-135 绘制圆

图 11-136 偏移圆

㉖ 调用 TRIM/TR 命令，对圆和矩形进行修剪，效果如图 11-137 所示。

㉗ 调用 MIRROR/MI 命令，对图形进行镜像，如图 11-138 所示。

图 11-137 修剪圆和矩形 图 11-138 镜像图形

㉘ 调用 LINE/L 命令和 OFFSET/O 命令，划分墙面，如图 11-139 所示。

㉙ 填充墙面。调用 HATCH/H 命令，再在命令行中输入 T 命令，弹出【图案填充和渐变色】对话框，在对话框中设置参数，对墙面填充 `ANSI31` 图案，填充效果如图 11-140 所示。

图 11-139 划分墙面

图 11-140 填充墙面

㉚ 继续调用 HATCH/H 命令，对两侧墙面填充 `AR-RROOF` 图案，填充效果如图 11-141 所示。

㉛ 绘制墙体。设置"QT_墙体"图层为当前图层。

㉜ 调用 LINE/L 命令和 OFFSET/O 命令，绘制如图 11-142 所示线段。

图 11-141 填充墙面

图 11-142 绘制线段

㉝ 调用 HATCH/H 命令，再在命令行中输入 T 命令，弹出【图案填充和渐变色】对话框，在对话框中设置参数，在线段内填充 AR-CONC 图案和 ANSI31 图案，效果如图 11-143 所示。

㉞ 插入图块。从图库中调入相关图块，包括楼梯扶手、雕花和装饰品等，结果如图 11-144 所示。

图 11-143 填充图案

图 11-144 插入图块

㉟ 标注尺寸和材料说明。因为客厅 C 立面表达的是两层，需将比例设置大一些，这里设置比例为 1:100。

㊱ 调用 DIMLINEAR/DLI 命令标注尺寸，如图 11-145 所示。

图 11-145 尺寸标注

㊲ 调用 MLEADER/MLD 命令进行文字说明，主要包括立面材料及其做法的相关说明，效果如图 11-146 所示。

㊳ 插入图名。调用 INSERT/I 命令,插入"图名"图块，设置名称为"客厅 C 立面图"。客厅 C 立面图绘制完成。

11.6.2 绘制餐厅 C 立面图

如图 11-147 所示为餐厅 C 立面图, C 立面图表达了餐厅墙面的做法，下面讲解具体绘制方法。

图 11-146 文字说明

图 11-147　餐厅 C 立面图

课堂举例 11-19：　绘制餐厅 C 立面图

▶ 视频 \ 第 11 章 \ 课堂举例 11-19.mp4

① 复制图形。调用 COPY/CO 命令，复制别墅平面布置图上餐厅 C 立面的平面部分，并对图形进行旋转。

② 绘制 C 立面基本轮廓。设置"LM_立面"图层为当前图层。

③ 调用 LINE/L 命令，绘制 C 立面的墙体线和地面轮廓，如图 11-148 所示。

图 11-148　绘制墙体和地面

④ 根据顶棚标高，调用 OFFSET/O 命令，向上偏移地面轮廓线，偏移距离为 2500，如图 11-149 所示。

图 11-149　绘制顶面

⑤ 调用 TRIM/TR 命令，修剪多余线段，得到 C 立面基本轮廓，并转换至"QT_墙体"图层，如图 11-150 所示。

⑥ 绘制墙面装饰造型。调用 OFFSET/O 命令，绘制辅助线，如图 11-151 所示。

图 11-150　修剪立面轮廓　　图 11-151
　　　　　　　　　　　　　绘制辅助线

⑦ 调用 RECTANG/REC 命令，以辅助线的交点为矩形的第一个角点，绘制尺寸为 550×1950 的矩形，然后删除辅助线，如图 11-152 所示。

⑧ 调用 OFFSET/O 命令，将矩形向内偏移 8、14 和 8，如图 11-153 所示。

图 11-152 绘制矩形　　图 11-153 偏移矩形

⑨ 调用 COPY/CO 命令，通过复制得到右侧同样造型图形，如图 11-154 所示。

⑩ 使用同样的方法，绘制中间位置同样的墙面装饰造型，如图 11-155 所示。

图 11-154 复制图形

图 11-155 绘制墙面装饰造型

⑪ 绘制装饰柱。删除右侧墙体线，如图 11-156 所示。

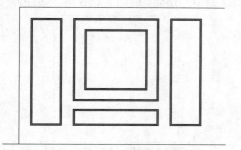

图 11-156 删除右侧墙体线

⑫ 调用 RECTANG/REC 命令和 LINE/L 命令，绘制装饰柱造型，并移动到相应的位置，如图 11-157 所示。

图 11-157 绘制装饰柱底

⑬ 调用 LINE/L 命令，绘制线段，如图 11-158 所示。

⑭ 绘制踢脚线。调用 LINE/L 和 OFFSET/O 命令，绘制踢脚线，如图 11-159 所示。

图 11-158 绘制线段

图 11-159 绘制踢脚线

⑮ 填充墙面。调用 HATCH/H 命令，再在命令行中输入 T 命令，弹出【图案填充和渐变色】对话框，在对话框中设置参数，对墙面填充 CROSS 图案，填充效果如图 11-160 所示。

⑯ 插入图块。从图库中调入相关图块，包括壁灯和壁挂电视等，并修剪重叠部分，结果如图 11-161 所示。

⑰ 标注尺寸和说明文字。设置"BZ_标注"图层为当前图层。

图 11-160 填充墙面图案

图 11-161 插入图块

⑱ 调用 DIMLINEAR/DLI 命令，标注尺寸，如图 11-162 所示。

图 11-162 尺寸标注

⑲ 调用 MLEADER/MLD 命令进行文字说明，主要包括里面材料及其做法的相关说明，效果如图 11-163 所示。

图 11-163 材料说明

⑳ 插入图名。调用 INSERT/I 命令，插入"图名"图块，设置名称为"餐厅 C 立面图"。餐厅 C 立面图绘制完成。

11.6.3 绘制主卫 B 立面图

如图 11-164 所示为主卫 B 立面图，B 立面图表达了洗手台面、银镜和浴缸的结构和做法，下面讲解绘制方法。

图 11-164 主卫 B 立面图

课堂举例 11-20：绘制主卫 B 立面图

▶️ 视频 \ 第 11 章 \ 课堂举例 11-20.mp4

① 绘制基本轮廓。使用前面讲解的方法绘制基本轮廓，如图 11-165 所示。

② 绘制填充层。调用 LINE/L 命令和 OFFSET/O 命令，绘制如图 11-166 所示线段。

图 11-165 绘制基本轮廓

图 11-166　绘制线段

03 调用 HATCH/H 命令，再在命令行中输入 T 命令，弹出【图案填充和渐变色】对话框，在对话框中设置参数，在线段的下方填充 `AR-CONC` 图案，效果如图 11-167 所示。

图 11-167　填充图案

04 绘制梳妆镜。调用 RECTANG/REC 命令、OFFSET/O 命令和 MOVE/M 命令，绘制梳妆镜轮廓，如图 11-168 所示。

05 调用 HATCH/H 命令，在梳妆镜内填充 `AR-RROOF` 图案，填充效果如图 11-169 所示。

图 11-168　绘制梳妆镜轮廓

图 11-169　填充图案

06 绘制墙面图案。调用 LINE/L 命令和 OFFSET/O 命令，绘制墙面图案，如图 11-170 所示。

07 调用 HATCH/H 命令，对墙面填充 `DOTS` 图案，填充效果如图 11-171 所示。

图 11-170　绘制墙面图案

图 11-171　填充墙面图案

08 绘制洗手盆台面。调用 RECTANG/REC 命令和 LINE/L 命令，绘制洗手盆台面，如图 11-172 所示。

09 调用 LINE/L 命令和 OFFSET/O 命令，划分洗手盆台面所在的墙面，如图 11-173 所示。

图 11-172　绘制洗手盆台面

图 11-173　划分墙面

⑩ 调 用 HATCH/H 命 令， 对 墙 面 填 充
AR-CONC 图案，填充效果如图 11-174 所示。

⑪ 插入图块。从图库中插入相应图块，包括雕
花和浴缸等图形，并进行修剪，完成后的效
果如图 11-175 所示。

图 11-174 填充墙面图案

图 11-175 插入图块

⑫ 标注尺寸和材料说明。调用 DIM 命令标注
立面尺寸，如图 11-176 所示。

图 11-176 尺寸标注

⑬ 调用 MLEADER/MLD 命令进行文字标注，
效果如图 11-177 所示。

⑭ 插入图名。调用 INSERT/IN 命令，插入"图

名"图块，设置名称为"主卫 B 立面图"。
主卫 B 立面图绘制完成。

图 11-177 材料说明

11.6.4 绘制其他立面图

使用上述方法绘制客厅 A 立面图、厨房 A
立面图、主卧 C 立面图、书房 A 立面图和主卫
D 立面图，如图 11-178、图 11-179、图 11-180、
图 11-181 和图 11-182 所示。

客厅A立面图 1：100

图 11-178 客厅 A 立面图

厨房A立面图 1:50

图 11-179 厨房 A 立面图

书房A立面图 1:50

图 11-181 书房 A 立面图

主卧C立面图 1:50

图 11-180 主卧 C 立面图

主卫D立面图 1:50

图 11-182 主卫 D 立面图

第12章 办公空间室内设计

本章导读

　　本章以某建筑设计事物所办公室室内设计为例，进一步讲解 AutoCAD 2018 在工装室内设计中的应用，同时也让读者对不同建筑类型的室内设计有更多的了解。本章所绘制的室内设计图有办公室建筑平面图、平面布置图、顶面布置图、立面图及详图。

本章重点

➤ 办公空间室内设计概述

➤ 调用样板新建文件

➤ 绘制办公空间平面布置图

➤ 绘制办公空间地材图

➤ 绘制办公空间顶棚图

➤ 绘制办公空间立面图

12.1 办公空间室内设计概述

好的办公环境能够提升企业的整体形象、提高办公的效率，本节将从办公空间的设计内容和要点方面对办公空间室内设计的基本知识作简单介绍。

12.1.1 办公空间设计内容

现代办公空间一般由接待区、会议室、总经理办公室、财务室、员工办公区、机房、贮藏室、茶水间等部分组成。办公空间设计主要包括以下内容。

1. 布局

办公空间布局要根据办公机构设置与人员配备的情况来合理划分、布置办公室区域。一般要把接待室、会议室、秘书办公室等安排在靠近决策层人员办公室的位置。如果需要单独设置一间总经理办公室，一般安排在平面结构最深处，目的就是创造一个安静、安全、少受打扰的环境。

对于一般管理人员和行政人员，许多现代化的企业常要用大办公室、集中办公的方式，如图 12-1 所示。其优点是可以增加沟通、节省空间、便于监督、提高效率，缺点是相互干扰较大。解决方法有两种：一是按部门或小部门分区，同一部门的人员一般集中在一个区域；二是采用低隔断，高度控制在 1.2~1.5m 的范围，为的是给每一名员工创造相对封闭和独立的工作空间，减少相互间的干扰。

在布局时应设置专门的接待区和休息区，不致因为一位客户的来访而破坏了其他人的安静工作，如图 12-1 所示。

2. 通风采光

办公室通风采光设计应使天然采光和自然通风、自然采光相结合，以改善室内空间与自然的隔离状况。

3. 色调

办公室色调要干净明亮，明快的装饰色调可给人一种愉快心情和洁净之感，同时，明快的色调也可在白天增加室内的采光度。

4. 人流路线

在办公设计中必须要注意人流路线。由于办公空间的特殊性，必须注意不能让通过空间的路线太少，也不要让这些路线被其他墙或布置所阻隔，也就是说，这些路线必须是可视的、尽量直接的。可以让办公空间成为整个空间的中心，让周边房间的正面朝向办公空间，以便人流来往时更加方便。

办公平面工作位置的设置，按功能需要可整间统一安排，也可组团分区布置（同常 5~7 人为一组团或根据实际需要安排），各工作位置之间、组团内部及组团之间既要联系方便，又要避免过多的穿插，减少人员走动时干扰办公工作，

图 12-1 集成办公空间

12.1.2 办公空间设计要点

办公空间设计需要考虑多方面的问题，涉及科学、技术、人文、艺术等诸多因素，应以人为本，以创造一个舒适、方便、卫生、安全、高效的工作环境为目标。其中"舒适"涉及建筑声学、建筑光学、建筑热工学、环境心理学、人类工效学等方面的学科；"方便"涉及功能流线分析，人类工效学等方面的内容；"卫生"涉及绿色材料、卫生学、给排水工程等方面的内容；

"安全"问题则涉及建筑防灾，装饰构造等方面的内容。

办公空间的装饰设计要突出现代、高效、简洁的特点，同时从整体的风格设计、布局和装饰细节上体现出公司独特的文化。

办公空间的设计，还必须注意平面空间的实用效率，对平面空间的使用应该有一定的预想，以发展的眼光来看待商务办公功能、规模的变化。在装修过程中，尽量对空间采取灵活的分割，对柱的位置、柱外空间要有明确的认识和使用目的。

重视个人环境兼顾集体空间，借以活跃人们的思维，提高办公效率。

办公室的布局、通风、采光、人流线路、色调等等的设计适当与否，对工作人员的精神状态及工作效率影响很大。

12.1.3 布置分类

小单间办公室：即较为传统的间隔式办公室，一般面积不大，空间相对封闭。小单间办公室室内环境宁静，少干扰，办公人员具有安定感，同室办公人员之间易于建立较为密切的人际关系。缺点是空间不够开敞，办公人员与相关部门及办公组团之间的联系不够直接与方便，受室内面积限制，通常配置的办公设施也比较简单，如图 12-2 所示。

图 12-2　小单间办公室

大空间办公室：大空间办公室亦称开敞式或开放式办公室。大空间办公室有利于办公人员、办公组团之间的联系，提高办公设施、设备的利用率，相对于间隔式的小单间办公室而言，大空间办公室减少了公共交通和结构面积，从而提高了办公建筑主要使用功能面积率，如图 12-3 所示。

图 12-3　大空间办公室

单元型办公室：单元型办公室在办公楼中，除晒图、文印、资料展示等服务用房为公共使用之外，单元型办公室家具具有相对独立的办公功能。通常单元型办公室内部空间分隔为接待会客、办公（包括高级管理人员的办公）等空间，根据功能需要和建筑设施的可能性，单元型办公室还可设置会议室和卫生间等用房，如图 12-4 所示。

图 12-4　单元型办公室

12.2 调用样板新建文件

本书第 6 章创建了室内装潢施工图样板，该样板已经设置了相应的图形单位、样式、图层和图块等，建筑平面图可以直接在此样板的基础上进行绘制。

课堂举例 12-1： 调用样板新建文件

▶ 视频 \ 第 12 章 \ 课堂举例 12-1.mp4

01 启动 AutoCAD 2018 软件，单击【新建】按钮 □，打开"选择样板"对话框，如图 12-5 所示。

图 12-5 "选择样板"对话框

02 选择"室内装潢施工图模板",单击【打开】按钮,以样板创建图形,新图形中包含了样板中创建的图层、样式和图块等内容。

03 单击【保存】按钮 ⊟,打开"图形另存为"对话框,在"文件名"框中输入文件名,单击【保存】按钮保存图形。

12.3 绘制办公空间平面布置图

本节首先介绍办公空间的布局情况,然后依次讲解各空间平面布置图绘制方法,办公空间平面布置图如图 12-6 所示。

图 12-6 平面布置图

12.3.1 办公空间平面功能空间分析

本章选取了某广告公司办公空间作为教学实例,其建筑平面图如图 12-7 所示,本书配套资源提供了该图形。

图 12-7 建筑平面图

办公区一般由进厅、办公室和会议室三个主要部分组成，另外附带卫生间、资料室、储藏室、财务室等辅助房间。经营范围、性质各异的办公室存在不同的使用要求，设计师必须对服务对象进行深入的、理性的功能分析和调查，进而创造出符合企业实际情况的办公空间。

根据公司需要及行业性质和特点，本例将办公空间划分为总经理办公室、董事长办公室、开敞办公区、储藏室、接待区、休闲区、大会议室、小会议室、资料室、财务室、创意总监室、制作部、秘书室和卫生间等功能空间。各功能空间相通、相融，如图 12-8 所示。

图 12-8　办公室功能空间划分

12.3.2　接待区平面布置

接待区是每个公司的门面，是给客户的第一印象，其空间设计要反映出一个企业的行业特征和企业管理文化。接待区包括接待台和休闲区。如图 12-9 所示为本例办公室接待区平面布置图，布置的沙发供来客休息或洽谈。

休闲区的沙发、茶几和植物图形可以从图库中调用。接待台和休闲区中的隔断需要手工绘制。

图 12-9　接待区平面布置图

课堂举例 12-2：　绘制接待区平面布置图

▶ 视频 \ 第 12 章 \ 课堂举例 12-2.mp4

01 设置"JJ_ 家具"图层为当前图层。
02 调用 LINE/L 命令和 OFFSET/O 命令，绘制隔断，如图 12-10 所示。
03 调用 PLINE/PL 命令，绘制接待台，如图 12-11 所示。

图 12-10　绘制隔断　　　图 12-11　绘制接待台

12.3.3　普通办公区和办公室平面布置

这里所说的普通办公区是指普通办公空间，如客户部、制作部和经理室等区域，这是一种开放式的布局方式。

办公桌组合式的排列方式不但有效利用了

空间，同时也使信息的交流更加方便快捷。

普通办公区家具有办公桌椅、文件柜、计算机和休闲沙发等，如图 12-12 所示为普通办公区平面布置图，家具均可分别从图库中调用。

图 12-12 普通办公区平面布置图

12.3.4 董事长办公室平面布置

董事长办公室属于独立的、私密的办公空间，各种办公功能齐全，工作时不易受到外界干扰。总经理办公室按功能可分为办公区和接待区，在设计上强调庄重、高雅和舒适。

本例董事长办公室平面布置图如图 12-13 所示，并配有专门的秘书台。办公区有文件柜、办公桌椅和计算机等家具和办公用品。

董事长办公室大部分家具可以从图库中调入，文件柜可使用 RECTANG/REC 命令和 LINE/L 命令绘制。

12.3.5 会议室平面布置

会议室是供开会用的房间。现在会议室的种类又发生了很多变化，比如剧院形式的，还有回字形的，U 字形等。不过一般会议室的规模不超过 50 人。

大会议室平面布置图如图 12-14 所示。

图 12-13 董事
长室平面布置图

图 12-14 大会议室平面
布置图

12.3.6 财务室平面布置

财务室属于机密部门，是控制公司经济命

脉的地方，所以在设计时需要将财务室布置在公司的偏僻一点的空间，避免人流多的位置。财务室平面布置图如图 12-15 所示。

图 12-15 财务室平面布置图

12.3.7 其他办公室平面布置

请读者根据前面介绍的方法完成其他办公室平面布置，完成后的效果如图 12-16 所示。

图 12-16 办公空间地材图

12.4 绘制办公空间地材图

本例办公空间地面材料有 4 种，即总经理办公室、董事长办公室、储藏室、创意总监室、财务室、会议室和资料室铺设地毯、卫生间铺设 300×300 防滑地砖、电梯厅斜铺 600×600 玻化砖，其他地面刷灰色环氧漆，如图 12-16

绘制办公空间地材图

▶ 视频 \ 第 12 章 \ 课堂举例 12-3.mp4

01 复制图形。调用 COPY/CO 命令，复制办公空间平面布置图，删除所有的家具图形（柜子除外），结果如图 12-17 所示。

02 绘制门槛线。设置"DM_ 地面"图层为当前图层。

图 12-17 整理图形

03 调用 LINE/L 命令，绘制门槛线，如图 12-18 所示。

图 12-18 绘制门槛线

04 调用 RECTANG/REC 命令，绘制矩形框住各空间名称，如图 12-19 所示。

图 12-19　绘制矩形

05 填充地面图例。调用 HATCH/H 命令，再在命令行中输入 T 命令，弹出【图案填充和渐变色】对话框，在对话框中设置参数，对总经理办公室、董事长办公室、储藏室、创意总监室、财务室、会议室和资料室填充 AR-SAND 图案，表示地毯，如图 12-20 所示。

图 12-20　填充地面图例

06 对卫生间填充 ANGLE 图案，表示防滑地砖，如图 12-21 所示。

07 对电梯厅填充"用户定义"图案，表示玻化砖，如图 12-22 所示。

图 12-21　填充卫生间　　图 12-22　填充电梯厅
　　　　地面　　　　　　　　　　地面

08 对其他区域填充 AR-CONC 图案，效果如图 12-23 所示。

图 12-23　填充地面图例

⑨ 填充完成后，删除前面绘制的矩形，如图 12-24 所示。

⑩ 材料注释。调用 MLEADER/MLD 命令进行

材料注释，效果如图 12-16 所示。完成办公空间地材图的绘制。

图 12-24　删除矩形

12.5　绘制办公空间顶棚图

办公空间的顶棚设计不宜太复杂，除总经理室、董事长室和会议室之外，多数情况采用平吊，顶棚中的布光要求照明高，本例中主要使用工矿灯，局部配合使用射灯。此外，顶棚设计中还应考虑通风、恒温和防火。顶棚材料多数采用轻钢龙骨石膏板或铝龙骨棉板和轻钢龙骨铝扣板等，这些材料具有较好的防火性。

本例办公空间采用轻钢龙骨石膏板吊顶，未吊顶区域刷白色乳胶漆，卫生间和电梯厅采用铝扣板吊顶。绘制完成的办公空间顶棚图如图 12-25 所示，下面以会议室为例介绍绘制方法。

顶棚图　1:200

图 12-25　办公空间顶棚图

12.5.1 绘制会议室顶棚图

会议室采用轻钢龙骨石膏板吊顶，如图 12-26 所示。下面以该顶棚区域为例讲解绘制方法。

轻钢龙骨石膏板
吊顶刷白色乳胶漆

金属支条

彩色透光板

图 12-26　会议室顶棚图

课堂举例 12-4： 绘制会议室顶棚图

视频 \ 第 12 章 \ 课堂举例 12-4.mp4

① 整理图形。调用 COPY/CO 命令，复制办公空间顶棚图，并删除与顶棚图无关图形。

② 设置"DM_ 地面"图层为当前图层。

③ 调用 LINE/L 命令，绘制墙体线。

④ 绘制吊顶造型。设置"DD_ 吊顶"图层为当前图层。

⑤ 调用 RECTANG/REC 命令，绘制尺寸为 5955×3560 的矩形，并移动到相应的位置，如图 12-27 所示。

⑥ 调用 OFFSET/O 命令，将矩形向内偏移 580，如图 12-28 所示。

图 12-27　绘制矩形

图 12-28　偏移矩形

⑦ 继续调用 OFFSET/O 命令，将两个矩形向外偏移 80，并设置为虚线，表示灯带，如图 12-29 所示。

⑧ 调用 LINE/L 命令和 OFFSET/O 命令，绘制如图 12-30 所示线段。

图 12-29　绘制灯带

图 12-30　绘制线段

⑨ 调用 OFFSET/O 命令，将线段分别向两侧偏移 35，然后删除中间的线段，如图 12-31 所示。

⑩ 调用 TRIM/TR 命令，对线段相交的位置进行修剪，效果如图 12-32 所示。

图 12-31　偏移线段

图 12-32　修剪线段

⑪ 调用 HATCH/H 命令，再在命令行中输入
T 命令，弹出【图案填充和渐变色】对话
框，在对话框中设置参数，对吊顶区域填充
`AR-RROOF` 图案，填充效果如图 12-33 所示。

⑫ 绘制标高和材料说明。调用 INSERT/I 命令，
插入"标高"图块，效果如图 12-34 所示。

⑬ 调用 MLEADER/MLD 命令，对顶面材料进
行文字说明，效果如图 12-26 所示，完成会
议室顶棚图的绘制。

图 12-33　填充图案

图 12-34　插入标高

12.5.2　绘制其他顶棚图

办公空间其他顶棚设计都比较简单，请
读者参考前面的方法绘制，完成后的效果如图
12-25 所示。

图 12-35　接待台 B 立面图

12.6　绘制办公空间立面图

办公环境从性质上讲属于一种理性空间，
应显出其严谨、沉稳的特点。办公室在装饰处
理上不宜堆砌过多的材料，画龙点睛的设计方
法常能达到营造良好办公气氛效果。办公室墙
面常用乳胶漆和墙纸，也可利用材质的拼接进
行有规律、有模数的分割。

下面以接待台、制作部和总经理办公室为
例介绍办公空间立面图的绘制方法。

12.6.1　绘制接待台 B 立面图

接待台 B 立面图如图 12-35 所示，B 立面
图主要表达了接待台的做法，下面介绍该立面
图的绘制过程。

📖 课堂举例 12-5：　绘制接待台 B 立面图

▶ 视频 \ 第 12 章 \ 课堂举例 12-5.mp4

① 复制图形。调用 COPY/CO 命令，复制平面
布置图上接待台 B 立面的平面部分。

② 绘制 B 立面外轮廓。设置"LM_立面"图
层为当前图层。

③ 调 用 RECTANG/REC 命令，绘制尺寸为 2120×780 的矩形，表示接待台的轮廓，如图 12-36 所示。

图 12-36 绘制接待台轮廓

④ 绘制接待台。调用 LINE/L 命令、RECTANG/REC 命令和 OFFSET/O 命令，绘制抽屉结构，如图 12-37 所示。

⑤ 调用 LINE/L 命令和 OFFSET/O 命令，绘制右侧抽屉结构轮廓，如图 12-38 所示。

图 12-37 绘制抽屉

图 12-38 绘制右侧抽屉结构

⑥ 调用 HATCH/H 命令，再在命令行中输入 T 命令，弹出【图案填充和渐变色】对话框，在对话框中设置参数，对抽屉填充 `CORK` 图案，填充效果如图 12-39 所示。

图 12-39 填充抽屉

⑦ 插入图块。按 Ctrl+O 快捷键，打开配套资源提供的"第 12 章 \ 家具图例 .dwg"文件，选择其中的电脑椅、显示器、机箱和抽屉滑轨图块，将其复制至接待台区域，效果如图 12-40 所示。

图 12-40 插入图块

⑧ 标注尺寸和文字说明。设置"BZ_ 标注"图层为当前图层，设置当前注释比例为 1:50，调用 DIM 命令，标注尺寸，效果如图 12-41 所示。

图 12-41 尺寸标注

⑨ 调用 MLEADER/MLD 命令，对立面材料进行文字说明，效果如图 12-42 所示。

图 12-42 文字说明

⑩ 插入图名。调用 INSERT/I 命令，插入"图名"图块，设置图名为"接待台 B 立面图"，接待台 B 立面图绘制完成。

12.6.2 绘制制作部 D 立面图

制作部 D 立面图如图 12-43 所示，下面讲解绘制方法。

图 12-43 制作部 D 立面图

课堂举例 12-6： 绘制制作部 D 立面图

视频 \ 第 12 章 \ 课堂举例 12-6.mp4

① 绘制 D 立面外轮廓。

② 调用 COPY/CO 命令，复制平面布置图上制作部 D 立面的平面部分，并对图形进行旋转。

③ 调用 LINE/L 命令和 TRIM/TR 命令，绘制 D 立面的基本轮廓，并将轮廓转换至"QT_墙体"图层，如图 12-44 所示。

④ 绘制办公桌。设置"LM_ 立面"图层为当前图层。

图 12-44 绘制 D 立面轮廓

⑤ 调用 LINE/L 命令、OFFSET/O 命令和 COPY/CO 命令和 MIRROR/MI 命令，绘制办公桌，如图 12-45 所示。

图 12-45 绘制办公桌

⑥ 调用 HATCH/H 命令，对计算机桌台面填充 CORK 图案，填充效果如图 12-46 所示。

图 12-46 填充桌面

⑦ 插入图块。从图库中插入计算机、电脑椅和主机图块，效果如图 12-47 所示。

图 12-47 插入图块

⑧ 绘制柱子。调用 LINE/L 命令和 OFFSET/O 命令，绘制线段表示柱子，如图 12-48 所示。

图 12-48　绘制柱子

⑨ 绘制窗。调用 LINE/L 命令，绘制窗的轮廓，如图 12-49 所示。

图 12-49　绘制窗的轮廓

⑩ 调用 PLINE/PL 命令，绘制百叶窗轮廓，如图 12-50 所示。

图 12-50　绘制百叶窗轮廓

⑪ 调用 HATCH/H 命令，对百叶窗图形填充 LINE 图案，填充效果如图 12-51 所示。

图 12-51 填充百叶窗图案

⑫ 调用 HATCH/H 命令，对窗图形填充 AR-RROOF 图案，表示玻璃，填充效果如图 12-52 所示。

图 12-52 填充图案

⑬ 尺寸标注和文字标注。设置"BZ_标注"图层为当前图层。

⑭ 调用 DIM 命令，对立面图形进行尺寸标注，效果如图 12-53 所示。

图 12-53 尺寸标注

⑮ 调用 MLEADER/MLD 命令，进行文字标注，效果如图 12-54 所示。

⑯ 插入图名。调用 INSERT/I 命令，插入"图名"图块，设置图名名称为"制作部 D 立面图"，完成制作部 D 立面图的绘制。

图 12-54　文字标注

12.6.3　绘制总经理办公室 A 立面图

如图 12-55 所示为总经理办公室 A 立面图，A 立面图是休闲沙发和文件柜所在的墙面，下面讲解绘制方法。

图 12-55　总经理办公室 A 立面图

课堂举例 12-7： 绘制总经理室 A 立面图

视频 \ 第 12 章 \ 课堂举例 12-7.mp4

① 绘制 A 立面轮廓。

② 调用 COPY/CO 命令，复制办公空间平面布置图上总经理办公室 A 立面的平面部分，并对图形进行旋转。

③ 借助平面图绘制顶面、地面和墙体的投影线，如图 12-56 所示。

图 12-56　绘制投影线

④ 调用 TRIM/TR 命令，修剪出立面外轮廓，并将立面外轮廓转换至 "QT_墙体" 图层，如图 12-57 所示。

⑤ 绘制文件柜。设置 "LM_立面" 图层为当前图层。

⑥ 调用 LINE/L 命令和 OFFSET/O 命令，绘制文件柜轮廓，如图 12-58 所示。

图 12-57　修剪立面外轮廓

图 12-58　绘制文件柜轮廓

⑦ 调 用 RECTANG/REC 命 令、OFFSET/O 命令和 COPY/CO 命令，绘制文件柜，如图 12-59 所示。

⑧ 调用 LINE/L 命令，绘制折线，表示是空的，如图 12-60 所示。

图 12-59　绘制文件柜

图 12-60　绘制折线

⑨ 调用 PLINE/PL 命令，绘制线段，表示柜门开启方向，如图 12-61 所示。

图 12-61　绘制线段

⑩ 调 用 RECTANG/REC 命 令、OFFSET/O 命令和 COPY/CO 命令，绘制柜门拉手，如图 12-62 所示。

图 12-62　绘制柜门拉手

⑪ 插入图块。从图库中插入立面图中所需要的休闲沙发、书本、装饰画、植物和陈设品，如图 12-63 所示。

⑫ 标注。立面图绘制完成之后，就可以进行标注了，包括尺寸标注、文字标注和图名等，总经理办公室 A 立面图绘制完成。

图 12-63　插入图块

12.6.4　绘制其他立面图

　　请读者参考前面讲解的方法绘制完成接待台 D 立面图、董事长办公室 C 立面图和过道 C 立面图，如图 12-64、图 12-65 和图 12-66 所示。

图 12-64　接待台 D 立面图

过道C立面图 1:50

图 12-65 董事长办公室 C 立面图

董事长室C立面图 1:50

图 12-66 过道 C 立面图

第13章 酒店大堂和客房室内设计

本章导读

　　大堂是指酒店主入口处的大厅，它包括一般门厅和与之相连的总台、休息厅、餐饮、楼梯及电梯厅、小商店以及其他相关的辅助设施。大堂是宾客接触的第一站，是重要枢纽和服务空间，可以充分体现酒店的品位和特色。

　　本章系统介绍了某酒店大堂部分的室内设计图绘制，包括大堂建筑平面图、平面布置图、顶面布置图、地面布置图、立面图和详图，其中省去了大量繁琐的绘制步骤，重点介绍设计方法及相关的注意事项。

本章重点

- ➢ 酒店大堂设计概述
- ➢ 调用样板新建文件
- ➢ 绘制首层大堂平面布置图
- ➢ 绘制酒店大堂地材图
- ➢ 绘制酒店大堂顶棚图
- ➢ 绘制酒店大堂立面图
- ➢ 绘制客房平面布置图
- ➢ 绘制客房地材图
- ➢ 绘制客房顶棚图
- ➢ 绘制客房立面图

13.1 酒店大堂设计概述

酒店大堂是酒店前厅部的主要厅室，一般设在底层。大堂是客人获得第一印象和最后印象的主要场所，是酒店的窗口。因此大多数酒店均把大堂作为室内装饰的重点，集空间、家具、陈设、绿化、照明和材料等精华于一体，如图13-1所示。

图 13-1 酒店大堂

大堂内部主要有。

➢ 总服务台：一般设在入口附近，在大堂较明显的地方，使客人入厅就能看到。总服务台的主要设施有：房间状况控制盘、留言及钥匙存放架、保险箱和资料夹等。

➢ 大堂副理办公桌：布置在大堂一角，以处理前厅业务。

➢ 休息座：作为客人进店、结账、接待和休息之用。常选择方便登记、不受干扰、有良好的环境之处。

➢ 供应酒水和小卖部，有时和休息区相结合布置。

➢ 钢琴或有关的娱乐设施。

大堂设计在空间上宜比一般厅室要高大开敞，以显示其建筑的核心作用，并留有一定的墙面作为重点装饰之用（如绘画、浮雕等），同时考虑必要的具有一定含义的陈设位置（如大型古玩、珍奇品等），在选择材料上，应以高档天然材料为佳，如花岗石、大理石、高级木材和石材，可起到庄重、华贵的作用。

13.2 调用样板新建文件

本书第6章创建了室内装潢施工图样板，该样板已经设置了相应的图形单位、样式、图层和图块等，建筑平面图可以直接在此样板的基础上进行绘制。

课堂举例 13-1： 调用样板新建文件

▶ 视频 \ 第13章 \ 课堂举例 13-1.mp4

① 启动 AutoCAD 2018 软件，单击【新建】按钮，打开"选择样板"对话框，如图13-2所示。

图 13-2 "选择样板"对话框

② 选择"室内装潢施工图模板"，单击【打开】按钮，以样板创建图形，新图形中包含了样板中创建的图层、样式和图块等内容。

③ 单击【保存】按钮，打开"图形另存为"对话框，在"文件名"框中输入文件名，单击【保存】按钮保存图形。

13.3 绘制首层大堂平面布置图

如图13-3所示为本例首层大堂平面布置图，下面分别对大堂各部分平面布局设计要点进行简单介绍。

图 13-3 首层酒店大堂平面布置图

13.3.1　大堂布局分析

大堂一般包括主入口处的门厅和与之相连的总台、休息厅、餐饮、楼梯及电梯厅、小商店以及其他相关的辅助设施。设计大堂布局时，各部分功能区要合理，交通流线互不干扰。通常将总服务台和休息区分设在入口大门区的两侧，楼梯、电梯位于入口对面，或电梯厅、休息区分列两侧，总服务台正对入口。这种布局方式功能区明确、路线简介，对休息区干扰较少。

通过对大堂的功能及流线分析，本例大堂功能空间划分如图 13-4 所示。

图 13-4　大堂功能空间划分

13.3.2　平面布局

功能空间划分后，接下来对各空间进行平面布置。

课堂举例 13-2：　绘制首层大堂平面布置图

▶ 视频 \ 第 13 章 \ 课堂举例 13-2.mp4

总服务台通常是选择在醒目、易于接近而又不干扰其他人流的位置。总服务台所占的面积需要根据客流量的大小和总台业务种类来确定，本例总服务台尺寸为 6325×750，如图 13-5 所示，下面讲解绘制方法。

① 总服务台。设置"JJ_ 家具"图层为当前图层。

② 调用 PLINE/PL 命令，绘制装饰柜，如图 13-6 所示。

图 13-5　　　　　图 13-6　绘制装饰柜
总服务台平面布置图

③ 调用 PLINE/PL 命令，绘制多段线，如图 13-7 所示。

④ 调用 RECTANG/REC 命令，绘制如图 13-8 所示矩形。

图 13-7　绘制多段线　　图 13-8　绘制矩形

⑤ 调用 LINE/L 命令，绘制线段连接矩形，如图 13-9 所示。

⑥ 调用 PLINE/PL 命令，绘制如图 13-10 所示图形。

⑦ 调用 LINE/L 命令，绘制线段，如图 13-11 所示。

图 13-9　　　　图 13-10　　　图 13-11
绘制线段　　　绘制多段线　　绘制线段

08 从图库中插入服务台需要的装饰品和装饰图案，效果如图 13-5 所示，完成总服务台平面布置图的绘制。

咖啡厅附设在大堂右侧，面积一般不太大，空间设计要求要紧凑，咖啡厅的吧台通常在空间中占有显要的位置，其形式有直线形、O 形、U 形、L 形和弧形等，台面高度在 1000~1100 左右。由于不是进行正餐，坐席较小，一般采用舒适的休闲沙发。

本例咖啡厅平面布置图如图 13-12 所示。下面讲解绘制方法。

图 13-12 咖啡厅平面布置图

09 调用 LINE/L 命令、OFFSET/O 命令、RECTANG/REC 命令和 COPY/CO 命令，绘制隔断，如图 13-13 所示。

ARRAY/AR 命令，绘制花座，如图 13-15 所示。

图 13-13 绘制隔断

10 调用 PINE/PL 命令，绘制多段线，表示抬高的地面，如图 13-14 所示。

11 调用 PLINE/PL 命令、OFFSET/O 命令、ARC/A 命令、RECTANG/REC 命令和

图 13-14 绘制多段线

图 13-15 绘制花座

⑫ 调用 PLINE/PL 命令，绘制酒柜，如图 13-16 所示。

⑬ 调用 CIRCLE/C 命令、OFFSET/O 命令和 TRIM/TR 命令，绘制弧形吧台，如图 13-17 所示。

⑭ 调用 OFFSET/O 命令、PINE/PL 命令和 TRIM/TR 命令，绘制弧形花座，如图 13-18 所示。

图 13-16　绘制酒柜

图 13-17　绘制吧台　　图 13-18　绘制弧形花座

⑮ 调用 INSERT/I 命令，插入"标高"图块，表示抬高的地面高度，如图 13-19 所示。

图 13-19　插入标高图块

⑯ 从图库中插入植物、休闲沙发、餐桌椅和灯具图形等，效果如图 13-12 所示，完成咖啡厅平面布置图的绘制。

⑰ 大堂副理和休息区平面布置。大堂副理的位置设置在总服务台一侧，以便处理前厅业务。休息区是为顾客提供等待和休息的区域，该区域中的家具都可以直接从图库中调用，装饰墙和装饰柜可以调用 RECTANG/REC 命令、OFFSET/O 命令、LINE/L 命令、ARC/A 命令和 MIRRIR/M 命令绘制。本例大堂副理和休息区平面布置图如图 13-20 所示。

⑱ 公共卫生间。公共卫生间应设置在较隐蔽、避免直视，但又易于找到的位置。男女卫生间，其区分标记应该明显。本例公共卫生间平面布置图如图 13-21 所示。

图 13-20　大堂副理和休息区平面布置图

图 13-21　公共卫生间平面布置图

13.4 绘制酒店大堂地材图

本例酒店大堂地面材料主要有防滑地砖、花岗石、米黄石、复合地板、釉面仿古砖、鹅卵石和石材等，如图 13-22 所示。主要地面图例都是直接填充图案即可，可以按照前面章节介绍的方法绘制，下面讲解特殊图案的绘制方法。

图 13-22　首层大堂地材图

本例大堂副理、休息区和水池附近区域采用矩形的地面拼花，然后在矩形中填充图案，下面讲解绘制方法。

🗂 **课堂举例 13-3：　绘制酒店大堂地材图**

🎬 视频 \ 第 13 章 \ 课堂举例 13-3.mp4

① 绘制轮廓。设置"DM_地面"图层为当前图层。

② 调用 LINE/L 命令、RECTANG/REC 命令和 OFFSET/O 命令，绘制轮廓，如图 13-23 所示。

③ 填充地面图例。调用 HATCH/H 命令，再在命令行中输入 T 命令，在弹出的【图案填充和渐变色】对话框中设置数据，分别填充"用户定义"图案、AR-CONC 图案、GRASS 图案和 STEEL 图案，效果如图 13-24 所示。

图 13-23　绘制轮廓

⓸ 标注材料。调用 MLEADER/MLD 命令，对地面材料进行标注，效果如图 13-22 所示，酒店大堂地材图绘制完成。

13.5 绘制酒店大堂顶棚图

酒店大堂的绘制方法比较简单，主要调用 RECTANG/REC 命令、OFFSET/O 命令、TRIM/TR 命令、ROTATE/RO 命令和 HATCH/H 命令绘制，主要在于顶棚的造型和灯光设计，这里给出已完成的顶棚图，供读者参考，如图 13-25 所示。

图 13-24 填充图案

首层酒店大堂顶棚图 1:200

图 13-25 首层酒店大堂顶棚图

13.6 绘制酒店大堂立面图

本节以总服务台和大堂 A 立面图为例，介绍酒店大堂立面图的绘制方法，主要用到的材料有石材、银镜和灯箱片等。

13.6.1 绘制总服务台 A 立面图

总服务台所表达的主要内容有总服务台的做法和结构以及它们之间的相互关系，如图 13-26 所示。

图 13-26 总服务台 A 立面图

📖 课堂举例 13-4： 绘制总服务台 A 立面图

▶ 视频 \ 第 13 章 \ 课堂举例 13-4.mp4

① 绘制两侧台柱。设置"LM_立面"图层为当前图层。

② 调用 RECTANG/REC 命令和 PLINE/PL 命令，绘制台柱轮廓，如图 13-27 所示。

③ 调用 HATCH/H 命令，再在命令行中输入 T 命令，在弹出的【图案填充和渐变色】对话框中设置数据，对台柱填充 CORK 图案，填充效果如图 13-28 所示。

图 13-27 绘制台柱轮廓　　图 13-28 填充台柱

④ 调用 COPY/CO 命令，通过复制得到另一侧

同样造型的台柱，如图 13-29 所示。

图 13-29 复制台柱

⑤ 绘制总服务台。调用 LINE/L 命令和 OFFSET/O 命令，绘制台面，如图 13-30 所示。

图 13-30 绘制台面

⑥ 继续调用 LINE/L 命令和 OFFSET/O 命令，绘制总服务台台身，如图 13-31 所示。

图 13-31 绘制总服务台台身

⑦ 从图库中插入图案和陈设品到服务台上，效

果如图 13-32 所示。

图 13-32　插入图块

图 13-33　尺寸标注

⑩ 调用 MLEADER/MLD 命令进行材料标注，标注结果如图 13-34 所示。

⑪ 调用 INSERT/I 命令，插入"图名"图块，设置名称为"总服务台 A 立面图"，总服务台 A 立面图绘制完成。

⑧ 尺寸标注和材料说明。设置"BZ_ 标注"图层为当前图层，设置当前注释比例为 1 : 50。

⑨ 调用 DIMLINEAR/DLI 命令或执行【标注】|【线性】命令标注尺寸，如图 13-33 所示。

图 13-34　材料说明

13.6.2　绘制休息区 A 立面图

休息区 A 立面图是休息区所在的墙面，墙面主要采用石材，如图 13-35 所示。

图 13-35　休息区 A 立面图

▶ 视频 \ 第 13 章 \ 课堂举例 13-5.mp4

① 绘制立面外轮廓和顶棚。复制平面布置图上休息区 A 立面图的平面部分，并对图形进行旋转。

② 调用 LINE/L 命令，利用投影法绘制休息区 A 立面图左右侧轮廓和地面，如图 13-36 所示。

③ 调用 LINE/L 命令，根据吊顶的标高在立面图内绘制水平线段，确定吊顶的位置，结果如图 13-37 所示。

图 13-36　绘制墙体和地面

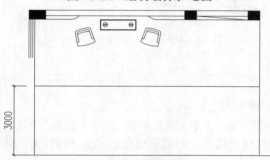

图 13-37　绘制顶棚

④ 调用 TRIM/TR 命令，修剪出立面轮廓，并将外轮廓线转换至"QT_墙体"图层，如图 13-38 所示。

⑤ 绘制顶角线。设置"LM_立面"图层为当前图层。

⑥ 调用 OFFSET/O 命令，偏移如图 13-39 所示线段，距离为 150。

图 13-38　修剪立面轮廓

图 13-39　绘制线段

⑦ 调用 HATCH/H 命令，再在命令行中输入 T 命令，在弹出的【图案填充和渐变色】对话框中设置数据，在线段上方填充 `LINE ⌄` 图案，填充效果如图 13-40 所示。

图 13-40　填充图案

⑧ 绘制墙面造型。调用 PLINE/PL 命令，绘制多段线，如图 13-41 所示。

图 13-41　绘制多段线

⑨ 调用 OFFSET/O 命令，将多段线向内依次偏移 115、120、85、35、20 和 15，如图 13-42 所示。

⑩ 调用 LINE/L 命令，绘制线段连接多段线，如图 13-43 所示。

图 13-42　偏移多段线

图 13-43　绘制线段

⑪ 调用 LINE/L 和 OFFSET/O 命令，绘制如图 13-44 所示线段。

图 13-44　绘制线段

⑫ 调用 HATCH/H 命令，在线段上方填充"用户定义"图案，效果如图 13-45 所示。

图 13-45　填充图案

⑬ 调用 LINE/L 命令和 OFFSET/O 命令，绘制墙面造型，如图 13-46 所示。

图 13-46　绘制墙面造型

⑭ 插入图块。按 Ctrl+O 快捷键，打开配套资源提供的"第 13 章 \ 家具图例 .dwg"文件，选择其中的装饰挂件、休闲沙发和装饰柜等图块复制至立面区域，并对图形相交的位置进行修剪，效果如图 13-47 所示。

图 13-47　插入图块

⑮ 标注尺寸和材料说明。设置"BZ_ 标注"图层为当前图层，设置当前注释比例为 1：50。

⑯ 调用 DIMLINEAR/DLI 命令或执行【标注】|【线性】命令标注尺寸，如图 13-48 所示。

图 13-48 尺寸标注

⑰ 调用 MLEADER/MLD 命令进行材料标注，标注结果如图 13-49 所示。

⑱ 调用 INSERT/I 命令，插入"图名"图块，设置名称为"休息区 A 立面图"，休息区 A 立面图
绘制完成。

图 13-49 材料说明

13.6.3 绘制其他立面图

如图 13-50、图 13-51、图 13-52 和图 13-53 所示为咖啡厅 B 立面图、大堂 B 立面图、行政办
公 A 立面图和行政办公室 B 立面图，其绘制方法比较简单，请读者参考前面介绍的方法进行绘制。

图 13-50 首层咖啡厅 B 立面图

图 13-51 大堂 B 立面图

图 13-52 行政办公室 A 立面图　　　图 13-53 行政办公室 B 立面图

13.7 绘制客房平面布置图

客房是酒店的主要功能部分，约占整个酒店面积的一半，客房是酒店中为客人提供生活、休息和完成简单工作业务的私密性空间，它是酒店的主要组成部分。客房除了保证私密性之外，还有具有舒适、亲切、安静和卫生等特点，它也是体现酒店档次的重要因素，如图 13-54 所示。

本节以酒店的第六层客房为例，简单介绍酒店客房室内施工图的绘制方法。

客房根据其服务对象、经营特点、等级的不同，一般分为单间、标准间和套房。标准间是指客房内设有两张单人床，是最普通的客房类型。套间是指两间以上的房间组成的一套类似住宅的客房，通常是在单间的基础上增加了客厅、厨房、书房和餐厅等空间。

图 13-54 客房

如图 13-55 所示为本例第六层客房平面布置图。

六层客房平面布置图 1:200

图 13-55 客房平面布置图

13.7.1 套间平面布置

客房的基本功能是为客人提供睡眠、休息、沐浴、梳妆、会客、娱乐等服务。因此，套间主要由睡眠、起居、盥洗、阅读书写和贮藏等功能空间构成，如图 13-56 所示为套间平面布置图。

13.7.2 标准间平面布置

标准间房内摆放两个床，有中央空调、冰箱、台灯、落地灯、沙发椅和衣柜等，卫生间须有坐便器、大号浴池、淋浴喷头和洗脸池等设施。如图 13-57 所示为本例标准间平面布置图。

图 13-56 套间平面布置图

图 13-57 标准间平面布置图

13.8 绘制客房地材图

客房使用的地面材料有花岗石、米黄石、防滑地砖、地毯、地砖和抛光砖，如图 13-58 所示为第六层客房地材图，其绘制方法比较简单，这里不再详细地介绍了，请读者参考前面讲解的方法绘制。

六层客房地材图 1：200

图 13-58 六层客房地材图

13.9 绘制客房顶棚图

客房的顶棚设计比较简单，没有做顶棚造型，只有周边走角线，卫生间的顶面采用的材料是300×300 铝扣板，如图 13-59 所示为客房顶棚图，其绘制方法比较简单，这里不再详细介绍了，请读者参考前面讲解的方法绘制。

六层客房顶棚图 1：200

图 13-59 客房顶棚图

13.10 绘制客房立面图

本节以标准间为例，简单介绍标准间 A 立面图和卫生间 D 立面图的绘制方法，通过本节的学习，可以详细了解酒店客房立面的装饰手法和施工图绘制方法。

13.10.1 绘制标准间 A 立面图

如图 13-60 所示为标准间 A 立面图，A 立面图是床和卫生间门所在的立面，下面讲解绘制方法。

图 13-60 标准间 A 立面图

📖 **课堂举例 13-6：** 绘制标准间 A 立面图

▶ 视频 \ 第 13 章 \ 课堂举例 13-6.mp4

① 复制图形。复制平面布置图上单间 A 立面的平面部分，并对图形进行旋转。

② 绘制立面轮廓。设置"LM_立面"图层为当前图层。

③ 绘制投影线。调用 LINE/L 命令，根据平面布置图绘制墙体投影线和地面，如图 13-61 所示。

④ 调用 LINE/L 命令，在距地面 2700 和 2400 的位置绘制顶面，如图 13-62 所示。

⑤ 调用 TRIM/TR 命令修剪出立面外轮廓，如图 13-63 所示，并将外轮廓线段转换至"QT_墙体"图层。

⑥ 绘制角线。调用 PLINE/PL 命令、ARC/A 命令和 HATCH/H 命令，绘制角线截面，如图 13-64 所示。

图 13-61 绘制墙体投影线和地面

图 13-62 绘制顶面

图 13-63 修剪立面轮廓   图 13-64 角线截面

⑦ 调用 MIRROR/MI 命令和 MOVE/M 命令，将角线图形镜像到另一侧，如图 13-65 所示。

⑧ 调用 LINE/L 命令，绘制线段连接角线顶点，如图 13-66 所示。

图 13-65　镜像图形

图 13-66　绘制线段

09 调用 RECTANG/REC 命令，绘制面板，如图 13-67 所示。

10 绘制床背景造型。调用 PLINE/PL 命令和 OFFSET/O 命令，绘制床背景造型，如图 13-68 所示。

图 13-67　绘制面板

图 13-68　绘制床背景造型

11 绘制床头柜。调用 LINE/L 命令、OFFSET/O 命令、PLINE/PL 命令、RECTANG/REC 命令和 COPY/CO 命令，绘制床头柜，如图 13-69 所示。

12 绘制卫生间的门。调用 PLINE/PL 命令，绘制多段线，如图 13-70 所示。

13 调用 OFFSET/O 命令，将多段线向内偏移 25 两次，得到门套，并调用 LINE/L 命令，绘制线段连接多段线的交角处，如图 13-71 所示。

图 13-69　绘制床头柜

14 调用 LINE/L 命令，绘制折线，如图 13-72 所示。

图 13-70　绘制 　图 13-71　偏移 　图 13-72　绘制
多段线 　　　　多段线 　　　　折线

15 绘制踢脚线。调用 LINE/L 命令，绘制踢脚线，如图 13-73 所示。

图 13-73　绘制踢脚线

16 插入图块。按 Ctrl+O 快捷键，打开配套资源提供的"第 13 章 \ 家具图例 .dwg"文件，选择其中的床、拉手、窗帘、灯具和插座等图块，将其复制至立面区域，并进行修剪，效果如图 13-74 所示。

图 13-74　插入图块

⑰ 尺寸标注和文字注释。设置"BZ_ 标注"图层为当前图层。调用标注命令 DIMLINEAR/DLI
标注尺寸，结果如图 13-75 所示。

图 13-75 标注尺寸

⑱ 调用 MLEADER/MLD 命令，标注立面材料名称，效果如图 13-76 所示。

⑲ 插入图名。调用 INSERT/I 命令，插入"图名"图块，设置图名为"标准间 A 立面图"，标准
间 A 立面图绘制完成。

图 13-76 标注立面材料

13.10.2 绘制卫生间 D 立面图

如图 13-77 所示为卫生间 D 立
面图，D 立面图是淋浴房和坐便器所在的立面，下面讲解
绘制方法。

课堂举例 13-7： 绘制卫生间 D 立面图

▶ 视频 \ 第 13 章 \ 课堂举例 13-7.mp4

① 绘制立面轮廓。调用 LINE/L 命令，绘制墙体、
地面和顶面墙体投影线，如图 13-78 所示。

② 调用 TRIM/TR 命令，通过修剪得出立面轮
廓，并转换至"QT_ 墙体"图层，效果如
图 13-79 所示。

图 13-77 卫生间
D 立面图

图 13-78 绘制墙体、
地面和顶面投影线

③ 绘制墙面图案。调用 LINE/L 命令,划分墙面,如图 13-80 所示。

④ 调用 HATCH/H 命令,再在命令行中输入 T 命令,在弹出的【图案填充和渐变色】对话框中设置数据,对线段的上方填充 `AR-RROOF` 图案,效果如图 13-81 所示。

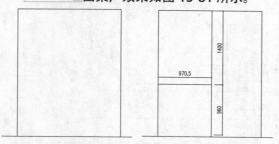

图 13-79　修剪立面轮廓　　图 13-80　划分墙面

⑤ 调用 HATCH/H 命令,对线段的下方填充"用户定义"图案,如图 13-82 所示。

图 13-81　填充图案　　图 13-82　填充图案

⑥ 调用 PLINE/PL 命令、RECTANG/REC 命令和 OFFSET/O 命令,绘制淋浴房,如图 13-83 所示。

图 13-83　绘制淋浴房

⑦ 调用 HATCH/H 命令, 对淋浴房填充 `AR-RROOF` 图案和 `AR-SAND` 图案,效果如图 13-84 所示。

⑧ 从图库中插入坐便器、淋浴头和拉手等图块,并进行修剪,如图 13-85 所示。

⑨ 标注尺寸、文字说明和插入图名,完成卫生间 D 立面图的绘制。

图 13-84　填充淋浴房

图 13-85　插入图块

13.10.3　绘制其他立面图

使用前面讲述的方法完成标准间 B 立面图、标准间 C 立面图和卫生间 B 立面图的绘制,绘制完成的结果如图 13-86、图 13-87 和图 13-88 所示。

图 13-86　绘制标准间 C 立面图

图 13-87　标准间 B 立面图

图 13-88　卫生间 B 立面图

第14章 舞厅室内设计

本章导读

随着物质生活的提高、文化生活的丰富，能够给人们提供的休闲娱乐场所也越来越多。舞厅就是常用的一种娱乐场所。

本章重点

➢ 调用样板新建文件
➢ 绘制舞厅平面布置图
➢ 绘制舞厅地材图
➢ 绘制舞厅顶棚图
➢ 绘制舞厅立面图

舞厅的主要设备有舞池、演奏乐台、休息座和音控室等。常以举行交谊舞、迪斯科舞等群众性娱乐为主。舞厅布置一般把休息座围绕舞池周围布置,舞池地面可略低歌舞厅,这样有明确的界限,互不干扰。地面也可按不同需要铺设地面材料。舞厅一般照明只需要较低的照度,灯光常采用专用照明灯具设备,以配合音乐旋律的光色闪烁变幻,如图 14-1 所示。

舞厅中的包厢为家庭或少数亲朋好友自唱自娱之用,如图 14-1 所示。

图 14-1　舞厅

14.1　调用样板新建文件

本书第 6 章创建了室内装潢施工图样板,该样板已经设置了相应的图形单位、样式、图层和图块等,建筑平面图可以直接在此样板的基础上进行绘制。

📖 **课堂举例 14-1:** 调用样板新建文件

▶ 视频 \ 第 14 章 \ 课堂举例 14-1.mp4

01 启动 AutoCAD 2018 软件,单击【新建】按钮□,打开"选择样板"对话框,如图 14-2 所示。

图 14-2　"选择样板"对话框

02 选择"室内装潢施工图模板",单击【打开】按钮,以样板创建图形,新图形中包含了样板中创建的图层、样式和图块等内容。

03 单击【保存】按钮□,打开"图形另存为"对话框,在"文件名"框中输入文件名,单击【保存】按钮保存图形。

14.2　绘制舞厅平面布置图

如图 14-3 和图 14-4 所示为舞厅一层和二层平面布置图,下面以舞厅的舞池、舞台平面布置图和吧台平面布置图以及包厢平面布置图为例,讲解舞厅平面布置图的绘制方法。

一层平面布置图　1: 200

图 14-3　一层平面布置图

二层平面布置图 1:200

图 14-4 二层平面布置图

14.2.1 绘制舞池、舞台平面布置图

如图 14-5 所示为舞池、舞台平面布置图，需要绘制的图形有装饰柱栏杆、舞台和舞池的形状。

图 14-5 舞池、舞台平面布置图

课堂举例 14-2： 绘制舞池、舞台平面布置图

▶ 视频\第 14 章\课堂举例 14-2.mp4

① 绘制栏杆。设置"JJ_家具"图层为当前图层。

② 调用 PLINE/PL 命令、LINE/L 命令、OFFSET/O 命令和 RECTANG/REC 命令，绘制栏杆，如图 14-6 所示。

图 14-6 绘制栏杆

⓷ 绘制装饰柱。调用 CIRCLE/C 命令，以矩形的中心为圆心绘制半径为 500 的圆，如图 14-7 所示。

⓸ 调用 RECTANG/REC 命令，绘制边长为 150 的圆，并移动到相应的位置，并对矩形和圆相交的位置进行修剪，如图 14-8 所示。

图 14-7　绘制圆　　　　图 14-8　绘制图形

⓹ 调用 MIRROR/MI 命令和 ROTATE/RO 命令，得到如图 14-9 所示图形。

⓺ 调用 HATCH/H 命令，再在命令行中输入 T 命令，在弹出的【图案填充和渐变色】对话框中设置参数，在圆内填充 CORK 图案，效果如图 14-10 所示。

图 14-9　旋转和镜像图形　　图 14-10　填充图案

⓻ 调用 COPY/CO 命令，复制装饰柱造型到其他位置，效果如图 14-11 所示。

⓼ 绘制舞池和舞台。绘制舞池。调用 OFFSET/O 命令和 LINE/L 命令，绘制辅助线，如图 14-12 所示。

图 14-11　复制装饰柱

图 14-12　绘制辅助线

⓽ 调用 CIRCLE/C 命令，以辅助线的交点为圆心绘制半径为 5500 的圆，然后删除辅助线，如图 14-13 所示。

⑩ 使用相同的方法绘制另一个圆，圆的半径为 7630，如图 14-14 所示。

图 14-13　绘制圆

图 14-14　绘制圆

⑪ 调用 TRIM/TR 命令，对两个圆相交的位置进行修剪，效果如图 14-15 所示。

⑫ 调用 MIRROR/MI 命令，通过镜像得到另一侧同类图形，如图 14-16 所示。

图 14-15　修剪圆

图 14-16　镜像图形

⑬ 绘制舞台。调用 LINE/L 命令和 ARC/A 命令，绘制舞台，如图 14-17 所示。

⑭ 绘制台柱。调用 LINE/L 命令，绘制如图 14-18 所示线段。

图 14-17　绘制舞台

图 14-18　绘制线段

⑮ 调用 ARC/A 命令和 COPY/CO 命令，绘制如图 14-19 所示圆弧。

⑯ 插入图块。按 Ctrl+O 快捷键，打开配套资源提供的"第 14 章 \ 家具图例 .dwg"文件，选择其中的背投电视图块，将其复制至舞池、舞台区域，如图 14-20 所示。

图 14-19　绘制圆弧

图 14-20　插入图块

⑰ 标注文字。调用 MLEADER/MLD 命令，对栏杆进行文字标注，如图 14-21 所示。

图 14-21　文字标注

14.2.2　绘制吧台平面布置图

如图 14-22 所示为吧台平面布置图，下面讲解绘制方法。

课堂举例 14-3：　绘制吧台平面布置图

▶ 视频 \ 第 14 章 \ 课堂举例 14-3.mp4

① 调用 RECTANG/REC 命令、LINE/L 命令和 OFFSET/O 命令，绘制酒柜，如图 14-23 所示。

② 调用 PLINE/PL 命令，绘制多段线，如图 14-24 所示。

③ 调用 FILLET/F 命令，对多段线进行圆角，效果如图 14-25 所示。

图 14-22　吧台平面布　　图 14-23　绘制酒柜
　　　　　置图

图 14-24　绘制多段线　　图 14-25　圆角

14.3 绘制包厢平面布置图

如图 14-26 所示为包厢平面布置图。

装饰柜调用 LINE 命令绘制，隔断调用 PLINE/PL 命令和 OFFSET/O 命令，电视柜调用 PLINE 命令绘制，其他家具可以从图库中直接调用。

14.4 绘制舞厅地材图

舞池地面常用材料有花岗石、打蜡嵌木地板，也有用镭射玻璃的。休息座可采用木地板或铺设地毯。如图 14-27 和图 14-28 所示为本例舞厅一层和二层地材图，大多采用 HATCH 命令填充图案，其绘制方法比较简单，这里就不再详细讲解了，请读者参考前面讲解的方法绘制。

图 14-26 包厢平面布置图

图 14-27 一层地材图

图 14-28 二层地材图

14.5 绘制舞厅顶棚图

如图 14-29 和图 14-30 所示为舞厅顶棚图。舞厅中舞池上方的顶棚造型设计较为复杂，本节主要以舞池上空顶棚为例，介绍舞厅顶棚的绘制方法。

图 14-29 一层顶棚图

图 14-30 二层顶棚图

课堂举例 14-4： 绘制舞厅顶棚图

▶ 视频 \ 第 14 章 \ 课堂举例 14-4.mp4

01 复制图形。调用 COPY/CO 命令，复制舞厅二层平面布置图。

02 整理图形。删除复制的平面布置图中的家具和门等图形，并在门洞位置绘制墙体线，结果如图 14-31 所示。

03 绘制顶棚造型。设置"DD_顶棚"图层为当前图层。

图 14-31 整理图形

04 调用 LINE/L 命令和 OFFSET/O 命令，绘制
辅助线，如图 14-32 所示。

05 调用 CIRCLE/C 命令，以辅助线的交点为圆
心，绘制半径为 200 的圆，然后删除辅助线，
如图 14-33 所示。

图 14-32　绘制辅助线

图 14-33　绘制圆

06 调用 OFFSET/O 命令，将圆向外偏移 20，
调用 LINE 命令，以圆心为起点绘制线段，
绘制长度为 1463 的线段，如图 14-34 所示。

07 调用 OFFSET/O 命令，将线段向两侧偏移
20，然后删除中间的线段，如图 14-35 所示。

08 调用 PLINE/PL 命令，绘制多段线，如图
14-36 所示。

图 14-34　绘制　图 14-35　偏移　图 14-36　绘制
　　　　　线段　　　　　　线段　　　　　　多段线

09 调用 MIRROR/MI 命令，对图形进行镜像，
如图 14-37 所示。

10 调用 OFFSET/O 命令，将图形向外偏移 40，
如图 14-38 所示。

11 调用 ARRAY/AR 命令，对图形进行阵列，

阵列数为 8，阵列结果如图 14-39 所示。

图 14-37　　　图 14-38　　　图 14-39　阵列结果
镜像多段线　　偏移图形

12 调用 CIRCLE/C 命令，绘制半径分别为
1535、1575、1960、2000 和 2200 的圆，如
图 14-40 所示。

13 调用 TRIM/TR 命令，对顶棚造型与圆相交
的位置进行修剪，效果如图 14-41 所示。

图 14-40　绘制圆　　　　图 14-41　修剪线段

14 调用 LINE/L 命令、OFFSET/O 命令和 ARRAY/
AR 命令，绘制顶棚造型，如图 14-42 所示。

15 调用 LINE/L 命令，绘制如图 14-43 所示线
段。

图 14-42　绘制顶棚造型　　图 14-43　绘制线段

16 调用 PLINE/PL 命令，绘制如图 14-44 所示
图形。

17 调用 ARRAY/AR 命令，对图形进行阵列，
阵列数为 8，效果如图 14-45 所示。

图 14-44　绘制多线段　　　图 14-45　阵列图形

⑱ 调用 CIRCLE/C 命令，绘制半径为 5795、
5875、7610、7700、7910 和 8000 的圆，如
图 14-46 所示。

⑲ 调用 LINE 命令和 OFFSET/O 命令，绘制线
段，并对线段与圆相交的位置进行修剪，效
果如图 14-47 所示。

图 14-46　绘制圆

图 14-47　修剪圆与线段

⑳ 将半径为 5875、7700 和 8000 的圆，设置为
虚线表示灯带，如图 14-48 所示。

㉑ 布置灯具。从图库中调用筒灯图形到顶棚图
中，如图 14-49 所示。

图 14-48　设置线型

图 14-49　复制灯具图形

㉒ 标高、标注和文字说明。调用 INSERT/I 命令，
插入"标高"图块，如图 14-50 所示。

㉓ 调用 DIM 命令，标注圆的半径。调用
MLEADER/MLD 命令，对顶面材料进行标
注，结果如图 14-51 所示，完成舞池上空顶
棚图的绘制。

图 14-50　插入标高

图 14-51　标注

14.6 绘制舞厅立面图

本节选择舞台立面图和吧台 C 立面图这两个具有代表性的立面，讲解舞厅立面的绘制方法。

14.6.1 绘制舞台立面图

如图 14-52 所示为舞台立面图，下面讲解绘制方法。

图 14-52 舞台立面图

📖 课堂举例 14-5：　绘制舞台立面图

▶ 视频 \ 第 14 章 \ 课堂举例 14-5.mp4

① 复制图形。调用 COPY/CO 命令，复制舞台立面图的平面部分，并对图形进行旋转。

② 绘制主要轮廓线。设置"LM_立面"图层为当前图层。

③ 调用 RECTANG/REC 命令，绘制尺寸为7630×3580 的矩形表示舞台轮廓，如图 14-53所示。

图 14-53 绘制矩形

④ 绘制顶面造型。调用 LINE/L 命令，绘制如图 14-54 所示线段。

⑤ 调用 LINE/L 命令和 OFFSET/O 命令，绘制线段，表示舞台是弧形的，如图 14-55 所示。

图 14-54 绘制线段

图 14-55 绘制线段

⑥ 调用 RECTANG/REC 命令、ARRAY/AR 命令、COPY/CO 命令和 MOVE/M 命令，绘制顶棚造型，如图 14-56 所示。

图 14-56 绘制顶棚造型

⑦ 调用 RECTANG/REC 命令，绘制尺寸为 5850×32，半径为 16 的圆角矩形，并移动到相应的位置，如图 14-57 所示。

图 14-57 绘制圆角矩形

⑧ 调用 COPY/CO 命令，将圆角矩形复制到上方，并进行修剪，效果如图 14-58 所示。

图 14-58　复制和修剪圆角矩形

⑨ 调用 PLINE/PL 命令、MIRROR/MI 命令和 ROTATE/RO 命令，绘制如图 14-59 所示图形。

⑩ 调用 MIRROR/MI 命令和 MOVE/M 命令，对图形进行镜像，效果如图 14-60 所示。

图 14-59　绘制图形

图 14-60　镜像图形

⑪ 绘制舞台。调用 LINE/L 命令，绘制线段，如图 14-61 所示。

⑫ 调用 COPY/CO 命令，将上方的线段复制到下方，并进行修剪，效果如图 14-62 所示。

图 14-61　绘制线段

图 14-62　复制线段

⑬ 绘制舞台背景。调用 PLINE/PL 命令，绘制多段线，如图 14-63 所示。

⑭ 调用 OFFSET/O 命令，将多段线向内偏移 75，并设置为虚线，如图 14-64 所示。

图 14-63　绘制多段线

图 14-64　绘制灯带

⑮ 调用 MIRROR/MI 命令，对多段线进行镜像，效果如图 14-65 所示。

图 14-65　镜像图形

⑯ 调用 OFFSET/O 命令，绘制辅助线，并以辅助线的交点为圆心绘制半径为 1965 的圆，然后删除辅助线，并对圆进行修剪，效果如图 14-66 所示。

图 14-66　绘制圆弧

⑰ 调用 OFFSET/O 命令，修剪后的圆向上偏移 720、600、45 和 75，并将偏移 45 后的

线段设置为虚线，如图 14-67 所示。

⑱ 插入图块。从图库中调用台柱图块到立面图中，效果如图 14-68 所示。

图 14-67　偏移圆弧

图 14-68　插入图块

⑲ 尺寸标注和文字说明。设置"BZ_ 标注"图层为当前图层。设置当前注释比例为 1:50，调用 DIMLINEAR/DLI 命令标注尺寸，结果如图 14-69 所示。

图 14-69　尺寸标注

⑳ 调用 MLEADER/MLD 命令，标注材料名称，结果如图 14-70 所示。

㉑ 插入图名。调用 INSERT/I 命令插入"图名"图块，设置图名为"舞台立面图"，舞台立面图绘制完成。

图 14-70　文字说明

标注：古铜质材料半圆柱　软管灯漫反射　镀锌管钢架刷黑漆
霓虹管　进口荧光墙布　进口荧光墙布　白色铝塑板贴面　弧形钢化玻璃

14.6.2　绘制吧台立面图

如图 14-71 所示为吧台立面图，下面讲解绘制方法。

图 14-71　吧台 C 立面图

吧台C立面图　1:50

标注：橙皮红云石饰面
裂纹钢化夹胶玻璃（内安荧光彩管）
不锈钢酒杯吊架　沙丁黄铝塑板贴面
皇室啡云石大线条　皇室啡云石台面
荧光彩管漫反射　皇室啡云石线条
斜边缝干挂　筒灯

① 绘制吧台立面图绘制吧台上方造型。设置"LM_ 立面"图层为当前图层。

② 调用 LINE/L 命令绘制一条线段，表示顶棚。

③ 应用投影法，调用 PLINE/PL 命令，绘制如图 14-72 所示图形。

图 14-72　绘制图形

④ 调用 RECTANG/REC 命令、LINE/L 命令和 HATCH/H 命令，绘制如图 14-73 所示造型。

图 14-73　绘制图形

⑤ 调用 ARRAY/AR 命令，对绘制的图形进行阵列，效果如图 14-74 所示。

图 14-74　阵列图形

⑥ 调用 PLINE/PL 命令和 HATCH/H 命令，绘制上方的左侧造型，如图 14-75 所示。

07 调用 PLINE/PL 命令，绘制如图 14-76 所示线段。

图 14-75　绘制左侧造型

图 14-76　绘制线段

08 绘制吧台。调用 RECTANG/REC 命令，绘制尺寸为 4690×60，圆角半径为 30 的圆角矩形，如图 14-77 所示。

图 14-77　绘制圆角矩形

09 调用 LINE/L 命令、ARC/A 命令和 MIRROR /MI 命令，在圆角矩形上、下方绘制图形，表示台面，效果如图 14-78 所示。

10 调用 OFFSET/O 命令，对圆弧进行偏移，如图 14-79 所示。

图 14-78　绘制台面

图 14-79　偏移圆弧

11 调用 PLINE/PL 命令，绘制多段线，如图 14-80 所示。

12 调用 LINE/L 命令和 OFFSET/O 命令，绘制左侧图形，如图 14-81 所示。

图 14-80　绘制多段线

图 14-81　绘制左侧图形

13 调用 RECTANG/REC 命令，在吧台中绘制尺寸为 2980×890 的矩形，并移动到相应的位置，如图 14-82 所示。

图 14-82　绘制矩形

14 调用 LINE/L 和 OFFSET/O 命令，在矩形中绘制线段，如图 14-83 所示。

15 调用 LINE/L 和 OFFSET/O 命令，绘制灯带，如图 14-84 所示。

图 14-83　绘制线段　　图 14-84　绘制灯带

16 调用 ARRAY/AR 命令，对线段和灯带进行阵列，效果如图 14-85 所示。

图 14-85　阵列图形

17 调用 HATCH/H 命令，再在命令行中输入 T 命令，在弹出的【图案填充和渐变色】对话框中设置参数，在矩形中填充 SACNCR 图案，效果如图 14-86 所示。

图 14-86 填充图案

⑱ 调用 LINE/L 命令和 OFFSET/O 命令，在矩形两侧绘制线段，效果如图 14-87 所示。

图 14-87 绘制线段

⑲ 插入图块和标注。应用前面介绍的方法，插入射灯、酒杯和酒架等图块。

最后进行标注，完成吧台 C 立面图的绘制。

14.6.3 绘制酒柜 C 立面图

如图 14-88 所示为酒柜 C 立面图，主要表达了酒柜的尺寸和结构，下面讲解绘制方法。

图 14-88 酒柜 C 立面图

📖 课堂举例 14-6： 绘制酒柜 C 立面图

▶ 视频 \ 第 14 章 \ 课堂举例 14-7.mp4

⑴ 复制图形。调用 COPY/CO 命令，复制酒柜立面图的平面部分，并对图形进行旋转。

⑵ 绘制主要轮廓线。设置"LM_立面"图层为当前图层。

⑶ 调用 LINE/L 命令，绘制酒柜 C 立面左右内墙面的投影线，如图 14-89 所示。

图 14-89 绘制投影线

⑷ 绘制地面轮廓。调用 PLINE/PL 命令，在投影线下方绘制一水平线段表示地面，如图 14-90 所示。

⑸ 根据酒柜顶棚图中的标高，调用 OFFSET/O 命令，将地面轮廓线偏移 2600，如图 14-91 所示。

图 14-90 绘制地面　　图 14-91 偏移地面轮
廓线

⑥ 调用 TRIM/TR 命令，修剪得到 C 立面的外
轮廓图，并将立面外轮廓转换为"LM_立面"
图层，如图 14-92 所示。

⑦ 绘制顶棚造型。调用 LINE/L 命令，绘制线段，
如图 14-93 所示。

图 14-92 立面外轮廓

图 14-93 绘制线段

⑧ 调用 HATCH/H 命令，再在命令行中输入 T
命令，在弹出的【图案填充和渐变色】对话
框中设置参数，在线段内填充 LINE 图
案，填充参数设置和效果如图 14-94 所示。

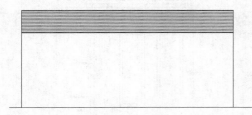

图 14-94 填充参数设置和效果

⑨ 绘制酒柜。调用 LINE/L 命令和 OFFSET/O
命令，绘制线段，如图 14-95 所示。

⑩ 调用 LINE/L 命令，绘制线段，如图 14-96
所示。

图 14-95 绘制线段

图 14-96 绘制线段

⑪ 调用 LINE/L 命令和 OFFSET/O 命令，绘制
线段，如图 14-97 所示。

⑫ 继续调用 LINE/L 命令和 OFFSET/O 命令，
绘制线段表示层板，如图 14-98 所示。

图 14-97 绘制线段

图 14-98 绘制层板

⑬ 调用 RECTANG/REC 命令，绘制一个尺寸
为 655×520 的矩形，并移动到相应的位置，
如图 14-99 所示。

⑭ 调用 LINE/L 命令和 OFFSET/O 命令，绘制
线段，如图 14-100 所示。

图 14-99 绘制矩形   图 14-100 绘制线段

⑮ 调用 RECTANG/REC 命令，绘制矩形，并将矩形向内偏移 20，如图 14-101 所示。

⑯ 调用 PLINE/PL 命令，绘制对角线表示门开启方向，如图 14-102 所示。

图 14-101 绘制并偏移   图 14-102 绘制对角线
矩形

⑰ 调用 CIRCLE/C 命令和 COPY/CO 命令，绘制拉手，如图 14-103 所示。

⑱ 调用 COPY/CO 命令，将底柜复制到其他位置，如图 14-104 所示。

图 14-103 绘制拉手

图 14-104 复制底柜

⑲ 绘制装饰格。调用 LINE/L 命令和 OFFSET/O 命令，绘制辅助线，如图 14-105 所示。

⑳ 调用 RECRTANG/REC 命令，绘制尺寸为 270×670 和 260×810 的矩形，如图 14-106 所示。

图 14-105 绘制辅助线

图 14-106 绘制矩形

㉑ 调用 OFFSET/O 命令，将矩形向内偏移 30，如图 14-107 所示。

㉒ 调用 LINE/L 命令，绘制角线连接两个矩形，如图 14-108 所示。

图 14-107 偏移矩形

图 14-108 绘制角线

㉓ 插入图块。从图库中调用射灯、酒瓶、门和装饰品图块到立面图中，效果如图 14-109 所示。

图 14-109 插入图块

㉔ 尺寸标注和文字说明。设置"BZ_ 标注"图层为当前图层。设置当前注释比例为 1:50，调用 DIMLINEAR/DLI 命令标注尺寸，结果如图 14-110 所示。

图 14-110 标注尺寸

㉕ 调用 MLEADER/MLD 命令，标注材料名称，结果如图 14-111 所示。

图 14-111 标注材料名称

㉖ 插入图名。调用 INSERT/I 命令插入"图名"图块，设置图名为"酒柜 C 立面图"，酒柜 C 立面图绘制完成。

14.6.4 绘制其他立面图

云石屏风立面图和包厢 1C 立面图如图 14-112 和图 14-113 所示，读者可以应用前面介绍的绘制方法完成这两个立面图的绘制。

图 14-112 云石屏风立面图

图 14-113 包厢 1C 立面图

第15章 中式餐厅室内设计

15.1 中式餐厅设计概述

中式设计风格从很大的程度上充分体现了中国人长久以来的传统习俗，中间的点点滴滴都包含着东方文化的神秘和深邃。本例以中式餐厅的一层为例，详细讲解中式餐厅的设计方法和施工图绘制技巧。

15.1.1 中式餐厅设计分析

这一类的餐厅主要是经营传统的高、中、低档次的中式菜肴和专营地方特色菜系或某种菜式的专业餐厅。在空间布置上，要求整体舒适大方，富有主题特色，具有一定的文化内涵，功能齐全，如图 15-1 所示。

图 15-1 中式餐厅示例

15.1.2 餐厅设计要点

餐厅的面积可根据餐厅的规模与级别来综合确定，一般按 1.0 ～ 1.5 ㎡/ 座计算。餐厅面积指标的确定要合理，指标过小，会造成拥挤；指标过大，会造成面积浪费、利用率不高和增大工作人员的劳动强度等。

营业性的餐厅应有专门的顾客出入口、休息前厅、衣帽间和卫生门。

餐厅应紧靠厨房设置，但备餐间的出入口应处理得较为隐蔽，同时还要避免厨房气味和油烟进入餐厅。

顾客就餐活动路线与送餐服务路线应分开，避免重叠，同时还要尽量避免主要流线的交叉。送餐服务路线不宜过长（最大不超过40m），并尽量避免穿越其他用餐空间。在大型的多功能厅或宴会厅应以配餐廊代替备餐间，以避免送餐路线过长。

在大餐厅中应以多种有效的手段（绿化、半隔断等）来划分和限定各个不同的用餐区，以保证各个区域之间的相对独立和减少相互干扰。

各种功能的餐厅应有与之相适应的餐桌椅的布置方式和相应的装饰风格。

室内色彩应建立在统一的装饰风格基础之上，如西餐厅的色彩应典雅、明快，以浅色调为主；而中餐厅则相对热烈、华贵，以较重的色调为主。除此之外，还应考虑到采用能增进食欲的暖色调，以增加舒适、欢快的心情。

应主要选用天然材质，以给人温暖、亲切的感觉。另外，地面还应选择耐污、耐磨、易于清洁的材料。

餐厅内应有宜人的空间尺度和舒适的通风、采光等物理环境。

15.1.3 中式餐厅设计元素

中式餐厅的设计，离不开桌、椅、条案和柜子这些基本元素。下面就具体介绍这些物品在中式餐厅中的位置及作用。

1. 桌

中式餐厅中的桌子一般呈方形或长方形，以体现出用餐人之间的尊卑等级关系。依据大、中、小三种规格，分别称为"八仙""六仙""四仙"，"仙"指人数，取其吉祥之意。

2. 椅

现在我们所见的中式椅子的形式，多为明清时代流传下来的款式，样式繁多，风格呈简约与华丽两派。餐厅因起身坐下动作频繁，因此"靠背椅"是适用的款式。单一靠背或呈梳背，雕刻精致、古朴典雅，适当的弧度符合现代人体工程学。

3. 条案

形状窄而长，体积不大，适合靠墙而立。无论是"平头案"还是"翘头案"，在餐厅内依墙放置，摆上鲜花、盆景或精致的艺术品。

15.2 调用样板新建文件

本书第 6 章创建了室内装潢施工图样板，该样板已经设置了相应的图形单位、样式、图层和图块等内容，建筑平面图可以直接在此样板的基础上进行绘制。

课堂举例 15-1： 调用样板新建文件

▶ 视频 \ 第 15 章 \ 课堂举例 15-1.mp4

01 启动 AutoCAD 2018 软件，单击【新建】按钮，打开"选择样板"对话框，如图 15-2 所示。

02 选择"室内装潢施工图模板"样板，单击【打开】按钮，以样板创建图形，新图形中包含了样板中创建的图层、样式和图块等内容。

03 单击【保存】按钮，打开"图形另存为"对话框，在"文件名"框中输入文件名，单击【保存】按钮保存图形。

图 15-2 "选择样板对话框

15.3 绘制中式餐厅平面布置图

本例中式餐厅平面布置图如图 15-3 所示。本节的重点是介绍中式餐厅平面空间的构成，图形的绘制与前面章节介绍的方法基本相同，下面简单介绍其绘制过程。

图 15-3 中式餐厅一层平面布置图

15.3.1 绘制墙体

如图 15-4 所示为中式餐厅的建筑墙体图，请读者参考本书前面章节介绍的方法完成绘制。

图 15-4 中式餐厅一层建筑墙体图

15.3.2 绘制楼梯、台阶

一层楼梯和台阶如图 15-5 所示,可以使用 RECTANG/REC 命令、OFFSET/O 命令和 LINE/L 等命令完成绘制。

图 15-5 绘制楼梯和台阶

15.3.3 绘制隔断和门、窗

一层由结账台、前庭、后庭、卡座、酒水仓库、杂物间和卫生间等功能空间组成。

首先调用 LINE/L 等相关命令,绘制各功能空间隔墙,然后绘制出门、窗洞。并调用 INSERT/I 命令插入门、窗图块,结果如图 15-6 所示。

图 15-6 中式餐厅隔墙和门、窗

15.3.4 绘制小景

01 按 Ctrl+O 快捷键,打开配套资源提供的"第 15 章 \ 家具图例 .dwg"文件,选择其中的石头、植物等图块,将其复制至前庭区域,如图 15-7 所示。

02 调用 LINE/L 命令、RECTANG/REC 命 令、OFFSET/O 命令和 ROTATE/RO 等命令,绘制小桥,如图 15-8 所示。

图 15-9　填充参数和效果

图 15-7　插入图块　　图 15-8　绘制小桥

③ 调用 HATCH/H 命令，再在命令行中输入 T 命令，在弹出的【图案填充和渐变色】对话框中设置参数，在石头所围区域填充 AR-RROOF 图案表示水池，填充参数和效果如图 15-9 所示。

④ 调用 CIRCLE/C 命令，绘制半径为 175 的圆表示石凳，效果如图 15-10 所示。

图 15-10　绘制圆

15.4　绘制家具

　　酒柜和结账台可以调用 RECTANG/REC 命令和 LINE/L 命令绘制，其他家具可以从配套资源提供的"第 15 章 \ 家具图例 .dwg"文件中复制，完成平面布置图的绘制，结果如图 15-11 所示。

图 15-11　绘制家具

15.4.1　标注房间名称

　　调用 TEXT/T 命令，标注各个房间的名称，效果如图 15-3 所示。

15.4.2　插入图名、标高

　　由于需要绘制立面图，所以在插入图名后，在图名的右侧插入立面指向符，以表示立面方向，如图 15-3 所示。

15.5 绘制中式餐厅地面布置图

中式餐厅的地面布置比较简单，可以直接在平面布置图上绘制。调用 LINE/L 命令，划分地面区域，如图 15-12 所示。

图 15-12 划分地面区域

📖 **课堂举例 15-2：** 绘制中式餐厅地面布置图

▶ 视频 \ 第 15 章 \ 课堂举例 15-2.mp4

① 调用 PLINE/PL 命令，再在命令行中输入 T 命令，在弹出的【图案填充和渐变色】对话框中设置参数，在前庭区域，绘制辅助线并在区域内填充 `NET` 图案，填充图案后删除辅助线，填充参数和效果如图 15-13 所示。

图 15-13 填充地面

② 调用 HATCH/H 命令，再在命令行中输入 T 命令，在弹出的【图案填充和渐变色】对话框中设置参数，在卫生间内填充 `ANGLE` 图案，填充参数和效果如图 15-14 所示。

图 15-14 填充卫生间地面

03 调用 INSERT/I 命令，插入标高图块，标注地台的高度，调用 TEXT/T 命令，对地面材料进行文字说明，效果如图 15-15 所示，地面布置图绘制完成。

图 15-15 插入标高和标注文字

15.6 绘制中式餐厅顶面布置图

中式餐厅顶面布置图如图 15-16 所示，本节将完成该顶面布置图的绘制。

图 15-16 中式餐厅顶面布置图

课堂举例 15-3： 中式餐厅顶面布置图

▶ 视频 \ 第 15 章 \ 课堂举例 15-3.mp4

① 复制图形。顶面布置图可以在平面布置图的基础上绘制，复制中式餐厅的平面布置图，并删除与顶面布置图无关的图形，结果如图 15-17 所示。

图 15-17 清理图形

② 绘制墙体线。调用 LINE/L 命令，绘制墙体线，效果如图 15-18 所示。

图 15-18 绘制墙体线

③ 绘制吊顶。餐厅并没有做吊顶造型，而是在柱子之间设计了假梁，调用 PLINE/PL 命令，绘制假梁造型，假梁的宽度为 400，高度为 300，效果如图 15-19 所示。

图 15-19 绘制假梁

④ 调用 HATCH/H 命令，再在命令行中输入 T 命令，在弹出的【图案填充和渐变色】对话框中设置参数，在假梁内填充图案，表示假梁装饰材料，填充参数和效果如图 15-20 所示。

图 15-20 填充参数和填充效果

⑤ 布置灯具。打开配套资源提供的"第15章\家具图例.dwg"文件，选择灯具图块，将其布置到当前顶面布置图中，并调用 ARRAY/AR 命令，对灯具进行阵列，效果如图 15-21 所示。

⑥ 插入图名、标高。调用 INSERT/I 命令，插入图名和标高，结果如图 15-16 所示，中式餐厅顶面布置图绘制完成。

图 15-21 布置灯具

15.7 中式餐厅立面设计

本节将完成中式餐厅大厅 C 立面图的绘制，进一步掌握相关立面图的绘制方法。

15.7.1 绘制一楼大厅 C 立面图

C 立面是酒罐所在的整个墙面，该立面图如图 15-22 所示。

一楼大厅C立面图 1:50

图 15-22 一楼大厅 C 立面图

课堂举例 15-4： 绘制一楼大厅 C 立面图

▶ 视频 \ 第 15 章 \ 课堂举例 15-4.mp4

① 复制图形。调用 COPY/CO 命令，复制平面布置图上 C 立面的平面部分，并进行旋转。

② 绘制立面图形。设置"LM_ 立面"为当前图层。

③ 调用 PLINE/PL 命令绘制地面，调用 LINE/L 命令绘制左右墙体投影线，如图 15-23 所示。

④ 调用 LINE/L 命令，在距地面 3100 的位置（请参考顶面布置图标高）绘制顶棚线。如图 15-24 所示。

图 15-24 绘制顶棚线

⑤ 调用 LINE/L 命令，绘制柱子造型投影线，如图 15-25 所示。

图 15-25 绘制柱子投影线

⑥ 调用 TRIM/TR 命令修剪出立面外轮廓，并

图 15-23 绘制地面和投影线

将立面外轮廓线转换为"QT_墙体"图层，结果如图 15-26 所示。

图 15-26 修剪立面外轮廓

07 调用 HATCH/H 命令，再在命令行中输入 T 命令，在弹出的【图案填充和渐变色】对话框中设置参数，在右侧柱子内填充 `ANSI31` 图案，如图 15-27 所示。

图 15-27 填充图案

08 绘制柱子造型。调用 LINE/L 命令，根据如图 15-28 所示尺寸划分柱子区域，调用 HATCH/H 命令，再在命令行中输入 T 命令，在弹出的【图案填充和渐变色】对话框中设置参数，在柱子内填充 `AR-RROOF` 图案，表示水纹石，如图 15-29 所示。

图 15-28 绘制线段

图 15-29 填充图案

09 调用 OFFSET/O 命令，绘制辅助线，如图 15-30 所示。以辅助线的交点为矩形的第一个角点，绘制一个尺寸为 95×280 的矩形，并删除辅助线，如图 15-31 所示。

图 15-30 绘制辅助线　　图 15-31 绘制矩形

10 调用 OFFSET/O 命令，将绘制的矩形向内偏移 5，并填充 `AR-CONC` 图案，效果如图 15-32 所示。

11 由于柱子的上方有梁，所以需要留出梁的位置，调用 PLINE/PL 命令，找到梁的位置，如图 15-33 所示，并在梁内填充 `ANSI31` 和 `AR-CONC` 图案，效果如图 15-34 所示。

图 15-32 偏移矩形与　　图 15-33 绘制线段
　　　　 填充图案

图 15-34 填充图案

12 调用 COPY/CO 命令，通过复制得到右边的柱子造型，由于右边柱子的上方没有梁，所以不需要留出梁的位置，如图 15-35 所示。

⑬ 调用 RECTANG/REC 命令和 LINE/L 命令，绘制窗结构，效果如图 15-36 所示。

图 15-35　复制柱子造型

图 15-36　绘制窗结构

⑭ 绘制酒罐墙面。调用 LINE/L 命令，绘制梁，效果如图 15-37 所示。

图 15-37　绘制梁

⑮ 酒罐墙面所用材料是杉木板，调用 HATCH/H 命令，再在命令行中输入 T 命令，在弹出的【图案填充和渐变色】对话框中设置参数，填充 DOLMIT 图案，填充参数和效果如图 15-38 所示。

图 15-38　填充墙面

⑯ 调用 PLINE/PL 命令，绘制楼梯台阶，并将台阶与柱子造型相交的位置进行修剪，如图 15-39 所示。

图 15-39　绘制台阶

⑰ 填充墙面，调用 LINE/L 命令，根据墙面所用不同材料进行划分，如图 15-40 所示。

图 15-40　划分墙面

⑱ 墙面的材料为文化砖，调用 HATCH/H 命令，再在命令行中输入 T 命令，在弹出的【图案填充和渐变色】对话框中设置参数，在墙面填充 AR-BRSTD 图案表示文化砖，如图 15-41 所示。

图 15-41　填充图案

⑲ 插入图块。按 Ctrl+O 快捷键，打开配套资源提供的"第 15 章 \ 家具图例 .dwg"文件，选择其中的装饰物、装饰画、酒罐、青瓦和门等图块，将其复制至立面区域，如图 15-42 所示。

图 15-42　插入图块

⑳ 由于插入的图块与前面绘制的图形重叠，调用 TRIM/TR 命令进行修剪，以便体现出层次关系，效果如图 15-43 所示。

图 15-43　修剪图形

㉑ 标注尺寸、材料说明。设置"BZ_ 标注"为当前图层，设置当前注释比例为 1：50。
㉒ 调用线性标注命令 DIMLINEAR/DLI 进行尺寸标注，如图 15-44 所示。

图 15-44　尺寸标注

㉓ 设置"ZS_注释"为当前图层。

㉔ 调用多重引线命令对材料进行标注，结果如图 15-23 所示。

㉕ 插入图名。调用插入图块命令 INSERT/I，插入"图名"图块，设置 C 立面图名称为"一楼大厅 C 立面图"。

㉖ 一楼大厅 C 立面图绘制完成。

15.7.2 绘制中式餐厅其他立面图

酒吧其他立面图包括"一楼前庭 A 立面图"和"一楼后庭 D 立面图"如图 15-45 和图 15-46 所示。这里就不再做详细的讲解，请读者参考上述方法绘制。

图 15-45 一楼后庭 D 立面图

图 15-46 一楼前庭 A 立面图

第16章 绘制电气图和冷热水管走向图

本章导读

电气图用来反映室内装修的配电情况，也包括配电箱的规格、型号、配置以及照明、插座开关等线路的敷设方式和安装说明等。

本章以两居室为例，讲解电气系统图和冷热水管走向图的绘制方法。

本章重点

- ➢ 电气设计基础
- ➢ 绘制图例表
- ➢ 绘制插座平面图
- ➢ 绘制照明平面图
- ➢ 绘制冷热水管走向图

16.1 电气设计基础

室内电气设计牵涉到很多相关的电工知识，为了使没有电工基础的读者也能够理解本章的内容，这里首先简单介绍一些相关的电气基础知识。

16.1.1 强电和弱电系统

现代家庭的电气设计包括强电系统和弱电系统两大部分。强电系统指的是空调、电视、冰箱、照明等家用电器的用电系统。

弱电系统指的是有线电视、电话线、家庭影院的音响输出线路、计算机局域网等线路系统，弱电系统根据不同的用途需要采用不同的连接介质，例如计算机局域网布置一般使用五类双绞线，有线电视线路则使用同轴电缆。

16.1.2 常用电气名词解析

1. 户配电箱

现代住宅的进线处一般装有配电箱。户配电箱内一般装有总开关和若干分支回路的断路器／漏电保护器，有时也装熔断器和计算机防雷击电涌防护器。户配电箱通常自住宅楼总配电箱或中间配电箱以单相 220V 电压供电。

2. 分支回路

分支回路是指从配电箱引出的若干供电给用电设备或插座的末端线路。足够的回路数量对于现代家居生活是必不可少的。一旦某一线路发生短路或其他问题时，不会影响其他回路的正常工作。根据使用面积，照明回路可选择两路或三路，电源插座三至四路，厨房和卫生间各走一条路线，空调回路两至三路，一个空调回路最多带两部空调。

3. 漏电保护器

漏电保护器俗称漏电开关，是用于在电路或电器绝缘受损发生对地短路时防人身触电和电气火灾的保护电器，一般安装于每户配电箱的插座回路上和全楼总配电箱的电源进线上，后者专用于防电气火灾。

4. 电线截面与载流量

在家庭装潢中，因为铝线极易氧化，因此常用的电线为 BV 线（铜芯聚乙烯绝缘电线）。电线的截面指的是电线内铜芯的截面。住宅内常用的电线截面有 $1.5mm^2$、$2.5mm^2$、$4mm^2$ 等。

导线截面越大，它所能通过的电流也越大。

截流量指的是电线在常温下持续工作并能保证一定使用寿命（如 30 年）的工作电流大小。电线截流量的大小与其截面积的大小有关，即导线截面越大，它所能通过的电流也越大。如果线路电流超过载流量，使用寿命就相应缩短，如不及时换线，就可能引起种种电气事故。

16.1.3 电线与套管

强电电气设备虽然均为 220V 供电，但仍需根据电器的用途和功率大小，确定室内供电的回路划分，采用何种电线类型，例如柜式空调等大型家用电气供电需设置线径大于 $2.5mm^2$ 的动力电线，插座回路应采用截面不小于 $2.5mm^2$ 的单股绝缘铜线，照明回路应采用截面不小于 $1.5mm^2$ 的单股绝缘铜线。如果考虑到将来厨房及卫生间电器种类和数量的激增，厨房和卫生间的回路建议也使用 $4mm^2$ 电线。

此外，为了安全起见，塑料护套线或其他绝缘导线不得直接埋设在水泥或石灰粉刷层内，必须穿管（套管）埋设。套管的大小根据电线的粗细进行选择。

16.2 绘制图例表

图例表用来说明各种图例图形的名称、规格以及安装形式等，在绘制电气图之前需要绘制图例表。图例表由图例图形、图例名称以及安装说明等几个部分组成，如图 16-1 所示为本章绘制的图例表。

图标	名称	图标	名称
	单联开关		水晶垂吊灯
	双联开关		
	三联开关		艺术吊灯
	方形筒灯		
	嵌入式双头筒灯	(H)	电话线口
	吸顶灯	(T)	电视线口
	浴霸	(W)	宽带网线
	配电箱		单相二、三孔插座

图 16-1 图例表

电气图按照其类别可分为开关类图例、灯具类图例、插座类图例和其他类图例，下面按照图例类型分别介绍绘制方法。

16.2.1 绘制开关类图例

开关类图例画法基本相同，先画出其中的一个，通过复制和修改即可完成其他图例的绘制。下面以绘制"双联开关"图例图形为例，介绍开关类图例图形的画法，其尺寸如图 16-2 所示。

课堂举例 16-1： 绘制开关类图例

▶ 视频 \ 第 16 章 \ 课堂举例 16-1.mp4

① 设置"DQ_电气"图层为当前图层。

② 调用 LINE/L 命令，绘制如图 16-3 所示线段。

图 16-2 双联开关尺寸 　　图 16-3 绘制线段

③ 调用 OFFSET/O 命令，偏移线段，如图 16-4 所示。

④ 调用 DONUT/DO 命令，绘制填充圆环，设置圆环的内径为 0，外径为 100，效果如图 16-5 所示。

图 16-4 偏移线段 　　图 16-5 填充圆环

⑤ 调用 ROTATE/RO 命令，旋转绘制的图形，效果如图 16-6 所示，"双联"开关绘制完成。

⑥ 调用 COPY/CO 命令，复制"双联开关"，再使用 TRIM/TR 命令修改得到单联开关，如图 16-7 所示。

图 16-6 旋转图形 　　图 16-7 单联开关

16.2.2 绘制灯具类图例

灯具类图例包括射灯、吸顶灯、吊灯、防油烟灯、镜前灯和豪华吊灯等，在绘制顶棚图时，我们直接调用了图库中的图例，为了提高大家的绘图技能，这里以水晶垂吊灯为例，介绍灯具图形的绘制方法，如图 16-8 所示为豪华吊灯图例及尺寸。

图 16-8 水晶垂吊灯图例尺寸

课堂举例 16-2： 绘制灯具类图例

▶ 视频 \ 第 16 章 \ 课堂举例 16-2.mp4

① 调用 CIRCLE/C 命令，绘制半径为 115 的圆，如图 16-9 所示。

图 16-9 绘制圆

② 调用 LINE/L 命令，通过圆的圆心绘制一条垂直线段，线段的长度为 200，如图 16-10 所示。

③ 调用 CIRCLE/C 命令，以绘制的线段端点为圆心，绘制半径为 23 的圆，如图 16-11 所示。

图 16-10 绘制线段 　　图 16-11 绘制圆

④ 调用 ARRAY/AR 命令，对线段和圆进行环形阵列，阵列结果如图 16-12 所示。

⑤ 调用 LINE/L、CIRCLE/C 和 ARRAY/AR 等命令，绘制外圈吊灯造型，如图 16-13 所示，完成水晶垂吊灯的绘制。

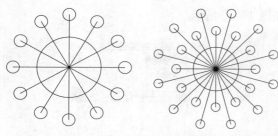

图 16-12 阵列结果　　图 16-13 绘制结果

16.3 绘制插座类图例

下面以"单相二、三孔插座"图例图形为例，介绍插座类图例图形的画法，其尺寸如图 16-14 所示。

课堂举例 16-3： 绘制插座类图例

📹 视频 \ 第 16 章 \ 课堂举例 16-3.mp4

01 调用 CIRCLE/C 命令，绘制半径为 66 的圆，如图 16-15 所示。并通过圆心绘制一条线段。

图 16-14 单相　　图 16-15 绘制圆
二、三孔插座

02 调用 TRIM/TR 命令，修剪圆的下半部分，

得到一个半圆，如图 16-16 所示。

03 调用 LINE/L 命令，在半圆上方绘制线段，如图 16-17 所示。

04 调用 HATCH/H 命令，再在命令行中输入 T 命令，在弹出的【图案填充和渐变色】对话框中设置数据，在圆内填充 SOLID 图案，效果如图 16-18 所示，"单相二、三孔插座"图例绘制完成。

图 16-16 修　图 16-17 绘　图 16-18 填
剪圆　　制线段　　充效果

16.4 绘制插座平面图

在电气图中，插座平面图上主要反映了插座的安装位置、数量和连线情况。插座平面图在平面布置图基础上进行绘制，主要由插座、连线和配电箱等部分组成，下面讲解绘制方法。

16.4.1 绘制插座和配电箱

课堂举例 16-4： 绘制插座和配电箱

📹 视频 \ 第 16 章 \ 课堂举例 16-4.mp4

01 打开配套资源中"第 9 章 \ 两居室平面布置图 .dwg"文件，如图 16-19 所示。

图 16-19 打开图形

02 删除平面布置图中的一些家具图形，得到结果如图 16-20 所示。

图 16-20　整理图形

03 复制图例表中的插座、配电箱等图例到平面图中，如图 16-21 所示。

图 16-21　复制插座和配电箱

> **提示**
>
> 　家具图形在电气图中起参照作用，如在摆放有床头灯的位置，就应考虑在此处设置一个插座，此外还可以根据家具的布局合理安排插座、开关的位置。

16.4.2　绘制连线

连线用来表示插座、配电箱之间的电线，反映了插座、配电箱之间的连接路线，连线可使用 LINE/L 命令和 PLINE/PL 等命令绘制。

📖 **课堂举例 16-5：**　绘制连线

▶ 视频 \ 第 16 章 \ 课堂举例 16-5.mp4

① 调用 LINE/L 命令，从配电箱引出一条连线到餐厅水族箱位置，如图 16-22 所示。

② 调用 LINE/L 命令，连接插座，结果如图 16-23 所示。

图 16-22　引出连线　　图 16-23　连接插座

③ 调用 MTEXT/MT 命令，在连线上输入回路编号，如图 16-24 所示。

④ 此时回路编号与连线重叠，调用 TRIM/TR 命令，对编号与连线重叠的位置进行修剪，效果如图 16-25 所示。

图 16-24　输入回路编号　　图 16-25　修剪连线

⑤ 使用同样的方法，完成其他插座连线的绘制，效果如图 16-26 所示，完成插座平面图的绘制。

图 16-26　绘制连线

16.5　绘制照明平面图

照明平面图反映了灯具、开关的安装位置、数量和连线的走向，是电气施工不可缺少的图样，同时也是将来电气线路检修和改造的主要依据。

照明平面图在顶棚图的基础上绘制，主要由灯具、开关以及它们之间的连线组成，绘制方法与插座平面图基本相同，下面以两居室顶棚图为例，介绍照明平面图的绘制方法。

📖 **课堂举例 16-6：**　绘制照明平面图

▶ 视频 \ 第 16 章 \ 课堂举例 16-6.mp4

① 打开配套资源中"第 9 章 \ 两居室顶棚图 .dwg"文件，删除不需要的顶棚图形，只保留灯具和灯带，如图 16-27 所示。

图 16-27　整理图形

⑫ 从图例表中复制开关图形到打开的图形中，
如图 16-28 所示。

⑬ 调用 ARC/A 命令，绘制连线，如图 16-29
所示。

图 16-28　复制开关图形

图 16-29　绘制连线

⑭ 调用 ARC/A 命令，绘制其他连线，结果如
图 16-30 所示。

⑮ 在主卧中，连线有相交的位置，调用
CIRCLE/C 命令，绘制半径为 60 的圆，并
对圆内的弧线进行修剪，然后删除圆，效果
如图 16-31 所示，完成照明平面图的绘制。

图 16-30　绘制连线

图 16-31　修剪连线

16.6　绘制冷热水管走向图

冷热水管走向图反映了住宅水管的分布走
向，指导水电施工，冷热水管走向图需要绘制
的内容主要为冷水管、热水管和出水口。

16.6.1　绘制图例表

冷热水管走向图需要绘制冷水管、热水管
及出水口图例，如图 16-32 所示，由于图形比
较简单，请读者运用前面所学知识自行完成，
这里就不再详细讲解了。

图 16-32　冷热水管走向图图例表

16.6.2　绘制冷热水管走向图

冷热水管走向图主要绘制冷水管、热水管
和出水口，其中冷水管、热水管分别使用实线
和虚线表示，下面以两居室为例，介绍绘制方法。

📖 课堂举例 16-7：　绘制冷热水管走向图

▶ 视频 \ 第 16 章 \ 课堂举例 16-7.mp4

① 整理图形。删除平面布置图中的家具图形，
效果如图 16-33 所示。

图 16-33 整理图形

02 绘制出水口。创建一个新图层"SG_水管"图层，并设置为当前图层。

03 根据平面布置图中的洗脸盆、洗菜盆、洗衣机、水族箱和淋浴花洒以及其他出水口的位置，绘制出水口图形（用圆形表示），如图 16-34 所示，其中虚线表示接热水管，实线表示接冷水管。

图 16-34 绘制出水口

04 绘制热水器和水管。调用 PLINE/PL 命令和 MTEXT/MT 命令，绘制热水器，如图 16-35 所示。

05 调用 PLINE/PL 命令，绘制线段，表示冷水管，如图 16-36 所示。

图 16-35　绘制热水器　　　　　　　　图 16-36　绘制冷水管

06 调用 PLINE/PL 命令，将热水管连接至各个热水出水口，注意热水管使用虚线表示，如图
16-37 所示，两居室冷热水管走向图绘制完成。

图 16-37　绘制热水管

第17章

绘制室内装潢剖面图和详图

本章导读

　　剖面图是将装饰面剖切，以表达结构构成的方式、材料的形式和主要支承构件的相互关系等。剖面图标注有详细尺寸，工艺做法及施工要求。

　　详图是表示装修做法中局部构造的一种大样图，它是平面图、立面图、剖面图等基本图样的有效补充，以清楚、明确地反映出装饰每一个细部的详细构造和尺寸。详图的绘制方法并不难，关键在于绘图者需要对构造做法、制作工艺、材料特性和装修施工有一定的了解。

　　本章以电视背景墙造型、衣柜、顶棚图和舞厅吧台剖面图及大样图为例，讲解室内装潢剖面图和大样图的绘制方法。

本章重点

➢ 绘制电视背景墙造型剖面图
➢ 绘制衣柜剖面图
➢ 绘制顶棚图剖面图
➢ 绘制舞厅吧台剖面图和大样图

17.1 绘制电视背景墙造型剖面图

剖面图是室内施工图中不可缺少的部分，因为任何平面图形，不可能把所有的装饰装修结构、细节、尺寸表达得非常清楚。下面讲解电视背景墙造型剖面图的绘制方法。

17.1.1 插入剖切索引符号

调用 INSERT/I 命令，插入图块"剖切索引 _02"到立面图中，然后适当调整图块上的动态控制点，使其指向正确的剖切位置，电视背景墙剖切索引如图 17-1 所示。

图 17-1 插入剖切索引符号

课堂举例 17-1： 插入剖切索引符号

📹 视频 \ 第 17 章 \ 课堂举例 17-1.mp4

① 调用 INSERT/I 命令，打开"插入"对话框，在"名称"列表中选择图块"剖切索引 _02"，如图 17-2 所示。

② 单击【确定】按钮，然后按系统提示操作。

命令 :INSERT ✓
// 调用 INSERT 命令
指定插入点或 [基点 (B)/ 比例 (S)/ 旋转 (R)]:
// 在剖切位置的附近拾取一点，确定图块位置
输入属性值
输入被索引图号 : <->: ✓
// 按空格键，默认索引图号为 "-"
输入索引编号 : <01>:01 ✓
// 输入索引编号 "01"，表示在图纸 "01" 中编号为 01 的节点图

③ 完成上面的操作后，即可得到如图 17-3 所示剖切索引符号。

④ 选择插入的剖切索引符号，调整其控制点，使其效果如图 17-1 所示。

图 17-2 "插入"对话框

图 17-3 剖切索引符号

17.1.2 绘制电视背景墙剖面图

如图 17-4 所示为⊕剖面图，该剖面图详细表达了客厅电视背景墙的立面关系以及结构。

课堂举例 17-2： 制电视背景墙剖面图

📹 视频 \ 第 17 章 \ 课堂举例 17-2.mp4

① 设置 "JD_ 节点" 图层为当前图层。

② 调用 LINE/L 命令，根据 C 立面图绘制投影线，如图 17-5 所示。

图 17-4 ⊕剖面图

图 17-5 绘制投影线

⑱ 调用 PLINE/PL 命令,绘制折断线,如图 17-6 所示。

⑭ 调用 LINE/L 命令,在折断线的右侧绘制一条线段,如图 17-7 所示。

图 17-6 绘制折断线

图 17-7 绘制线段

⑮ 调用 TRIM/TR 命令,修剪掉多余的线段,如图 17-8 所示。

⑯ 调用 OFFSET/O 命令,向右偏移线段,偏移距离分别为 20、200 和 250,如图 17-9 所示。

⑰ 调用 TRIM/TR 命令,修剪多余的线段,得到如图 17-10 所示基本轮廓。

图 17-8 修剪 图 17-9 偏移 图 17-10 修
线段   线段   剪基本轮廓

⑲ 绘制背景墙上方造型。调用 PLINE/PL 命令、LINE/L 命令、OFFSET/O 命令和 TRIM/TR 命令,绘制面板结构,如图 17-11 所示。

⑳ 调用 RECTANG/REC 命令、COPY/CO 命令和 LINE/L 命令,绘制木方,如图 17-12 所示。

图 17-11 绘制面板结构   图 17-12 绘制木方

㉑ 调用 RECTANG/REC 命令、LINE/L 命令、COPY/CO 命令和 OFFSET/O 命令,绘制下方造型,如图 17-13 所示。

㉒ 调用 RECTANG/REC 命令,绘制尺寸为 400×100 的矩形表示电视柜,并移动到相应的位置,如图 17-14 所示。

㉓ 调用 TRIM/TR 命令,对矩形内的线段进行修剪,如图 17-15 所示。

图 17-13   图 17-14   图 17-15
绘制下方造型   绘制矩形   修剪线段

⑭ 调用 LINE/L 命令和 TRIM/TR 命令，绘制面板，效果如图 17-16 所示。

⑮ 从图库中插入灯管图块到剖面图中，如图 17-17 所示。

⑯ 设置"BZ_标注"图层为当前图层，设置当前注释比例为 1:30。调用 DIM 命令，进行尺寸标注，结果如图 17-18 所示。

⑰ 调用 MLEADER/MLD 命令，对剖面进行文字标注，效果如图 17-19 所示。

⑱ 调用 INSERT/I 命令,插入"图名"图块和"剖切索引"符号图块到剖面图的下方，完后剖面图的绘制。

图 17-16 绘制面板　图 17-17 插入图块　图 17-18 尺寸标注

图 17-19　文字标注

17.2　绘制衣柜剖面图

如图 17-20 所示为衣柜立面图，如图 17-21 所示为衣柜剖面图，下面讲解绘制衣柜剖面图的方法。

图 17-20　标准间衣柜立面图

课堂举例 17-3： 绘制衣柜剖面图

▶ 视频 \ 第 17 章 \ 课堂举例 17-3.mp4

① 调用 PLINE/PL 命令，绘制衣柜面板，如图 17-22 所示。

图 17-21 衣柜剖面图　　图 17-22 绘制面板

② 调用 LINE/L 命令，在衣柜下端绘制一条线段，表示地面，如图 17-23 所示。

③ 调用 PLINE/PL 命令和 COPY/CO 命令，绘制搁板，如图 17-24 所示。

④ 调用 LINE/L 命令、OFFSET/O 命令和 RECTANG/REC 命令，绘制衣柜下端结构，如图 17-25 所示。

图 17-23 绘制线段　　图 17-24 绘制搁板

图 17-25 绘制下端结构

⑤ 调用 RECTANG/REC 命令，绘制尺寸为 40×1800 的矩形，表示柜门，如图 17-26 所示。

⑥ 调用 OFFSET/O 命令，将矩形向内偏移 9，如图 17-27 所示。

图 17-26 绘制矩形　　图 17-27 偏移矩形

⑦ 调用 LINE/L 命令，绘制线段连接两个矩形，如图 17-28 所示。

⑧ 调用 PLINE/PL 命令，绘制多段线，并对多段线进行圆角，如图 17-29 所示。

图 17-28 绘制线段　　图 17-29 绘制多段线

⑨ 调用 MIRROR/MI 命令，将刚才绘制的图形镜像到下方，并修剪多余的线段，如图 17-30 所示。

⑩ 调用 LINE/L 命令，绘制线段如图 17-31 所示。

图 17-30 复制图形　　图 17-31 绘制线段

⑪ 调用 RECTANG/REC 命令，绘制尺寸为 45×10，半径为 5 的圆角矩形，并对圆角矩形进行旋转和移动，效果如图 17-32 所示。

⑫ 调用 ARRAY/AR 命令，对圆角矩形进行阵列，阵列结果如图 17-33 所示。

⑬ 从图库中复制衣服、挂衣杆和合页等图块将其复制至衣柜剖面图中，如图 17-34 所示。

图 17-32 绘制圆角矩形

图 17-33 阵列结果　　图 17-34 复制图块

⑭ 调用 DIM 命令，进行尺寸标注，结果如图 17-35 所示。

图 17-35 尺寸标注

⑮ 调用 MLEADER/MLD 命令，进行材料标注，效果如图 17-36 所示。

⑯ 调用 INSERT/I 命令，插入"图名"图块和"剖切索引"符号图块到剖面图的下方，完后剖面图的绘制。

图 17-36 材料标注

17.3 绘制顶棚图剖面图

如图 17-37 和图 17-38 所示为顶棚图和剖面图，下面讲解绘制方法。

图 17-37 顶棚图

图 17-38 剖面图

课堂举例 17-4： 绘制顶棚图剖面图

▶️ 视频＼第 17 章＼课堂举例 17-4.mp4

① 绘制墙体。设置"QT_墙体"图层为当前图层。

② 调用 LINE/L 命令，绘制墙体投影线，如图 17-39 所示。

③ 调用 LINE/L 命令，绘制线段，并将线段向上偏移 240、向下偏移 600，如图 17-40 所示。

图 17-39　绘制墙体投影线

图 17-40　偏移线段

④ 调用 TRIM/TR 命令，对线段进行修剪，效果如图 17-41 所示。

⑤ 填充墙体。调用 HATCH/H 命令，再在命令行中输入 T 命令，在弹出的【图案填充和渐变色】对话框中设置数据，对墙体填充 ANSI31 图案和 AR-CONC 图案，表示钢筋混凝土，效果如图 17-42 所示。

图 17-41　修剪线段

图 17-42　填充墙体

⑥ 绘制基本轮廓。调用 LINE/L 命令，根据剖切的位置绘制剖切面的投影线，如图 17-43 所示。

⑦ 调用 LINE/L 命令，在投影线下方位置绘制一条水平线段，如图 17-44 所示。

图 17-43　绘制投影线

图 17-44　绘制线段

⑧ 调用 OFFSET/O 命令，依次向上偏移水平线段 200，如图 17-45 所示。

⑨ 调用 TRIM/TR 命令，得到吊顶面层轮廓如图 17-46 所示。

图 17-45　偏移线段

图 17-46　修剪线段

⑩ 绘制面板。调用 LINE/L 命令、OFFSET/O 命令、TRIM/TR 命令，绘制石膏板，然后删除投影线，如图 17-47 所示。

⑪ 调用 RECTANG/REC 命令、LINE/L 命令和 COPY/CO 命令，绘制木方，如图 17-48 所示。

图 17-47　绘制石膏板

图 17-48　绘制木方

⑫ 调用 LINE/L 命令和 OFFSET/O 命令，绘制如图 17-49 所示造型。

图 17-49　绘制线段

⑬ 绘制珠帘。调用 CIRCLE/C 命令，绘制半径为 8 的圆，并移动到相应的位置如图 17-50 所示。

图 17-50　绘制圆

⑭ 调用 COPY/CO 命令，对圆进行复制，效果如图 17-51 所示。

⑮ 右侧剖面图形与左侧图形基本一致，使用同样的方法绘制，效果如图 17-52 所示。

图 17-51　复制圆

图 17-52　绘制右侧剖面图形

⑯ 调用 LINE/L 命令和 OFFSET/O 命令，绘制线段表示银镜，如图 17-53 所示。

图 17-53　绘制银镜

⑰ 从图块中插入角线截面、灯管和射灯等图块到剖面图中，效果如图 17-54 所示。

图 17-54　插入图块

⑱ 设置"BZ_ 标注"图层为当前图层，调用 DIM 命令进行尺寸标注，结果如图 17-55 所示。

图 17-55　尺寸标注

⑲ 调用 MLEADER/MLD 命令，对剖面进行文字标注，效果如图 17-56 所示。

⑳ 调用 INSERT/I 命令，插入"图名"图块和"剖切索引"图块到剖面图的下方，完成 ⑬剖面图的绘制。

图 17-56　文字标注

17.4　绘制舞厅吧台剖面图和大样图

如图 17-57 所示为吧台立面图，如图 17-58 所示为吧台剖面图和大样图，下面讲解吧台剖面图和大样图的绘制方法。

图 17-57　吧台立面图　　　　　　图 17-58　吧台剖面图和大样图

课堂举例 17-5： 绘制舞厅吧台剖面图和大样图

视频 \ 第 17 章 \ 课堂举例 17-5.mp4

01 绘制剖面图。绘制吧台上方剖面。调用 PLINE/PL 命令、RECTANG/REC 命令、MOVE/M 命令和 TRIM/TR 命令，绘制基本轮廓，如图 17-59 所示。

02 调用 HATCH/H 命令，再在命令行中输入 T 命令，在弹出的【图案填充和渐变色】对话框中设置数据，对剖面填充 HOUND 图案和 CORK 图案，效果如图 17-60 所示。

图 17-59 绘制基本轮廓

图 17-60 填充图案

03 绘制吧台。调用 PLINE/PL 命令、OFFSET/O 命令、RECTANG/REC 命令和 TRIM/TR 命令，绘制吧台基本结构，如图 17-61 所示。

图 17-61 绘制吧台基本结构

04 调用 LINE/L 命令，绘制如图 17-62 所示线段。

图 17-62 绘制线段

05 调用 FILLET/F 命令，对台面进行圆角，效果如图 17-63 所示。

06 调用 CIRCL/C 命令、LINE/L 命令、TRIM/TR 命令和 ARC/A 命令，绘制如图 17-64 所示造型。

图 17-63 圆角　　　图 17-64 绘制剖面造型

07 调用 LINE/L 命令和 RECTANG/REC 命令，绘制彩管，如图 17-65 所示。

08 调用 RECTANG/REC 命令、LINE/L 命令和 COPY/CO 命令，绘制木龙骨，如图 17-66 所示。

图 17-65 绘制彩管　　　图 17-66 绘制木龙骨

09 调用 PLINE/PL 命令，绘制抽屉轨道，如图 17-67 所示。

图 17-67 绘制抽屉轨道

⑩ 调用 HATCH/H 命令，再在命令行中输入 T 命令，在弹出的【图案填充和渐变色】对话框中设置数据，对吧台剖面填充 `ANSI33` 图案、`HOUND` 图案和 `CORK` 图案，效果如图 17-68 所示。

⑪ 从图库中插入彩管、螺丝和筒灯图块到剖面图中，并对重叠的位置进行修剪，效果如图 17-69 所示。

图 17-68 填充图案

图 17-69 插入图块

⑫ 调用 DIM 命令，进行尺寸标注，效果如图 17-70 所示。

⑬ 调用 MLEADER/MLD 命令，进行文字标注，如图 17-71 所示。

图 17-70 尺寸标注

图 17-71 文字标注

⑭ 绘制大样图。调用 CIRCLE/C 命令，在剖面图中需要放大的位置绘制圆，表示放大的区域，如图 17-72 所示。

图 17-72　绘制圆

⑮ 调用 COPY/CO 命令，将圆内的图形复制到剖面图的左侧，并调用 SCALE/SC 命令，将复制的图形放大，如图 17-73 所示。

⑯ 调用 SPLINE/SPL 命令，绘制曲线连接两个圆，如图 17-74 所示。

图 17-73　放大图形

图 17-74　绘制曲线

⑰ 标注尺寸。调用 DIMLINEAR/DLI 命令，为放大的图形标注尺寸，但所需标注的尺寸会与实际尺寸有差别，这是因为被放大的缘故，如图 17-75 所示，因此需要对尺寸文字进行修改。

⑱ 调用 DDEDIT/ED 命令，单击尺寸文字，对其进行修改，结果如图 17-76 所示。

⑲ 绘制材料说明。调用 MLEADER/MLD 命令，标注文字说明，结果如图 17-77 所示。

⑳ 调用 INSERT/I 命令，插入"图名"图块和"剖切索引"图块到剖面图的下方，完成⑭剖面图和大样图的绘制。

图 17-75　标注尺寸　　　　　图 17-76　修改尺寸　　　　　图 17-77　标注文字

第18章 施工图打印方法与技巧

本章导读

　　对于室内装潢设计施工图而言，其输出对象主要为打印机，打印输出的图纸将成为施工人员施工的主要依据。

　　室内设计施工图一般采用 A3 纸进行打印，也可以根据需要选用其他大小的纸张。在打印时，需要确定纸张大小、输出比例以及打印线宽、颜色等相关内容。对于图形的打印线宽、颜色等属性，均可通过打印样式进行控制。

　　在最终打印输出之前，需要对图形进行认真检查、核对，在确定正确无误之后方可进行打印。

本章重点

- ➤ 调用图签
- ➤ 进入布局空间
- ➤ 页面设置
- ➤ 创建视口
- ➤ 加入图签
- ➤ 打印

18.1 模型空间打印

打印有模型空间打印和图纸空间打印两种方式。模型空间打印指的是在模型窗口进行相关设置并进行打印；图纸空间打印是指在布局窗口中进行相关设置并进行打印。

当打开或新建 AutoCAD 文档时，系统默认显示的是模型窗口。如果当前工作区已经以布局窗口显示，可以单击状态栏左侧"模型"标签（"草图与注释"工作空间），从而将模型窗口快速切换到布局窗口。

本节以两居室平面布置图为例，介绍模型空间的打印方法。

18.1.1 调用图签

课堂举例 18-1： 单比例打印调用图签

▶ 视频 \ 第 18 章 \ 课堂举例 18-1.mp4

① 打开第 9 章绘制的"平面布置图 .dwg"文件。

② 施工图在打印输出时，需要为其加上图签。图签在创建样板时就已经绘制好，并创建为图块，直接调用即可。调用 INSERT/I 命令，插入"A3 图签"图块到当前图形，如图 18-1 所示。

图 18-1 插入的图签

③ 由于样板中图签是按 1:1 的比例绘制的，即图签图幅大小为 420×297（A3 图纸），而平面布置图的绘图比例同样是 1:1，其图形尺寸约为 16000×9000。为了使图形能够打印在图签之内，需要将图签放大，或者将图形缩小，缩放比例为 1:75（与该图的尺寸标注比例相同）。为了保持图形的实际尺寸不变,这里将图签放大，放大比例为 75 倍。

调用 SCALE/SC 命令，将图签放大 75 倍。图签放大之后，便可将图形置于图签之内。调用 MOVE/M 命令，移动图签至平面布置图上方，如图 18-2 所示。

图 18-2 加入图签后的效果

18.1.2 页面设置

页面设置是出图准备过程中的最后一个步骤。页面设置是包括打印设备、纸张、打印区域、打印样式、打印方向等影响最终打印外观和格式的所有设置的集合。页面设置可以命名保存，可以将同一个命名页面设置应用到多个布局图中，下面介绍页面设置的创建和设置方法。

课堂举例 18-2： 单比例打印页面设置

▶ 视频 \ 第 18 章 \ 课堂举例 18-2.mp4

① 在命令窗口中输入 PAGESETUP 并按 Enter 键，或单击【输出】|【打印】|【页面设置管理器】按钮 ⚏ 页面设置管理器，打开"页面设置管理器"对话框，如图 18-3 所示。

图 18-3 "页面设置管理器"对话框

02 单击【新建】按钮,打开如图 18-4 所示"新建页面设置"对话框,在对话框中输入新页面设置名称为"A3 图纸页面设置",单击【确定】按钮,即创建了新的页面设置"A3 图纸页面设置"。

图 18-4 "新建页面设置"对话框

03 系统弹出"页面设置"对话框,如图 18-5 所示。在"页面设置"对话框"打印机/绘图仪"选项组中选择用于打印当前图纸的打印机。在"图纸尺寸"选项组中选择 A3 类图纸。

图 18-5 "页面设置"对话框

图 18-6 选择打印样式

04 在"打印样式表"列表中选择样板中已设

置好的打印样式"A3 纸打印样式表",如图 18-6 所示。在随后弹出的"问题"对话框中单击【是】按钮,将指定的打印样式指定给所有布局,如图 18-7 所示。

05 勾选"打印选项"选项组"按样式打印"复选框,如图 18-5 所示,使打印样式生效,否则图形将按其自身的特性进行打印。

06 勾选"打印比例"选项组"布满图纸"复选框,图形将根据图纸尺寸缩放打印图形,使打印图形布满图纸。

07 在"图形方向"栏设置图形打印方向为横向。设置完成后单击【预览】按钮,检查打印效果。

08 单击【确定】按钮返回"页面设置管理器"对话框,在页面设置列表中可以看到刚才新建的页面设置"A3 图纸页面设置",选择该页面设置,单击【置为当前】按钮,如图 18-8 所示。

09 单击【关闭】按钮关闭对话框。

图 18-7 提示对话框

图 18-8 指定当前页面设置

18.1.3 打印

课堂举例 18-3: 单比例模型空间打印

▶ 视频\第 18 章\课堂举例 18-3.mp4

01 单击【输出】|【打印】|【打印】按钮🖶,或按快捷键 Ctrl+P,打开"打印"对话框,在"页面设置"选项组"名称"列表中选择前面创

建的"A3 图纸页面设置",如图 18-9 所示。

② 在"打印区域"选项组"打印范围"列表中
选择"窗口"选项,如图 18-10 所示。单击【窗
口】按钮,"页面设置"对话框暂时隐藏,在
绘图窗口分别拾取图签图幅的两个对角点确
定一个矩形范围,该范围即为打印范围。

图 18-9 "打印"对话框

图 18-10 设置打印范围

③ 完成设置后,确认打印机与计算机已正确连
接,单击【确定】按钮开始打印。

18.2 图纸空间打印

模型空间打印方式只适用于单比例图形打
印,当需要在一张图纸中打印输出不同比例的
图形时,可使用图纸空间打印方式。本节以剖
面图及大样图为例,介绍图纸空间的视口布局
和打印方法。

18.2.1 进入布局空间

课堂举例 18-4: 进入布局空间

▶ 视频 \ 第 18 章 \ 课堂举例 18-4.mp4

① 按 Ctrl+O 键,打开第 17 章绘制的"绘制
室内装潢中的剖面图和详图 .dwg"文件,
删除其他图形只留下吧台剖面图及大样图
和衣柜剖面图。

② 要在图纸空间打印图形,必须在布局中对图
形进行设置。在"草图与注释"工作空间下,
单击绘图窗口左下角的"布局 1"或"布局
2"选项卡即可进入图纸空间。在任意"布局"
选项卡上单击鼠标右键,从弹出的快捷菜单
中选择"新建布局"命令,可以创建新的布局。

③ 单击图形窗口左下角的"布局 1"选项卡进
入图纸空间。当第一次进入布局时,系统会
自动创建一个视口,该视口一般不符合我们
的要求,可以将其删除,删除后的效果如图
18-11 所示。

图 18-11 布局空间

18.2.2 页面设置

在图纸空间打印，需要重新进行页面设置。

课堂举例 18-5： 多比例打印页面设置

📹 视频 \ 第 18 章 \ 课堂举例 18-5.mp4

① 在"布局 1"选项卡上单击鼠标右键，从弹出的快捷菜单中选择【页面设置管理器】命令，如图 18-12 所示。在弹出的"页面设置管理器"对话框中单击【新建】按钮创建"A3图纸页面设置 - 图纸空间"新页面设置。

② 进入"页面设置"对话框，在"打印范围"列表中选择"布局"，再在"比例"列表中选择 1：1，其他参数设置如图 18-13 所示。

③ 设置完成后单击【确定】按钮关闭"页面设置"对话框，在"页面设置管理器"对话框中选择新建的"A3图纸页面设置 - 图纸空间"页面设置，单击【置为当前】按钮，将该页面设置应用到当前布局。

图 18-12　弹出菜单

图 18-13　"页面设置"对话框

18.2.3 创建视口

通过创建视口，可将多个图形以不同的打印比例布置在同一张图纸空间中。创建视口的命令有 VPORTS 和 SOLVIEW，下面介绍使用VPORTS 命令创建视口的方法。

课堂举例 18-6： 创建多比例打印视口

📹 视频 \ 第 18 章 \ 课堂举例 18-6.mp4

① 创建一个新图层"VPORTS"，并设置为当前图层。

② 创建第一个视口。调用 VPORTS 命令打开"视口"对话框，如图 18-14 所示。

图 18-14　"视口"对话框

③ 在"标准视口"框中选择"单个"，单击【确定】按钮，在布局内拖动鼠标创建一个视口，如图 18-15 所示，该视口用于显示"④剖面图及大样图"。

图 18-15　创建视口

04 在创建的视口中双击，进入模型空间，或在命令窗口中输入 MSPACE/MS 并按 Enter 键。处于模型空间的视口边框以粗线显示。

05 在状态栏右下角设置当前注释比例为 1：30，如图 18-16 所示。调用 PAN 命令平移视图，使"⑭剖面图及大样图"在视口中显示出来。注意，视口的比例应根据图纸的尺寸适当设置，在这里设置为 1：30 以适合 A3 图纸，如果是其他尺寸图纸，则应做相应调整。

图 18-16　设置比例

06 视口比例应与该视口内的图形（即在该视口内打印的图形）的尺寸标注比例相同，这样在同一张图纸内就不会有不同大小的文字或尺寸标注出现（针对不同视口）。

07 AutoCAD 从 2008 版开始新增加了一个自动匹配的功能，即视口中的"可注释性"对象（如文字、尺寸标注等）可随视口比例的变化而变化。假如图形尺寸标注比例为 1：50，当视口比例设置为 1：30 时，尺寸标注比例也自动调整为 1：30。要实现这个功能，只需要单击状态栏右下角的 按钮使其亮显即可，如图 18-17 所示。启用该功能后，就可以随意设置视口比例，而无须手动修改图形标注比例（前提是图形标注为"可注释性"）。

图 18-17　开启添加比例功能

08 在视口外双击鼠标，或在命令窗口中输入 PSPACE/PS 并按 Enter 键，返回到图纸空间。

09 选择视口，使用夹点法适当调整视口大小，使视口内只显示"⑭剖面图及大样图"，结果如图 18-18 所示。

图 18-18　调整视口

10 创建第二个视口。选择第一个视口，调用 COPY/CO 命令复制出第二个视口，该视口用于显示"⑫剖面图"，输出比例为 1：30，调用 PAN/P 命令平移视口（需要双击视口或使用 MSPACE/MS 命令进入模型空间），使"⑫剖面图"在视口中显示出来，并适当调整视口大小，结果如图 18-19 所示。

图 18-19　创建第二个视口

提示
　　在图纸空间中，可使用 MOVE 命令调整视口的位置。

　　视口创建完成。"⑫和⑭剖面图"将以 1：30 的比例进行打印。

提示

设置好视口比例之后，在模型空间内不宜使用 ZOOM 命令或鼠标中键改变视口显示比例。

18.2.4 加入图签

在图纸空间中，同样可以为图形加上图签，方法很简单，调用 INSERT 命令插入图签图块即可。

课堂举例 18-7：　添加多比例打印图签

▶ 视频 \ 第 18 章 \ 课堂举例 18-7.mp4

① 调用 PSPACE/PS 命令进入图纸空间。

② 调用 INSERT/I 命令，在打开的"插入"对话框中选择图块"A3 图签"，单击【确定】按钮关闭"插入"对话框，在图形窗口中拾取一点确定图签位置，插入图签后的效果如图 18-20 所示。

图 18-20　加入图签

 提示

图签是以 A3 图纸大小绘制的，它与当前布局的图纸大小相符。

18.2.5 打印

创建好视口并加入图签后，接下来就可以开始打印了。在打印之前，单击▲图标，选择【打印】|【打印预览】按钮，预览当前的打印效果，如图 18-21 所示。

从图 18-21 所示打印效果可以看出，图签部分不能完全打印，这是因为图签大小超越了

图纸可打印区域的缘故。图 18-20 所示的虚线表示了图纸的可打印区域。

解决办法是通过"绘图仪配置编辑器"对话框中的"修改标准图纸尺寸（可打印区域）"选项重新设置图纸的可打印区域。

图 18-21　打印预览效果

课堂举例 18-8：　多比例打印输出

▶ 视频 \ 第 18 章 \ 课堂举例 18-8.mp4

① 单击【输出】|【打印】|【绘图仪管理器】按钮 ⊟ 绘图仪管理器，打开"Plotters"文件夹，如图 18-22 所示。

② 在对话框中双击当前使用的打印机名称（即在"页面设置"对话框"打印选项"选项卡中选择的打印机），打开"绘图仪配置编辑器"对话框。选择"设备和文档设置"选项卡，在上方的树型结构目录中选择"修改标准图纸尺寸（可打印区域）"选项，如图 18-23 所示光标所在位置。

图 18-22　"Plotters"文件夹

图 18-23　绘图仪配置编辑器

03 在"修改标准图纸尺寸"栏中选择当前使用
的图纸类型（即在"页面设置"对话框中的
"图纸尺寸"列表中选择的图纸类型），如图
18-24 所示光标所在位置（不同打印机有不同
的显示）。

04 单击【修改】按钮弹出"自定义图纸尺寸"
对话框，如图 18-25 所示，将上、下、左、
右页边距分别设置为 0、0、1、2（使可打
印范围略大于图框即可），单击【下一步】
按钮，如图 18-26 所示；输入 PMF 文件名，
再单击【下一步】按钮，再单击【完成】按钮，
如图 18-27 所示；返回"绘图仪配置编辑器"
对话框，单击【确定】按钮关闭对话框。

图 18-24　选择图纸类型

图 18-25　"自定义图纸尺寸"对话框

图 18-26　输入 PMF 文件名

图 18-27　"自定义图纸尺寸"完成

05 修改图纸可打印区域之后，此时布局如图
18-28 所示（虚线内表示可打印区域）。

图 18-28　布局效果

⑥ 调用 LAYER/LA 命令打开"图层特性管理器"对话框，将图层"VPORTS"设置为不可打印，如图 18-29 所示，这样视口边框将不会打印。

图 18-29　设置"VPORTS"图层属性

⑦ 再次预览打印效果，如图 18-30 所示，图签已能正确打印。

⑧ 如果满意当前的预览效果，按 Ctrl+P 键即可开始正式打印输出。

图 18-30　修改页边距后的打印预览效果